Advances in Numerical Mathematics

Reinhold Schneider
Multiskalen- und Wavelet-
Matrixkompression

Advances in Numerical Mathematics

Editors   Hans Georg Bock   Wolfgang Hackbusch
           Mitchell Luskin   Rolf Rannacher

Bernd Fischer   *Polynomial Based Iteration Methods for Symmetric
                         Linear Systems*

Ralf Kornhuber   *Adaptive Monotone Multigrid Methods for Nonlinear
                        Variational Problems*

Dietmar Kröner   *Numerical Schemes for Conservation Laws*

Andreas Prohl   *Projection and Quasi-Compressibility Methods for
                        Solving the Incompressible Navier-Stokes Equations*

Reinhold Schneider   *Multiskalen- und Wavelet-Matrixkompression
                        Analysisbasierte Methoden zur effizienten Lösung
                        großer vollbesetzter Gleichungssysteme*

Thomas Sonar   *Mehrdimensionale ENO-Verfahren*

Rüdiger Verfürth   *A Review of A Posteriori Error Estimation and
                        Adaptive Mesh-Refinement Techniques*

Multiskalen- und Wavelet-Matrixkompression

Analysisbasierte Methoden zur effizienten Lösung großer vollbesetzter Gleichungssysteme

Von Prof. Dr. rer. nat. Reinhold Schneider
Technische Universität Chemnitz

Springer Fachmedien Wiesbaden GmbH 1998

Prof. Dr. rer. nat. Reinhold Schneider

Von 1975 bis 1982 Studium der Mathematik an der Technischen Hochschule Darmstadt, 1982 Diplom. Von 1984 bis 1989 wiss. Mitarbeiter am FB Mathematik der Technischen Hochschule Darmstadt, 1989 Promotion. Von 1989 bis 1992 wiss. Mitarbeiter in der DFG Forschergruppe: Ingenieurwissenschaftliche und mathematische Analyse bruchmechanischer und inelastischer Probleme, ab 1992 wiss. Assistent am FB Mathematik der Technischen Hochschule Darmstadt, 1995 Habilitation und von 1995 bis 1996 Privatdozent am FB Mathematik der Technischen Hochschule Darmstadt. WS 1995/96 Vertretung einer C3-Professur in Numerik, Universität GH Essen, SS 1996 Vertretung einer C3-Professur in Numerik, RWTH Aachen. Seit WS 1996 C4-Professur Numerik (partielle Differentialgleichungen) an der TU Chemnitz-Zwickau.

Die Deutsche Bibliothek – CIP-Einheitsaufnahme

Schneider, Reinhold:
Multiskalen- und Wavelet-Matrixkompression : analysisbasierte Methoden zur effizienten Lösung großer vollbesetzter Gleichungssysteme / von Reinhold Schneider.
(Advances in numerical mathematics)
Zugl.: Darmstadt, Techn. Hochsch., Habil.-Schr., 1995
ISBN 978-3-519-02739-3   ISBN 978-3-663-10851-1 (eBook)
DOI 10.1007/978-3-663-10851-1

Einband: Peter Pfitz, Stuttgart

Vorwort

Wir betrachten eine Methode zur effizienten numerischen Lösung einiger linearer Operatorgleichungen, dies können sowohl Integral-, als auch Differentialoperatoren sein. Zu diesem Zweck schlagen wir eine Wavelet- oder Multiskalendarstellung vor. Wir zeigen, daß unter gewissen Voraussetzungen an die Basen und die Operatoren die auftretenden Matrizen gleichmäßig konditioniert und numerisch dünn besetzt sind. Wir zeigen, daß man diese Matrizen durch dünn besetzte ersetzen kann, um damit das entstehende Gleichungssystem mit optimalem Aufwand $\mathcal{O}(N)$ oder zumindest fastoptimalen Aufwand $\mathcal{O}(N \log N)$ zu lösen, ohne die bestmögliche Konvergenzrate des zugrundeliegenden Verfahrens, in der Regel Galerkin- oder Kollokationsverfahren, zu verletzen.

Chemnitz, im Januar 1998   R. Schneider

Inhaltsverzeichnis

Kapitel 1

Einleitung

1.1   Einleitung

Physikalische und ingenieurwissenschaftliche Modellbildungen führen zumeist zu Differential- und Integralgleichungen, deren Lösung im Hinblick auf praktische Fragestellungen, wie z.B. Bauwerkbelastbarkeit, aerodynamischer Auftrieb und Widerstand etc., von größtem Interesse ist. Da die meisten Probleme dieser Art nicht explizit lösbar oder berechenbar sind, bedient man sich numerischer Approximation und Lösung mit Hilfe elektronischer Digitalrechner, ohne die die Komplexität der Berechnungen heutzutage überhaupt nicht zu bewältigen wäre. Nun ist gerade infolge des Erfolgs dieser numerischen Simulationen und der atemberaubenden Entwicklung der Computer das Bedürfnis zur Lösung immer komplexerer Probleme geweckt worden und in den letzten Jahren stetig angewachsen. Aus einfachen Komplexitätsbetrachtungen erkennt man jedoch, daß dennoch die Lösung einer Reihe äußerst interessanter und brennender Probleme eine derartige Komplexität aufweist, anbetracht dessen es, trotz des rasanten technologischen Fortschritts, als eine Utopie erscheint, diese mit herkömmlichen Methoden und Algorithmen zu lösen. Eine große und neuartige Herausforderung an die moderne Mathematik liegt darin, durch das Verständnis von Algorithmen und ihrer Neu-, Fort- und Weiterentwicklung uns der Lösung dieser Probleme näher zu bringen.

Eine entscheidende Stelle in dem gesamten Prozeß der numerischen Simulation stellt die Lösung linearer Gleichungssysteme dar, und an vielen Stellen sind Matrix-Vektormultiplikationen auszuführen. Eine quadratische Matrix besitzt bekanntlich N^2 Koeffizienten, wenn wir mit N die Zahl der Zeilen, bzw. die Zahl der Unbekannten des zugehörigen Gleichungssystems bezeichnen. Rein technisch kann bei der Durchführung der Matrix-Vektormultiplikation auf diejenigen Koeffizienten welche Null, oder aber vernachlässigbar klein sind, vollkommen verzichtet werden, man muß diese weder abspeichern noch irgendwelche arithmetischen Operationen mit ihnen ausführen (Sparse-Format). Besteht der Großteil der Matrix aus Nullen, man spricht hier von dünn besetzten Matrizen, so reduziert sich in diesem Fall der Gesamtaufwand zur Matrix-Vektormultiplikation erheblich. Iterationsverfahren haben in der Regel die in diesem Zusammenhang angenehme Eigenschaft, während des gesamten Lösungsprozesses die

Ausgangsmatrizen nicht zu verändern, nutzen also dadurch wesentlich den Vorteil einer schwachen Besetzung. Damit ein Iterationsverfahren ein hinreichend genaues Ergebnis liefert hängt der Aufwand allerdings noch von weiteren Faktoren ab. Ein wichtiger Faktor hierfür ist beispielsweise die Kondition. Die Komplexität zur iterativen Lösung linearer Gleichungen, hierunter verstehen wir in diesem Zusammenhang die Anzahl der arithmetischen Operationen, wird zudem weitgehend von der Zahl der nichtverschwindenden Einträge und der Anzahl der Iterationsschritte bestimmt. Diese Größen determinieren den erforderlichen Speicherbedarf und die Anzahl der notwendigen arithmetischen Operationen und dadurch die Rechenzeit des Verfahrens und sind somit ein Maßstab für dessen Effizienz. Eine erfolgreiche Behandlung dieser Problematik erscheint auf den ersten Blick ein rein algebraisches Problem, die Anstrengungen und Bemühungen von Numerikern in aller Welt hat die numerische lineare Algebra in den letzten Jahrzehnten zu einer hohen Blüte getrieben [HAG], als einen der aktuellen Beiträge kann man beispielsweise die Entwicklung der Krylovraummethoden z.B. [SAAD] aufführen. Mit wachsender Feinheit der Diskretisierung und zunehmender Anzahl der Gleichungen gewinnen die analytischen Eigenschaften der zugrundeliegenden Operatoren und ihrer Approximationsverfahren zunehmende Bedeutung für eine effiziente numerische Behandlung der diskreten Gleichungen. So sind beispielsweise bei Verwendung der üblichen Finite Elemente, Finite Differenzen oder auch Finite Volumen Verfahren zur numerischen Lösung partieller Differentialgleichungen die Ausgangsmatrizen zwar alle dünn besetzt, aber wachsend mit der Zahl der Unbekannten immer schlechter konditioniert. Mittlerweile gibt es eine ganze Familie von Algorithmen, die die Methoden der numerischen linearen Algebra kombinieren mit Ideen und Prinzipien, deren Wirkung einzig oder in erster Linie auf der Analysis, bzw. den analytischen Eigenschaften der zugrundeliegenden Operatoren und des Approximationsverfahrens beruhen. Diese Algorithmen ermöglichen es, für eine Reihe von partiellen Differentialgleichungen, die ursprüngliche Komplexität beträchtlich zu reduzieren. Von $\mathcal{O}(N^2)$, bzw. gar $\mathcal{O}(N^3)$ Operationen für die direkten Löser, reduziert sich der Aufwand auf $\mathcal{O}(N)$, also einem Aufwand der proportional oder beinahe proportional zur Zahl der Unbekannten ist. Die Rede ist hier von den Multigridverfahren [HAM, HAG, O, RU].

Für *Integralgleichungen*, d.h. für Gleichungen, denen nichtlokale Operatoren zugrundeliegen, sind die entsprechenden Ausgangsmatrizen jedoch in der Regel immer voll oder weitgehend voll besetzt. Dies hat zur Folge, daß Integralgleichungsmethoden für sehr komplexe Systeme, hierunter wollen wir hier eine sehr hohe Anzahl von Unbekannten verstehen (*large scale computing*), zumeist mit einem unvertretbarem Aufwand verbunden sind und in der Praxis, wenn irgendmöglich, bislang vermieden werden. Demgegenüber bieten Integralgleichungsmethoden vielerlei Vorteile wie hohe Genauigkeit und Robustheit, ließe sich ihre Effizienz verbessern. Darüberhinaus gibt es natürlich eine Vielzahl von Situationen in denen die Modellbildung, z.B. aufgrund nichtlokaler Wechselwirkungen, zwingendermaßen zu Integralgleichungen führt, vergl. Kapitel 1.3.

Inhalt der vorliegenden Arbeit ist die Entwicklung und Untersuchung von Verfahren, die den Aufwand zur Behandlung derart komplexer Matrizen und Gleichungssysteme beträchtlich reduzieren und die es uns möglicherweise erlauben, ursprünglich vollbesetzte Systeme mit zehn- oder gar hunderttausenden von Unbekannten zu behandeln. Mit den herkömmlichen Verfahren wären hierfür mehrere Gigabyte an Speicherkapazität erforderlich, um überhaupt alle Matrixkoeffizienten im Hauptspeicher halten zu können, asymptotisch ist der Aufwand hierfür nämlich $\mathcal{O}(N^2)$. Diese Vorgehensweise ist hier geboten, denn ein mehrfaches Ein- und Auslesen von der Platte kostet bei einer Matrix-Vektor-Multiplikation enorm viel Zeit. Zudem ist auch die Festplattenkapazität beschränkt. In der vorliegenden Arbeit soll eine Methode vorgestellt und untersucht werden, die es ermöglicht, solche Probleme mit linearem, somit optimalem Aufwand $\mathcal{O}(N)$, bzw. Aufwand $\mathcal{O}(N \log^a N)$, zu bewältigen und daher zu einer beträchtlichen Aufwandsreduktion führt. Die Idee dieser Methoden wurde unabhängig voneinander in [BCR, BL] eingeführt. In [BCR] wurde eine *Wavelet-Kompressionstechnik*, wie sie kurz zuvor zur Bildverarbeitung siehe [DAU, CHUI] eingeführt wurde, benutzt, während [BL] Interpolationstechniken des Multigridverfahrens zugrundelegten. Inhaltlich gibt es einen Zusammenhang, der hier durch das Konzept der Multiskalenmethoden verfolgt werden soll. Dieses Konzept besteht in der *direkten Zerlegung* von Funktionenräumen in verschiedene Skalenanteile, durch eine in jeder Skala lokalen Basis, die die Hierarchie dieser Skalen berücksichtigt. Ein erfolgreiches Beispiel einer solchen Zerlegung sind *Wavelets* [M, DELU, JAS] und *Waveletpackets* [WI]. Es soll hier eine einheitliche Verbindung zwischen *Wavelets* und *Multigrid-* oder *Multilevel-Verfahren* [O, DKU] hergestellt werden. Dabei wird in dieser Arbeit der Aspekt der Iterationsverfahren gegenüber der Approximation etwas zurückgestellt. Es ist sehr wichtig, solche *Multiskalen-Methoden* anhand einer konkreten praktisch interessanten Problemklasse zu entwickeln, oder zumindest sich von deren konkreten, praktischen Vorgaben leiten zu lassen. Dies sind in dieser Arbeit im wesentlichen die *Randelementmethoden*, für welche die Familien von Multiskalenbasen konstruiert werden sollen. Dabei werden wir nicht einzelne problemangepaßte Wavelets basteln, sondern ein umfassendes Konstruktionsprinzip darstellen, mit denen solche konstruiert werden können, sozusagen eine Art Maschinerie, mit deren Hilfe geeignete Multiskalenbasen auch auf nichtuniformen Gittern konstruiert oder generiert werden können. Hat man ein solches Konstruktionsprinzip zur Hand, mit dem man sich vielfältige Multiskalenbasen herstellen kann, kommt es darauf an, aus der jeweiligen Problemstellung herauszuarbeiten, welche Eigenschaften einer solchen Basis im konkreten Fall wirklich benötigt werden und wie die wählbaren Parameter vorteilhaft zu justieren sind. Hierin soll der wesentliche Inhalt der vorliegenden Arbeit bestehen. Dabei wird gezeigt, daß es prinzipiell möglich ist, ein den Anforderungen genügendes Verfahren zu konstruieren, das den ursprünglichen Aufwand von N^2 Matrixkoeffizienten auf $\mathcal{O}(N)$ Koeffizienten und $\mathcal{O}(N)$ erforderlichen arithmetischen Operationen zur Lösung des Gleichungssystems reduziert.

1.2 Ziele

Zur Lösung sehr komplexer Probleme gilt es einen möglichst guten Kompromiß zwischen dem rechnerischen Aufwand einerseits und einer ausreichenden Genauigkeit die die Verläßlichkeit der numerischen Ergebnisse sichert zu erzielen. Da es sich zumeist

um diskrete Approximationen kontinuierlicher Gleichungen handelt, erwartet man von
einem sinnvollen Verfahren, in unserem Fall ist das beispielsweise ein Galerkin- oder
ein Kollokations-Verfahren, daß sich die Approximationsfehler verringern, wenn man
die Diskretisierung verfeinert und damit die Zahl der Unbekannten erhöht. In wesentlichen Fällen läßt sich dieses Verhalten mathematisch beweisen. Man spricht hier von
Konvergenz und kennt Abschätzungen der Konvergenzgeschwindigkeit, als solche kann
man die Konvergenzordnung ansehen. Diese Abschätzungen sind in ihrer Natur ebenfalls
asymptotische Abschätzungen [CIA, HAE, WE2, WE5] von der Gestalt

$$error_V \leq c\, N^{-s} \ , \quad s > 0 \ .$$

Hierbei ist $error_V$ die Differenz zwischen der richtigen und der numerischen Lösung aus
dem Diskretisierungsverfahren, was man auch als Verfahrensfehler oder Diskretisierungs-
fehler bezeichnet. D.h. man sucht nach Algorithmen, die die Möglichkeiten der Hardware
möglischst optimal zu nutzen verstehen. Sei nun beispielsweise infolge der Diskretisierung das diskrete System immer noch so komplex, daß es sich unseren Möglickeiten ent-
zieht, so besteht die Idee im vorliegenden Fall darin, daß daß wir eine weitere Approximation dieser Diskretisierung vornehmen, nach dem Prinzip: *nur mit denjenigen Größen zu
rechnen, die wichtig sind und unwesentliche Beiträge zu vernachlässigen*[DJP, DELU].
Dies geschieht beim Lösen großer, linearer Gleichungssysteme durch *Matrixkompression*, falls die Matrix vollbesetzt war, und anschließende iterative Lösung. Dies verursacht
einen zusätzlichen Fehler, so daß sich der Gesamtfehler schließlich aus folgenden Anteilen
zusammensetzt,

$$error = error_V + error_I + error_C + error_R \ .$$

Hierbei bezeichnet $error_I$ den Terminationsfehler des Iterationsverfahrens, $error_C$ den
durch die Kompression verursachten Fehler und $error_R$ ist der maschinelle Rundungs-
fehler. Wir wollen den Anteil $error_R$ weitgehend vernachlässigen, da dieser rein techni-
scher Natur ist und gegenüber den anderen Anteilen in der Regel auch kaum zu Buche
schlägt. Die Fehler $error_C$ und $error_I$ können wir algorithmisch steuern, so daß diese
klein gegenüber dem Verfahrensfehler sein sollen.

Da unsere Aussagen hinsichtlich der Komplexität asymptotischer Natur sind und von
einer gewissen Allgemeinheit sein sollen, müssen wir konsequenterweise die allgemeine
Problemstellung hinsichtlich ihrer gesamten Asymptotik und Dynamik mit wachsendem
$N \to \infty$ betrachten, unabhängig davon, ob es sich im konkreten Fall um 10, 10^4 oder 10^6
Gleichungen handeln mag, denn nur so macht es Sinn, von einer Komplexität $\mathcal{O}(N)$ zu
reden. In der vorliegenden Problemstellung bedeutet dies konkret, alle Anteile $error_C$
und $error_I$ so zu reduzieren, daß $error \approx error_V \leq c\, N^{-s}$ gilt. Diese Überlegungen
führen uns dahin, daß der zulässige Kompressionsfehler $error_C$ selbst von N abhängig zu
wählen ist, und zwar muß für *wachsendes* N der Fehler entsprechend *kleiner* werden. Bei
dieser Betrachtung haben wir stets vorausgesetzt, daß die Eingabedaten exakt vorliegen.
Lassen wir auch noch ungenaue oder verrauschte Daten zu, so erhält die Problemstellung
teilweise eine vollkommen neue Qualität, wie im Fall der sogenannten *schlecht gestellten
Probleme* [LMR, DON, NA].

Wir müssen uns freilich im Klaren darüber bleiben, daß in konkreten Fällen die Fragestellung rein akademisch sein kann. Dies hängt immer von einer ganz konkreten Problematik und Situation ab, wie Problemgrößen, Geometrie, Genauigkeitsanforderungen und Hardwaremöglichkeiten andererseits.

1.3 Beispiele von Problemen, die zu großen, voll besetzten Matrizen führen

Wir wollen an dieser Stelle einige Beispiele von Anwendungsproblemen aufführen, die zu derartigen vollbesetzten Matrizen führen.

- *Vielteilcheninteraktion*, wobei einige Wechselwirkungskräfte nichtlokaler Natur sind und z.B. von elektromagnetischem Potential oder der Gravitation herrühren. Der zugehörige Operator ist von der Form

$$Au(x) = \int G(x, x-y, y)u(y)dy \ ,$$

beispielsweise in der Molekulardynamik [GR, GRE]. Im Grunde genommen ist das ursprüngliche System selbst diskret und beschreibt die Bewegung einzelner Moleküle unter dem Einfluß verschiedener Wechselwirkungskräfte wie *van der Vaal-Kräfte* und elektrostatische Anziehung. Realistische Simulationen sollten möglichst 10^6 Teilchen verarbeiten können.

- *Phänomene, die nichtlokal in der Zeit sind*, wie zum Beispiel Materialien mit Gedächtnis in der Viskoelastizität und in der elektrischen Systemtheorie die in der Form

$$Au(t) = \int_0^t G(t, t-\tau, \tau)u(\tau)d\tau \ .$$

geschrieben werden können.

- *Radon-Transformation* [NA, LMR]
- *Statistische Turbulenzmodellierung* [MAY]
- *Scattered Data Interpolation*
- *(Pseudo-) Spektralmethoden*

Integralgleichungsmethoden

- Randintegralgleichungen [MZ, CO1, CD, SCHA]
- Nichtlokale künstliche Randbedingungen für Außenraumprobleme, dies entspricht praktisch vielfach der Kopplung mit Randelementmethoden

- Green-Funktionen für 2-Punkt-Randwertprobleme

- Lippman-Schwinger-Gleichung

- Vortex-Methoden.

Die obige Liste ist nicht vollständig und nicht jedes oben aufgeführte Problem läßt sich bislang mit den vorgeschlagenen Methoden behandeln bzw. lösen. Zudem sind für viele dieser Aufgaben die hier untersuchten Verfahren nicht die einzigen oder die vorteilhaftesten Lösungsmöglichkeiten. Dazu hat jedes Problem seine eigene individuelle Struktur, der ein sinnvoller Lösungsalgorithmus gezielt Rechnung tragen muß.

Wir greifen uns eine spezielle Klasse von Problemen heraus, deren spezifischer Problematik wir Rechnung tragen und deren Entwicklung wir bis zu einem gewissen Erfolg vorantreiben wollen. Dennoch soll die Darstellung möglichst allgemeingültig bleiben, um die Prinzipien von der speziellen Praxis zu befreien und anderen Anwendungen zugänglich zu halten.

In der Behandlung großer ursprünglich vollbesetzter Systeme gibt es bislang zwei prinzipielle Möglichkeiten, eine optimale oder fast optimale Komplexitätsordnung zu erreichen

1.)   Multipolentwicklung und

2.)   Multiskalenmethoden.

Viele der obigen Operatoren erlauben eine Multipolentwicklung [RO, HANO, GR, SAUT, NKW, NW, GRE], womit sich eine schnelle Matrix-Vektor-Multiplikation realisieren läßt. Bei den Multiskalenmethoden ist eine explizite Multipolentwicklung dagegen nicht erforderlich, es genügt, daß der Integralkern des Operators ein gewisses Verhalten besitzt. Es gibt nun einige Parallelen und Gemeinsamkeiten, aber auch wesentliche Unterschiede zwischen den untersuchten Multiskalenmethoden und den Algorithmen, die auf der Multipolentwicklung basieren. Infolge ihrer Unterschiede haben beide, auch innerhalb des Gebietes der Randelementmethoden, jeweils verschiedene Anwendungsmöglichkeiten, in denen eine Methode der anderen überlegen scheint. Es ist nicht Gegenstand der Arbeit, diese Methoden miteinander zu vergleichen oder gar zu bewerten, dazu sind beide Methoden noch zu jung und nicht ausreichend praktisch erprobt. Zusammengenommen handelt es sich bei beiden Verfahren um eine prinzipiell neuartige Entwicklung einer ganzen Klasse von numerischen Algorithmen, die uns einen Zugang zur Behandlung der oben aufgeführten Probleme mit vollbesetzten Matrizen verspricht.

Bei der Größenordnung der ins Auge gefaßten Probleme besitzt die Frage der zugrundeliegenden Hardware, und das heißt zur Zeit im Besonderen die Frage der *Parallelisierbarkeit* natürlich ein besonderes Gewicht, dessen wir uns bewußt sind. Leider konnten wir bislang noch nicht dieser Frage nachgehen.

1.4 Phasenraumlokalisierung und Multiresolutions-analyse

Ein numerisches Verfahren kann im allgemeinen die Lösung nur so gut durch einen Satz vorgebener Funktionen approximieren wie sich die Lösung überhaupt durch solche Funktionen approximieren läßt. Die Frage nach nach einer möglichst effizienten Approximation, das heißt unter anderem mit möglichst wenig Daten oder Freiheitsgraden ist ein grundlegendes Problem, das die numerische Analysis mit der digitalen Signalverarbeitung, wie z.B. Datenkompression, gemeinsam hat. Eine ähnliche Aussage gilt auch für die Approximation nichtlokaler Operatoren. Wir wollen ein kurze allgemeine Betrachtung vorschieben um ein wenig auf die geschichtliche Entwicklung der Wavelets einzugehen.

Finite Element Verfahren beispielsweise besitzen den unschätzbaren Vorteil der Flexibilität, da sie sich lokal den geometrischen Gegebenheit und Randbedingungen leicht anpassen können. Dies ist mit Spektralverfahren wesentlich schwieriger. Da sie im Spektralbereich lokal sind, ermöglichen diese jedoch die Approximation einer glatten Funktionen f mit jeder beliebigen Konvergenzordnung. Besitzt allerdings die Funktion f nur eine einzige Stelle, an der sie nicht beliebig oft differenzierbar ist, so bricht diese rapide Konvergenz zusammen. Dieser überaus negative Effekt liegt u.a. darin begründet, daß mittels globalen Polynomen eine Approximation mit *globalen Funktionen*, anschaulich gesprochen durch *lange Wellen* vorgenommen wird. (Der Begriff Länge bezieht sich dabei auf den Täger und nicht auf die Wellenlänge). Man kann nun, natürlich stark simplifiziert und bildhaft gesprochen einen Dualismus erkennen, zwischen den lokalen Verfahren wie Finite-Elemente, aber auch Finite-Differenzen und Finite-Volumen-Verfahren einerseits und spektralen Verfahren andererseits. Die einen lokalisieren den Ort, die anderen im Spektral- bzw. dem Frequenzbereich. Ein Vorteil der räumlichen Lokalisierung der ersten Verfahren besteht in ihrem Vorteil, sich geometrisch komplizierten Gebieten und Randbedingungen anzupassen, die spektrale Lokalisierung der letzten begründet die extrem schnelle Konvergenz gegen glatte Lösungen. Ein wünschenswertes Ziel wäre es, beide Vorteile zu verbinden. Leider ist dies prinzipiell nicht beliebig gut möglich, und die Ursache dafür liegt im *Heisenbergschen Unschärfeprinzip* begründet,

$$\Delta x \cdot \Delta \xi \geq \frac{1}{2} \, .$$

Dieses zwingt uns immer dazu, einen geeigneten Kompromiß zu finden. Eine von mehreren Kompromißmöglichkeiten stellen neuerdings *Wavelets* dar [COI, CO1, MA, DAUB, DAU, FA, STR]. Es sei hier nochmals betont, daß dies lediglich ein bildhafter Vergleich ist.

An dieser Stelle ist vielleicht ein ganz kurzer geschichtlicher Rückblick angebracht, wie es zu der Entwicklung der Wavelets kam. Die Problematik der Zeit-Frequenzlokalisierung ist ein zentrales Problem in der Signalanalysis. Zu Beginn der achtziger Jahre entwarfen Großmann und Morlet [GM] eine Transformation zur Zeit-Frequenzlokalisierung, die sie *Wavelettransformation* [GM] nannten, darüberhinaus

konnten sie die Rücktransformation explizit angeben und hatten damit zusammengenommen eine Reproduktionsformel. Y. Meyer erkannte in der Reproduktionsformel
zur Wavelettransformation das *Calderónsche Lemma* wieder, das in der Fourieranalysis,
insbesondere der Theorie der singulären Integraloperatoren [ST], eine außerordentlich
wichtige Rolle spielt. Die Wavelettransformation versprach eine Vielzahl von Anwendungen, ließe sie sich ähnlich gut diskretisieren, wie die (schnelle) Fouriertransformation.
Der vielleicht entscheidende Schritt zur Realisierung gelang S. Mallat [MA] zusammen
mit Y. Meyer durch die Einführung der *Multiresolutionanalysis* [MA], und schließlich
der anschließenden Konstruktion *orthogonaler Wavelets mit kompaktem Träger* durch I.
Daubechies [DAUB, DAU]. Die Entwicklung von *Prewavelets* und *biorthogonaler Wavelets* hat das Interesse an Splinewavelets geweckt [CHWA, DBR, JM]. Wir möchten an
dieser Stelle kurz die Definition der nunmehr klassischen *Multiresolutions-Analyse* oder
Multiskalen-Analyse kurz wiedergeben,

Definition 1.4.1 *Eine ineinandergeschachtelte Familie von Funktionenräumen*

$$\cdots \subset V_0 \subset V_1 \subset \cdots \subset V_j \subset V_{j+1} \subset \cdots \subset L_2(\mathbb{R})$$

heißt eine Multiresolutions-Analyse falls

- $$\bigcap_{j=-\infty}^{\infty} V_j = \{0\} \ ,$$

- *Es gibt einen* surjektiven *Isomorphismus*
  $I_j : V_j \to L_2(\mathbb{R}) \ ,$

- $$\bigcup_{j=-\infty}^{\infty} V_j \ \textit{ist dicht in } L_2(\mathbb{R}) \ ,$$

- $f(\cdot) \in V_j \Rightarrow f(2\cdot) \in V_{j+1} \ ,$

- $f(\cdot) \in V_j \ \textit{und } k \in \mathbb{Z} \ \Rightarrow \ f(\cdot - 2^{-j}k) \in V_j \ .$

Falls eine Funktion $\varphi \in L_2(\mathbb{R})$ *existiert mit*

$$V_j = span\{2^{j/2}\varphi(2^j \cdot -k) : k \in \mathbb{Z}\} \ ,$$

so heißt φ *generierende Funktion* oder *skalierende Funktion* von V_j, *falls* $\{\varphi(\cdot - k) : k \in \mathbb{Z}\}$ *eine Riesz-Basis ist* (5.2.1). *Existiert eine zweite Funktion* $\psi \in V_1$ *derart, daß der Raum* W_j, *der wieder von einer entsprechenden Riesz-Basis aufgespannt wird*

$$W_j = span \ \{2^{(j-1)/2}\psi(2^{j-1} \cdot -k) : k \in \mathbb{Z}\} \ ,$$

und ist W_j *ein orthogonaler Komplementärraum zu* V_j *in* V_{j+1},

$$V_{j+1} = V_j \oplus W_j \ , \quad V_j \cap W_j = \{0\} \ ,$$

so heißt die Funktion ψ ein Wavelet. *In diesem Fall erhalten wir die Zerlegung* (Multiresolutions-Analyse*)*

$$L_2(\mathbb{R}) = \overline{\bigoplus_{l=-\infty}^{\infty} W_l} \,,$$

und mit $\{2^{l/2}\psi(2^l \cdot -k) : k \in \mathbb{Z} , l \in \mathbb{Z}\}$ eine Riesz-Basis in $L^2(\mathbb{R})$.

Haben z.B. die Funktionen φ und ψ beide kompakten Träger, so ist aufgrund der obigen Definition grob gesprochen die räumliche Auflösung $\Delta x \sim 2^{-l}$, und infolge der Unschärferelation haben wir im Spektralbereich eine gewisse Bandbreite $\Delta\xi \sim 2^l$, bzw. wir bewegen uns im wesentlichen im Frequenzband $2^l \leq |\xi| \leq 2^{l+1}$, die nächste Skala $l+1$ liegt damit eine Oktave höher.

Eine wichtige Eigenschaft der Funktionen φ_k^l und insbesondere der Wavelets ψ_k^l ist die räumliche (bzw. zeitliche) Lokalisierung $\Delta x \sim 2^{-l}$. Aus praktischen Gründen ist eine scharfe räumliche Lokalisierung vorteilhaft, d.h. der Durchmesser des Trägers der Funktionen ψ_k^l erfüllt

$$\operatorname{diam} \operatorname{supp} \psi_k^l \sim 2^{-l} \,.$$

Diese Eigenschaft führt dazu, daß in den endlichdimensionalen Anwendungsfällen der Basiswechsel

$$u_j = \sum_{k\in\Delta_j} u_k^j \varphi_k^j = \sum_{l=-1}^{j-1} \sum_{k\in\nabla_l} w_k^l \psi_k^l \,, \quad \nabla_l := \Delta_{l+1}\backslash\Delta_l \,,$$

sehr effizient mit linearem Aufwand $\mathcal{O}(N_j) = \mathcal{O}(\dim V_j)$ durchgeführt werden kann. Dieser Basiswechsel wird durch eine lineare Transformation

$$\mathbf{T}_j : l_2(\Delta_j) \to l_2(\Delta_j)$$

bewerkstelligt [MA, DAU] und manchmal auch als schnelle *Wavelet-Transformation* bezeichnet, da er die auf einer Multiresolutions-Analyse beruhende Waveletransformation mit dem Wavelet $\psi = \psi_0^0$ diskretisiert. Der Übergang von unendlichdimensionalen Räumen V_j zu endlichdimensionalen Räumen erfolgt in der Praxis der Bildverarbeitung fast ausschließlich durch Periodisierung.

Es ist für unsere Zwecke wesentlicher, die Frequenzlokalisierung durch eine *Normäquivalenz* in Sobolev- oder Besovnormen auszudrücken [DK, DD]. Auf der besagten Normäquivalenz beruhen die meisten Anwendungen, u.a. die Vorkonditionierung der entstehenden Steifigkeitsmatrizen, das Entrauschen gestörter Daten und letztlich auch die Datenkompression, denn die Größe des Koeffizienten $|w_k^l|$ ist ein handliches Maß für den Beitrag, den $w_k^l\psi_k^l$ zur Approximation der Funktion $f = \sum_{l=-1}^{\infty} \sum_{k\in\nabla_l} w_k^l\psi_k^l$ liefert.

Eine in diesem Zusammenhang auftretende Eigenschaft ist für die angestrebte Matrizenkompression äußerst wichtig. Es ist dies die *Momentenbedingung* oder auch *Momenteneigenschaft*, diese bedeutet, daß die ersten Momente der Wavelets ψ_k^l verschwinden,

$$\int_{\mathbb{R}^n} \psi_k^l(x)x^\alpha dx = 0 \quad , \quad |\alpha| \leq d^* \ .$$

Das heißt, das Skalarprodukt einer Funktion f mit einem Wavelet mißt die lokale Oszillation der Funktion f. Hieraus folgt, wie wir sehen werden, daß der Großteil der entstehenden Matrixkoeffizienten vernachlässigbar klein ist, woraus die eigentliche Matrixkompression resultiert [ABCR, BCR, BCRR, DPS2, DPS3, DPS6, PS, PSS, BV, KE].

Veranschaulicht man sich jedoch die Wirkungsweise der Multiskalenanalyse, so erkennt man das Prinzip der hierarchischen Approximation und die zugrundeliegende Struktur des Multigrids. Die hierarchische Approximation wurde schon von den Ingenieuren bei der Entwicklung adaptiver Verfahren [ZB] benutzt. Der Zusammenhang zwischen Hierarchischen Basen und Multigridverfahren wurde in [Y] hergestellt, und der *Pyramidenalgorithmus* unabhängig von [MA] entwickelt, Das was wir in dieser Arbeit als Multiskalenbasen bezeichnen wurde unabhängig voneinander an mehreren Stellen in der numerischen Analysis entwickelt:

- Wavelets [M]

- Frequenzzerlegendes Multigrid [HAF1, HAF2]

- BPX [BPX]

- Multiintegration [BL]

- φ-Transformation [FJ]

- Incremental unknowns and approximate inertial manifolds [TEM, CT]

Hierbei haben wir die Vielzahl früherer Entwicklungen aus der Mathematik und der Signaltheorie, die die Konstruktion der Wavelets vorangetrieben und beeinflußt haben wie z.B. *quadratur mirror filters*, noch außer acht gelassen und verweisen in diesem Zusammenhang auf die Referenzen in [DAU, CHUI, M].

Die obige, mittlerweile klassische Definition einer Multiresolutions-Analyse ist allerdings für unsere Zwecke aus mehreren Gründen weitgehend ungeeignet, da ihr per Definition ein uniformes Gitter zugrundeliegt. Aber aus der Definition der Multiskalen-Analyse wird offensichtlich, daß die zugrundeliegende Struktur der Funktionenräume einen Multigridcharakter besitzt, welcher keineswegs an ein uniformes Gitter gebunden sein muß. Neben dem uniformen Gitter ist zudem die Orthogonalität ein verzichtbarer Bestandteil der Methodik [CHWA, JM, CHUI, CDF].

Es kommt nun darauf an, die Definition dahingehend zu verallgemeinern, um relevante Fragestellungen aus einem jeweiligen Bereich z.B. der Integralgleichungen in Angriff nehmen zu können, ohne das inhaltliche Konzept aus den Augen zu verlieren [DPS1, DPS2, DPS3, DO]. In [D, DD, CDP, DPS6, SFM, DKPS, PSS] wurde damit begonnen, ein für die Numerik von Randintegralgleichungen notwendiges Konzept herauszuarbeiten und praktisch zu verwirklichen. Dazu muß man sich vergegenwärtigen, welche Eigenschaften in welcher Art und Weise relevant sind.

Die wesentlichen Eigenschaften der Wavelets, die wir zu diesem Zwecke benötigen, sind die folgenden

- Lokalität,

- Regularität,

- äquivalente Normcharakterisierungen einschließlich Stabilität,

- Momenteneigenschaft zumindest für fast alle ψ_k^l.

Diese Eigenschaften werden wir auch von einer Multiskalenbasis fordern. Unter all den Anforderungen müssen wir für unsere Anwendungen der Matrixkompression der Regularität die geringste Aufmerksamkeit widmen. Entscheidend ist dabei vielmehr das Konzept der Biorthogonalität, wobei wir diese sogar im distributionellen Sinn verstehen wollen. Wir erhalten damit eine größere Schar von Basissystemen, die wir als *Multiskalenbasen* bezeichnen wollen, und sind u.a. damit in der Lage, sogar Kollokationsverfahren und allgemeine Petrov-Galerkin-Verfahren mitzubehandeln.

1.5 Inhaltsübersicht

In der vorliegenden Arbeit wählten wir uns als Rahmen die numerische Behandlung von Pseudodifferentialoperatoren auf Riemannschen Mannigfaltigkeiten mit einem besonderen Augenmerk für Randintegralgleichungen auf Oberflächen glatt berandeter Gebiete und konzentrieren uns auf das Galerkin- und das Kollokationsverfahren, die wir beide als Projektionsmethoden darstellen. Viele unserer Ergebnisse sind prinzipiell auch unter anderen Voraussetzungen richtig. Dennoch besitzt die Klasse der Pseudodifferentialoperatoren einen hervorragenden Modellcharakter, der wesentliche Punkte und Problemstellungen der Multiskalenmethoden beinhaltet, wie beispielweise

- nichtlokale Operatoren mit ausgezeichnetem Verhalten des Schwartz-Kernes,

- Integraloperatoren erster Art,

- Operatoren echt positiver und echt negativer Ordnung,

- lokale Parametrisierung und nichtuniforme Gitter,

- Konvergenzaussagen für die untersuchten Verfahren und

- Diskretisierung von Spurdaten .

Leider ist eine Behandlung dieser Operatoren nicht möglich, ohne eine für manchen Praktiker geradezu abschreckende Vielzahl mathematischer Definitionen und Begriffe zu verwenden. Diese Definitionen sind nicht künstlich, sondern ergeben sich aus dem

Zusammenhang mehr oder weniger natürlich. Um dem mit diesen Begriffen nichtvertrauten Leser einen Zugang zu vermitteln, haben wir in den ersten beiden Kapiteln die wesentlichen Begriffe und Ergebnisse zusammengestellt. Wir wollen dabei hervorheben und dem Leser vermitteln, daß die für uns wesentlichen Resultate, wie die Asymptotik der Schwartz-Kerne und die starke Elliptizität, auch ohne den tiefen theoretischen Hintergrund einfach verständlich und anschaulich sind. Um den Zusammenhang mit den praktischen Problemen herzustellen, haben wir eine Reihe von Beispielen aufgeführt. Dabei haben wir ein erhebliches Gewicht auf eine kleine Übersicht von Randintegralgleichungen und Randintegraloperatoren und deren bekannte Eigenschaften gelegt, wie sie sich aus der Theorie der Pseudodifferentialoperatoren ganz unmittelbar ergeben, welche für unsere weiteren Untersuchungen maßgeblich sind. Für unsere Untersuchungen selbst haben wir uns bemüht, diese Theorie und auch die Theorie der *Calderón-Zygmund-Operatoren* [M2, M3, CM, DAVID, DAJO, ST] möglichst wenig zu verwenden. Neben der Darstellung der klassischen Randintegralgleichungen von zweiter Art als Konsequenz eines Potentialansatzes haben wir uns bemüht, die direkte Methode darzustellen, bei der unmittelbar die Spurdaten ausgerechnet werden, und der wir aufgrund ihrer Vorzüge eine wachsende praktische Bedeutung beimessen [SCHA, WE1, WE3, CO1, CK]. Dabei spielen die sogenannten *Calderón-Projektoren* eine wesentliche Rolle, welche sich ihrerseits aus Operatoren unterschiedlicher Ordnung zusammensetzen [CO1, CW, CD].

Im Anschluß an diese Übersicht beginnen wir mit der Entwicklung von Multiskalenbasen auf der Grundlage von Funktionen, welche in der jeweiligen lokalen Parametrisierung stückweise polynomial sind, und insbesondere solcher, welche für die Behandlung von Operatoren der Ordnung kleiner oder gleich 2 über ausreichende Regularität verfügen. Eine wesentliche Rolle wird dabei die Multiskalenzerlegung in Form eines Pyramidenschemas darstellen. Dieses Pyramidenschema ist das direkte Pendant zur diskreten Wavelettransformation. Ein neuer Aspekt stellt die Durchführung der erstmals in [CDP] entwickelten Idee der *stabilen Vervollständigung* dar. Diese läßt sich auf Multiwavelets [ALP, PSS] und hierarchische Basen Lagrangescher Finiter Elemente anwenden. Damit hat man ein Instrument zur Erzeugung von Multiskalenbasen mit genügenden, verschwindenden Momenten auf unstrukturierten Gittern. Ein wesentlicher Gesichtspunkt ist dabei, daß die Rücktransformation wiederum mit $\mathcal{O}(N_j)$ arithmetischen Operationen durchgeführt werden kann. Bezogen auf das uniforme Gitter liefert diese Methode die gleichen biorthogonalen Wavelets wie [CDF] und bezogen auf die stückweise konstanten Funktionen die gleichen Wavelets, wie die in [H1, H2, H3] mit Hilfe von Rekonstruktionsmethoden aus den ENO-Verfahren gewonnenen Zerlegungen.

Der sich daran anschließende Abschnitt beschäftigt sich mit den grundlegenden Eigenschaften einer Multiskalenzerlegung. Wesentliche Ergebnisse dieses Abschnittes, wie die Normäquivalenz, finden sich schon in [DK, D, DD, DO, DPS3, DPS6, KU, SFM]. Jedoch benötigen wir über die Normäquivalenz hinausgehende Abschätzungen. Ausgehend von den in Kapitel 5.4 eingeführten Funktionen und deren bekannten Eigenschaften werden die Ergebnisse entwickelt.

Der Abschnitt 7 gibt eine Übersicht über das Galerkin- sowie das Kollokationsverfahren, auf dessen Grundlage die Multiskalenbasen zur effizienten numerischen Behandlung der Operatorgleichungen entwickelt werden.

Zuerst beginnen wir mit der Entwicklung der Multiskalendarstellung des Galerkin-Verfahrens. Die Kompression werden wir in zwei Schritten durchführen, dabei wird der erste Kompressionsschritt lediglich zu einer fastoptimalen Kompression führen. In einem zweiten Schritt werden wir dann zeigen, daß noch weitere Matrixkoeffizienten gleich Null gesetzt werden dürfen. Dadurch erhalten wir letztendlich optimale Aufwandsabschätzungen. Dabei werden wir die Matrixkoeffizienten abschätzen und zeigen, daß ein bestimmter Teil der Koeffizienten, den wir a priori angeben können, sehr klein ist. Darüberhinaus werden wir zeigen, daß wir diese Koeffizienten durch Nullen ersetzen dürfen und bei der Lösung unseres Problems die gleiche Konvergenzordnung beibehalten, die das vollständige Verfahren liefert. Die Abschätzung der verbliebenen Koeffizienten zeigt uns, daß nicht mehr als $\mathcal{O}(N_j)$ von Null verschiedene Koeffizienten übrigbleiben. Wesentlich an der vorgeschlagenen Strategie ist, daß sich die Anpassung an die Konsistenzordnung im Unterschied zum Panel-Clustering [HANO] vollziehen läßt, ohne dabei die Zahl der Momente zu steigern.

Anschließend zeigen wir, daß sich die fastoptimale Kompression auch auf das Kollokationsverfahren anwenden läßt. Die Besonderheit dabei ist, daß wir für das Kollokationsverfahren auch eine Multiskalenbasis der Dirac-Funktionale einführen. Deren zugehörige Basistransformation ist instabil und wir zeigen, daß sich dennoch die entsprechenden Matrizen geeignet vorkonditionieren lassen. Infolge der Instabilität der Transformation verkleinert sich im Vergleich zum Galerkin-Verfahren der Bereich, in dem sich eine optimale Konvergenzordnung nachvollziehen läßt. Jedoch ist auch der entsprechende Bereich für das Kollokationsverfahren generell kleiner, und es zeigt sich, daß beide übereinstimmen.

Zum Abschluß behandeln wir ein äußerst wichtiges Problem, nämlich wie man die komprimierte Matrix mit ausreichender Genauigkeit unter fastoptimalem Aufwand direkt aufstellen kann. Hierfür müssen wir aber den Exaktheitsgrad der Quadratur ähnlich dem Panel-Clustering erhöhen, um die gewünschte Konsistenzordnung nicht zu verlieren.

Diese Arbeit schließt mit der Darstellung eines numerischen Beispieles ab, das den Wirkungsgrad der Kompression zum Inhalt hat. Die Realisierung des Verfahrens geschah in Zusammenarbeit mit B. Kleemann vom Weierstraß-Institut (WIAAS) in Berlin. Die detaillierte Implementierung sowie die Parameterstudien hat Herr Kleemann nach gemeinsamen Vorschlägen [SFM] vorgenommen, bei dem ich mich an dieser Stelle dafür bedanken möchte, mir diese Daten für diese Arbeit zur Verfügung gestellt zu haben. Dieses numerische Beispiel ist die erste Realisierung von Multiskalenmethoden für eine Integralgleichung zu einem voll 3-dimensionalen Randwertproblem. Aufgrund des Umfanges der Problemstellung konnten die wesentlichen Inhalte dieser Arbeit noch nicht in dieses Programm eingearbeitet werden.

Bemerkung 1.5.1 Wir werden in dieser Arbeit die in Abschätzungen auftretenden Konstanten, sofern wir sie nicht näher spezifizieren, mit c bezeichnen, und schreiben kurz $a_j \sim b_j$, falls eine Konstante $c > 0$ existiert, so daß $c^{-1} a_j \leq b_j \leq c\, a_j$ unabhängig von $j \in \mathbb{N}$ gilt.

Kapitel 2

Grundlegende Definitionen

Wir wollen in diesem Kapitel die grundlegenden Definitionen und Eigenschaften Riemannscher Mannigfaltigkeiten, soweit sie für unsere Aufgabenstellungen von Bedeutung sind, ganz kurz zusammenfassen. Als ein praktisch bedeutsames Beispiel kann man sich die Oberfläche eines glatt berandeten, 3-dimensionalen, beschränkten Gebietes vorstellen.

Sei (Γ, g) eine *kompakte, orientierbare, glatte, $n-$dimensionale Riemannsche Mannigfaltigkeit mit einer Metrik* g. Diese Mannigfaltigkeit ist beispielsweise durch einen konkreten *Atlas lokaler Karten* gegeben, $\{\tilde{\Gamma}_m, \kappa_m : m = 1, \ldots, m_\Gamma\}$, d.h. Γ wird von endlich vielen offenen Mengen $\tilde{\Gamma}_m$ überdeckt,

$$\Gamma = \bigcup_{m=1}^{m_\Gamma} \tilde{\Gamma}_m \,,$$

und es existieren Diffeomorphismen

$$\kappa_m : \tilde{\Gamma}_m \to \tilde{\Sigma}_m \subset\subset \mathbb{R}^n \,.$$

Dies bedeutet, für alle $m, m' = 1, \ldots, m_\Gamma$ mit

$$\tilde{\Gamma}_m \cap \tilde{\Gamma}_{m'} \neq \emptyset$$

gilt, daß

$$\kappa_m \circ \kappa_{m'}^{-1} : \kappa_{m'}(\,\tilde{\Gamma}_{m'} \cap \tilde{\Gamma}_m\,) \to \tilde{\Sigma}_m \in C^\infty(\kappa_{m'}(\tilde{\Gamma}_{m'} \cap \tilde{\Gamma}_m)) \quad \text{injektiv ist .}$$

Sei $\varphi \in C_0^\infty(\Gamma)$, dann definiert der *pull-back* κ_m^* von φ

$$x \mapsto \kappa_m^* \varphi(x) = \varphi(\kappa_m^{-1}(x))$$

eine $C_0^\infty(\mathbb{R}^n)$-Funktion. Mittels der Metrik g können wir das Volumenelement ds_x auf Γ in lokalen Karten durch

$$ds_x := \sqrt{g(x,x)}\, dx_1 \wedge \ldots \wedge dx_n \tag{2.0.1}$$

darstellen. Diese Form ermöglicht die Einführung eines inneren Produktes

$$\langle u, v \rangle = \int_{\Gamma} u(x)\overline{v(x)}ds_x \, , \tag{2.0.2}$$

das unabhängig von der Wahl der lokalen Koordinaten ist.

Die Metrik erlaubt uns ferner die Definition einer Distanzfunktion

$$\text{dist} : \Gamma \times \Gamma \to [0, \infty) \, , \tag{2.0.3}$$

die eine äquivalente Topologie auf Γ definiert, siehe z.B. [AUB].

Gelegentlich werden wir eine *Zerlegung der Eins*, oder auch *Zerlegung der Einheit*, in der Form benötigen, daß Funktionen

$$\chi_m \in C_0^\infty(\tilde{\Gamma}_m) \quad , \quad m = 1, \ldots, m_\Gamma \, ,$$

existieren mit den Eigenschaften

$$0 \leq \chi_m(x) \leq 1 \quad , \quad m = 1, \ldots, m_\Gamma \, ,$$

und

$$\sum_{m=1}^{m_\Gamma} \chi_m(x) \equiv 1 \quad \text{auf} \ \Gamma \, .$$

Hilfreich ist auch ein weiterer Satz von Funktionen $\tilde{\chi}_m \in C_0^\infty(\tilde{\Gamma}_m)$, $m = 1, \ldots, m_\Gamma$, mit den Eigenschaften

$$0 \leq \tilde{\chi}_m(x) \leq 1 \quad , \quad m = 1, \ldots, m_\Gamma \, ,$$

und

$$\tilde{\chi}_m(x) \equiv 1 \quad \text{auf} \ \tilde{\Gamma}_m \quad , \quad m = 1, \ldots, m_\Gamma \, .$$

Wie man leicht sieht, gilt in diesem Fall

$$1 \leq \sum_{m=1}^{m_\Gamma} \tilde{\chi}_m(x) \leq c < \infty \quad , \quad x \in \Gamma \, .$$

Für praktische Rechnungen ist die obige Zerlegung der Mannigfaltigkeit oft ungeeignet. Um für die Rechnungen geeignete Funktionenräume zu konstruieren, wählen wir eine direkte Zerlegung und in zugehörigen Bereichen jeweils eine konkrete Parametrisierung. Hierzu treffen wir zusätzliche Voraussetzungen, die aber keine Einschränkung der Allgemeinheit darstellen.

Wir gehen davon aus, daß eine Zerlegung mit disjunkten offenen Gebieten Γ_m, $m = 1, \ldots, m_\Gamma$, existiert, derart daß

$$\Gamma = \bigcup_{m=1}^{m_\Gamma} \overline{\Gamma}_m \quad , \quad \Gamma_m \cap \Gamma_{m'} = \emptyset \, , \tag{2.0.4}$$

gilt. Darüberhinaus sei

$$\kappa_m(\Gamma_m) = \Sigma_0 \subset \tilde{\Sigma}_m \quad , \quad m = 1, \ldots, m_\Gamma \; . \tag{2.0.5}$$

Hierbei ist $\Sigma_0 \subset \mathbb{R}^n$ ein offenes *Simplex*, aufgespannt von den orthogonalen Einheitsvektoren $e_1, \ldots, e_n$. Die Zerlegung (2.0.4) wollen wir *Initialtriangulierung* oder *Ausgangstriangulierung* nennen. Diese soll *regulär* in folgendem Sinne sein:

Falls $\overline{\Gamma}_m \cap \overline{\Gamma}_{m'} \neq \emptyset$, dann ist $\kappa_m(\overline{\Gamma}_m \cap \overline{\Gamma}_{m'})$ ein abgeschlossener Teilsimplex von Σ_0, welcher von einer Teilmenge aller Einheitsvektoren e_i aufgespannt wird. Im Fall $n = 2$ bedeutet dies, daß $\kappa_m(\overline{\Gamma}_m \cap \overline{\Gamma}_{m'})$, $m, m' = 1, \ldots, m_\Gamma$, entweder die leere Menge, oder ein Punkt, eine Kante (Dreieckseite) oder ein ganzes Dreieck (hierfür gilt dann $m = m'$) ist.

Das *Simplex* $\Sigma = \Sigma_0$ werden wir gelegentlich als *Standardparameterbereich* benützen.

Bemerkung: Die Triangulierung (2.0.4) stellt eine spezielle Parkettierung der Mannigfaltigkeit Γ dar. Anstelle des Simplexes Σ_0 könnte gegebenenfalls zum Beispiel ein n-Kubus oder ein n-dimensionales Polyeder stehen. Da ein solches Polyeder sich aber wiederum in Teilsimplizes zerlegen läßt, bleibt dieser Fall immer noch in unseren Betrachtungen mitenthalten. Es können im allgemeinen jedoch auch andere Parkettierungen in Betracht kommen [DAH]. Nichtsimpliziale Parkettierungen treten zudem bei Finite-Volumen-Verfahren auf. Obwohl sich eine Vielzahl der beschriebenen Konstruktionen auch in diesen Fällen durchführen läßt, sollen diese hier vorerst nicht Gegenstand der Untersuchungen darstellen.

Ausgehend von der Initialtriangulierung wollen wir uns sukzessive Verfeinerungen konstruieren. Wir wählen hier eine Methode, die der dyadischen Skalierung [DPS6] entspricht. Zu $j \in \mathbb{N}$, der *Skala* oder dem *Level*, zerlegen wir $\overline{\Sigma}_0$ in 2^{nj} einzelne abgeschlossene Simplizes $\overline{\Sigma}_k^j$, $k = 1, \ldots, 2^{jn}$, die alle kongruent zu dem von den Vektoren $2^{-j}e_1, \ldots, 2^{-j}e_n$ aufgespannten Simplex $\overline{\Sigma}_1^j$ sein sollen.

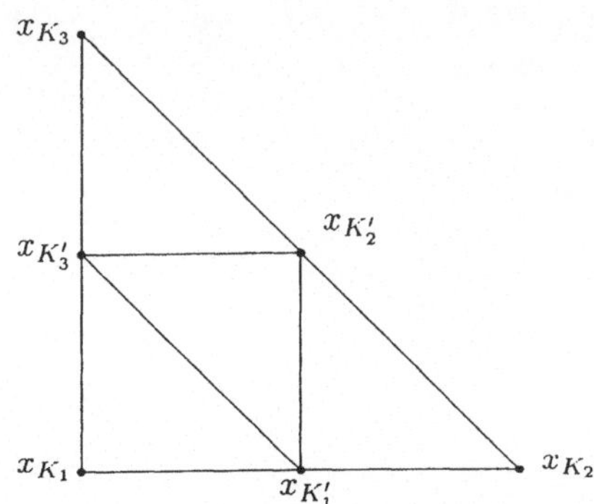

Abbildung 2.1: Dreieck mit seiner Verfeinerung .

Bemerkung 2.0.2 Praktisch gesehen können wir sogar Lipschitzstetige Mannigfaltigkeiten, die durch eine derartige Parametrisierung ausgehend von einer Initialtriangulierung definiert werden, behandeln. Dennoch sind wir uns bewußt, daß selbst dieser

Rahmen, vielfach immer noch eine Idealisierung der praktischen Realität darstellt. Für den Anwender sind vielfach nur die Knotenpunkte der feinsten Triangulierung vorgegeben. Viele Methoden des CAGD (Computer Aided Graphical Design), die immer mehr Verwendung bei dem Entwurf von Bauteilen finden, beruhen auf ganz ähnlichen Grundlagen, wie wir sie hier zugrundelegen. Eine Vereinheitlichung des computerunterstützten Bauteilentwurfs und dem *Preprocessing*, insbesondere bei der Gittergenerierung, bietet sich vielleicht für die Zukunft an. Im Hinblick auf eine erreichbare Matrixkompression muß auf die Optimierung der Gitter, um die Zahl der Knoten und damit der Gleichungen möglichst gering zu halten, dann weniger Wert gelegt werden, als auf eine Realisierung einer Mehrgitterstruktur.

Kapitel 3

Pseudodifferentialoperatoren auf glatten Mannigfaltigkeiten

Wir studieren in dieser Arbeit zweierlei Problemstellungen:

- erstens die numerische Approximation der Anwendung eines Pseudodifferentialoperators auf eine Funktion

$$u \mapsto Au \,, \tag{3.0.1}$$

bzw. die *numerische Approximation des Operators A*,

- und Zweitens die *numerische Lösung der Operatorgleichung*

$$Au = f \,, \tag{3.0.2}$$

mit einem Pseudodifferentialoperator A, beziehungsweise in Zusammenhang mit gewissen Randintegralgleichungen auch Gleichungen der Form

$$Au = Bf \,, \tag{3.0.3}$$

wobei B ein weiterer Pseudodifferentialoperator ist.

Die Behandlung des ersten Problemkreises läuft auf eine geschickte Matrix-Vektormultiplikation hinaus. Die numerische Lösung des linearen Gleichungssystems zur Lösung von (3.0.2) wollen wir iterativ bewältigen. Daher schließt die Betrachtung des zweiten Problems die des ersten in der Regel weitgehend ein. Aus diesem Grund werden wir von vornherein auf die Lösung des zweiten Problems hinarbeiten, wenngleich die Tragweite der effizienten Operatorapproximation über die zweite Problematik hinausgeht.

Wir erinnern hier kurz an die Definition von Pseudodifferentialoperatoren, wie man sie in den Standardwerken [H, TAY, SH, K] finden kann. Sei $X \subset \mathbb{R}^n$ eine offene Menge.

Wir definieren die *Symbolklassen*

$$S^r(X) := S^r(X \times \mathbb{R}^n) := S^r_{1,0}(X \times \mathbb{R}^n)$$

als die Menge aller Funktionen

$$(x, \xi) \mapsto \sigma(x, \xi) \qquad , \qquad \sigma \in C^\infty(X \times \mathbb{R}^n) \, ,$$

die der folgenden Bedingung genügen:

Zu allen Multiindices $\alpha, \beta \in \mathbb{N}_0^n$ und kompakten Mengen $K \subset\subset X$ existiert eine Konstante $c_{\alpha,\beta,K}$ derart, daß die Ungleichung

$$|D_x^\beta D_\xi^\alpha \sigma(x, \xi)| \leq c_{\alpha,\beta,K}(1 + |\xi|)^{r-|\alpha|} \, , \tag{3.0.4}$$

für alle $x \in K$, $\xi \in \mathbb{R}^n$ gilt. Mit $\Psi^r(X) = \Psi^r_{1,0}(X)$ bezeichnen wir die Klasse der linearen Operatoren

$$A : C_0^\infty(X) \to C^\infty(X)$$

von der Form

$$Au(x) = (2\pi)^{-n} \int\limits_{\mathbb{R}^n} \left(\int\limits_{\mathbb{R}^n} e^{i\langle \xi, x-y \rangle} \sigma(x, \xi) u(y) dy \right) d\xi, \quad u \in C_0^\infty(X) \subset C_0^\infty(\mathbb{R}^n) \, , \tag{3.0.5}$$

mit einem Symbol $\sigma(x, \xi)$ aus der Symbolklasse $S^r(X \times \mathbb{R}^n)$. Ein linearer Operator $A : C^\infty(\Gamma) \to C^\infty(\Gamma)$ heißt ein *Pseudodifferentialoperator der Ordnung r* in $\Psi^r(\Gamma)$, falls für jede Zerlegung der Einheit $\{\chi_m \in C_0^\infty(\tilde{\Gamma}_m) : m = 0, \ldots, m_\Gamma\}$ bezüglich eines Atlanten $\{\tilde{\Gamma}_m, \kappa_m\}$ alle sogenannten *transportierten Operatoren*

$$A_{m,m'} := \kappa_m^* \circ \chi_m A \chi_{m'} \circ (\kappa_{m'}^*)^{-1} \, , \tag{3.0.6}$$

mit $\kappa_m^* u(x) := u(\kappa_m^{-1} x)$, Pseudodifferentialoperatoren in $\Psi^r_{1,0}(X)$ sind. Solche Operatoren A erlauben eine Zerlegung der Form

$$A = A_\infty + \sum_{(m,m') \in \Xi} \chi_m A \chi_{m'}, \tag{3.0.7}$$

wobei $\Xi := \{(m, m') : \operatorname{supp} \chi_m \cap \operatorname{supp} \chi_{m'} \neq \emptyset\}$ ist. Desweiteren ist der Operator A_∞ ein *glättender Operator*, das heißt A_∞ besitzt einen Kern $K_{A_\infty}(x, y) \in C^\infty(\Gamma \times \Gamma)$. Der zu $A \in \Psi^r(\Gamma)$ *(formal) adjungierte Operator* A^* ist definiert durch

$$\langle A^* u, v \rangle = \langle u, Av \rangle \quad , \quad u, v \in C^\infty(\Gamma) \, . \tag{3.0.8}$$

Bemerkung 3.0.3 Für $\rho, \delta \in [0,1]$, $r \in \mathbb{R}$, kann man die Symbolklassen $S^r_{\rho,\delta}(X)$ als Gesamtheit aller $C^\infty(X \times \mathbb{R}^n)$-Funktionen definieren, die die Abschätzung

$$|D^\beta_x D^\alpha_\xi \sigma(x,\xi)| \leq c_{\alpha,\beta,K}(1 + |\xi|)^{r - \rho|\alpha| + \delta|\beta|} \tag{3.0.9}$$

für alle $x, \xi \in \mathbb{R}^n$, $K \subset\subset X$ erfüllen. Falls $1 - \rho \leq \delta < \rho$ ist, lassen sich die Pseudodifferentialoperatorklassen $\Psi^r_{\rho,\delta}(\Gamma)$ auf Mannigfaltigkeiten definieren [SH, H, TAY]. Der Großteil der folgenden Aussagen bleibt auch für die Operatoren aus den Klassen $\Psi^r_{\rho,\delta}(\Gamma)$ richtig, vorausgesetzt daß $1 - \rho \leq \delta < \rho$ gilt. Die Untersuchung des allgemeinen Falles bringt für unsere Probleme keine zusätzlichen prinzipiellen Resultate, vielmehr wird durch die Parameter ρ, δ die Übersichtlichkeit nicht gerade gefördert, weswegen wir uns durchwegs auf den Fall $\rho = 1, \delta = 0$ beschränken wollen.

Bemerkung 3.0.4 In den Klassen $\Psi^r(\Gamma)$ sind die sogenannten klassischen Pseudodifferentialoperatoren enthalten. Deren Symbole erlauben in lokalen Karten eine asymptotische Entwicklung in homogene Symbole $\sigma_l \in C^\infty(\mathbb{R}^{2n})$, $l \searrow -\infty$, der Form

$$\sigma_l(x, t\xi) = t^{l + l_0} \sigma_l(x, \xi) \quad , \quad x, \xi \in \mathbb{R}^n \quad t, |\xi| \geq 1 \ ,$$

siehe hierzu [KN, H]. Die in Kapitel 4 unter den praktischen Beispielen aufgeführten Operatoren sind allesamt klassische Pseudodifferentialoperatoren.

Wir wollen im folgenden einige Eigenschaften von Pseudodifferentialoperatoren aufführen, soweit sie für unsere Problemstellung von unmittelbarem Interesse sind.

Wir führen die *Fouriertransformation* (über $\mathbb{R}^n$) einer Funktion $v \in C^\infty_0(\mathbb{R}^n)$ in der weitgehend üblichen [H] Form

$$\hat{v}(y) := \int_{\mathbb{R}^n} v(x) e^{-i\langle x,y \rangle} dx$$

ein. Mit $H^s(\mathbb{R}^n)$, $s \geq 0$, bezeichnen wir die *Sobolevräume* als Räume der Funktionen $v \in L_2(\mathbb{R}^n)$, für die die *Sobolevnorm*

$$\|v\|_{H^s} := \|(1 + |\cdot|^2)^{s/2} \hat{v}\|_{L_2(\mathbb{R}^n)}$$

endlich ist. Die Räume $H^s(\mathbb{R}^n)$ mit $s < 0$ definieren wir durch Dualität bezüglich des $L_2(\mathbb{R}^n)$–Skalarproduktes $(u,v) := \int_{\mathbb{R}^n} u(x)\overline{v(x)}dx$,

$$H^s(\mathbb{R}^n) = (H^{-s}(\mathbb{R}^n))' \ .$$

Mit Hilfe eines speziellen Atlanten $\{\tilde{\Gamma}_m, \kappa_m\}$ und einer zugehörigen Zerlegung der Einheit χ_m definieren wir auf der Mannigfaltigkeit $\{\Gamma\}$ Sobolevräume $H^s(\Gamma)$ als die Vervollständigung des Raumes $C^\infty(\Gamma)$ bezüglich der Norm

$$\|u\|^2_s := \sum_{m=0}^{m_\Gamma} \|\kappa^*_m(\chi_m u)\|^2_{H^s} \ . \tag{3.0.10}$$

Hierbei ist $\kappa_m^*(\chi_m u) := \kappa_m^* \chi_m \cdot \kappa_m^* u$. Es ist nun bekannt, daß die so definierten Sobolevräume $H^s(\Gamma)$ nicht von der speziellen Wahl der jeweiligen lokalen Karten abhängen und daß die Normen, die man bezüglich eines anderen Atlanten definiert, zu den obigen (3.0.10) äquivalent sind.

Ein wesentliches Ergebnis der Theorie der Pseudodifferentialoperatoren besagt, daß die Pseudodifferentialoperatoren eine Algebra bezüglich der Hintereinanderausführung von Operatoren bilden [SH, TAY, H, K]. Für ein Gebiet $X \subset \mathbb{R}^n$ heißt ein Operator $A \in \Psi^r(X)$ *properly supported*, falls für $u \in C_0^\infty(\mathbb{R}^n)$ auch wiederum die beiden Mengen $\mathrm{supp}\,Au$ und $\mathrm{supp}\,A^*u$ kompakt sind. Es gilt allerdings folgendes Lemma.

Lemma 3.0.1 *Zu einem Pseudodifferentialoperator $A \in \Psi^r(X)$ existiert ein Operator $B \in \Psi^r(X)$, der properly supported ist mit*

$$A = B + A_\infty \, ,$$

wobei $A_\infty \in \Psi^\infty(X)$ ein glättender Operator ist.

Theorem 3.0.1 *Seien $A \in \Psi^{r_1}(X)$ und $B \in \Psi^{r_2}(X)$ Operatoren mit Symbolen $\sigma_A \in S^{r_1}(X), \sigma_B \in S^{r_2}(X)$, und seien beide Operatoren properly supported, dann ist $A \circ B \in \Psi^{r_1+r_2}(X)$ wieder ein properly supported Pseudodifferentialoperator. Darüber hinaus gilt für das Symbol*

$$\sigma_{A \circ B}(x,\xi) = \sigma_A(x,\xi)\sigma_B(x,\xi) + \sigma_R(x,\xi) \, , \tag{3.0.11}$$

wobei $\sigma_R(x,\xi) \in S^{r'}(X)$ ein Operator niedrigerer Ordnung $r' < r_1 + r_2$ ist.

Die Operatoren aus der Klasse $\Psi^\infty(\Gamma)$ bilden ein zweiseitiges Ideal in der Algebra aller Pseudodifferentialoperatoren, d.h. $AC, CA \in \Psi^\infty(\Gamma)$ falls $A \in \Psi^r(\Gamma)$, $r \in \mathbb{R}$ und $C \in \Psi^\infty(\Gamma)$.

Theorem 3.0.2 *Sei $A \in \Psi^r(X)$ ein Operator mit Symbol $\sigma_A \in S^r(X)$, der ebenfalls properly supported sei, dann ist auch $A^* \in \Psi^r(X)$ ein Pseudodifferentialoperator und properly supported. Desweiteren gilt für das Symbol*

$$\sigma_{A^*}(x,\xi) = \overline{\sigma_A(x,\xi)} + \sigma_R(x,\xi) \, , \tag{3.0.12}$$

mit $\sigma_R(x,\xi) \in S^{r'}(X)$ und $r' < r$.

Wichtig ist im Zusammenhang mit der Behandlung von Pseudodifferentialoperatoren auf Mannigfaltigkeiten das Verhalten unter einer Variablensubstitution κ.

Theorem 3.0.3 *Sei $A \in \Psi^r(X)$ properly supported, und sei $\kappa : X \to Y$ ein Diffeomorphismus, dann gilt für den transportierten Operator $B = (\kappa^*)^{-1} \circ A \circ \kappa^* \in \Psi^r(Y)$, und*

$$\sigma_B(y,\eta)|_{y=\kappa(x)} = \sigma_A(x,(\kappa'(x))^{-T}\eta) + \sigma_R(y,\eta) \tag{3.0.13}$$

mit $\sigma_R(y,\eta) \in \Psi^{r-1}(Y)$. Hierbei ist $(\kappa'(x))^{-T}$ die Inverse der zur Funktionalmatrix $\kappa'(x)$ transponierten Matrix.

In den beiden vorangegangenen Sätzen bemerken wir die Aufspaltung in einen führenden Term des Symbols, beziehungsweise einen führenden Term des Operators, und in Terme niedriger Ordnung mit Symbolen σ_R der Operatoren R. Insbesondere Theorem 3.0.3 legt die folgenden Definition nahe, um die Symbole von der speziellen Wahl lokaler Koordinaten zu befreien. Man kann die Elemente des Quotientenraum $S^r(X)/S^{r-1}(X)$ als *Hauptsymbole* in $S^r(T^*\Gamma)$ auf Mannigfaltigkeiten mit C^∞-Schnitten über dem Kotangentialbündel $T^*\Gamma$ einführen. Aufgrund von Theorem 3.0.3 ist nun dieses *Hauptsymbol* $\sigma_0 \in S^r(T^*\Gamma)/S^{r-1}(T^*\Gamma)$ wohldefiniert. Wir werden hier nicht näher auf die abstrakte Formulierung der Vektorbündel eingehen. Wir wollen aber vermerken, daß diese Formulierung der qualitativen Situation Rechnung trägt und unumgänglich ist. Später werden wir lediglich ganz einleuchtende Konsequenzen dieser abstrakten Formulierung verwenden, die auch ohne besondere Kentnisse der Differentialtopologie verständlich sind.

Aufgrund von Lemma 3.0.1 brauchen wir die Eigenschaft *properly supported* nicht mehr mit aufzuführen, wenn wir kompakte glatte Mannigfaltigkeiten behandeln.

Pseudodifferentialoperatoren lassen sich stetig auf Sobolevräume fortsetzen [H, K, SH].

Theorem 3.0.4 *Sei Γ eine kompakte C^∞-Mannigfaltigkeit und der Operator $A \in \Psi^r(\Gamma)$, dann bildet dieser Operator*

$$A : H^s(\Gamma) \to H^{s-r}(\Gamma) \tag{3.0.14}$$

stetig, und für $s' < s$ bildet

$$A : H^s(\Gamma) \to H^{s'-r}(\Gamma) \tag{3.0.15}$$

sogar kompakt ab.

Definition 3.0.1 *Ein Operator $A \in \Psi^r(\Gamma)$ heißt elliptisch, falls für sein (Haupt-) Symbol σ_A Konstanten c, R existieren, so daß die Ungleichung*

$$|\sigma_A(x,\xi)| \geq c \, |\xi|^r \tag{3.0.16}$$

für alle $x \in \Gamma$ und $|\xi| > R$ erfüllt ist. Ein Operator $A \in \Psi^r(\Gamma)$ gehört zu der Klasse der stark elliptischen Pseudodifferentialoperatoren , falls sein Hauptsymbol der Ungleichung

$$Re\,\sigma_0(x,\xi) \geq c|\xi|^r \tag{3.0.17}$$

genügt. Für solche Operatoren gilt die sogenannte Gårdingsche Ungleichung .

Eine im Hinblick auf die numerische Approximation ist die Klasse der *stark elliptischen Pseudodifferentialoperatoren* , welche sowohl in theoretischer wie auch in praktischer Hinsicht von herausragender Bedeutung [WE4, PS] ist.

Theorem 3.0.5 *Das Hauptsymbol σ_0 eines Operators $A \in \Psi^r(\Gamma)$ sei stark elliptisch, d.h. es existieren c, R derart, daß die Ungleichung*

$$Re\,\sigma_0(x,\xi) \geq c\,|\xi|^r \,, \tag{3.0.18}$$

für alle $x \in \Gamma$ und $|\xi| > R$ gilt. In diesem Fall exististiert ein Operator niedrigerer Ordnung $C \in \Psi^{r_1}(\Gamma)$ mit $r_1 < r$, derart daß die a priori Abschätzung

$$Re\,\langle (A + C)u, u \rangle \geq c\,\|u\|_{r/2}^2 \tag{3.0.19}$$

für alle u aus dem Energieraum $H^{r/2}(\Gamma)$ *gilt.*

Theorem 3.0.6 *Sei Γ eine kompakte Riemannsche Mannigfaltigkeit, und sei $A \in \Psi^r(\Gamma)$ ein elliptischer Operator, dann ist*

$$A : H^s(\Gamma) \to H^{s-r}(\Gamma) \tag{3.0.20}$$

ein Fredholmoperator. Falls Γ zusammenhängend und A sogar stark elliptisch *ist, so ist sein* Index *$Ind\,A = 0$.*

Bemerkung 3.0.5 Wie wir aus den Definitionen und den Sätzen 3.0.5 und 3.0.6 ersehen, hängen die Eigenschaften der Elliptizität sowie der starken Elliptizität lediglich vom Hauptsymbol ab, und in keiner Weise von der jeweiligen Wahl der lokalen Koordinaten. Aus diesem Grund genügt es, diese Eigenschaft in einer geeigneten lokalen Karte, oder genauer betrachtet für kanonische Geometrien zu verifizieren.

Im Zusammenhang mit dem *Galerkin-Verfahren* werden wir stets die beiden folgenden Voraussetzungen treffen.

- A ist *stark elliptisch*, d.h.

$$\text{Re }\; \sigma_0(x,\xi) \geq c|\xi|^r, \quad \xi \in \mathbb{R}^n, x \in \Gamma. \tag{3.0.21}$$

- A ist injektiv,

$$\text{Ker}\,A = \{0\} \,. \tag{3.0.22}$$

Unter diesen Voraussetzungen (3.0.21) und (3.0.22) sind die Operatoren $A, A^* : H^s(\Gamma) \to H^{s-r}(\Gamma)$, $s \in \mathbb{R}$, stetig invertierbar.

Die für uns am häufigsten benötigte Beziehung ist die *Pseudolokalität*, oder, präziser ausgedrückt, eine verschärfte Pseudolokalität, dies bedeutet, daß der Schwartz-Kern $K_A(x,y)$ eines Pseudodifferentialoperators in $\Psi^r(X)$ außerhalb der Diagonalen $\{x,y \in X : x = y\}$ glatt ist, und in Richtung dieser Diagonalen eine spezifische Singularität aufweist, deren aymptotisches Verhalten wir beschreiben können. Die folgende Aussage ist im Prinzip bekannt, jedoch findet man in der schon zitierten Standardliteratur weder einen Beweis noch eine Referenz, weshalb wir einen Beweis an dieser Stelle mitaufführen.

Lemma 3.0.2 *Der Schwartz-Kern $K_A(x,y)$ eines Pseudodifferentialoperators $A \in \Psi^r(\mathbb{R}^n)$ mit kompaktem Träger erfüllt für $x \neq y$, $x,y \in \mathbb{R}^n$, die Abschätzung*

$$|\partial_x^\alpha \partial_y^\beta K_A(x,y)| \leq c_{\alpha,\beta} \, |x-y|^{-(n+r+|\alpha|+|\beta|)} \, , \quad n+r+|\alpha|+|\beta| > 0 \, .$$

Beweis: Falls der Operator $A \in \Psi^r(\mathbb{R}^n)$ den Schwartz-Kern $K_A(x,y)$ besitzt, dann sind für jeden Multi-Index α auch $\partial_x^\alpha K_A(x,y)$, $\partial_y^\alpha K_A(x,y)$ jeweils Schwartz-Kerne eines Operators, den wir kurz $A' = A'(\alpha)$ nennen wollen aus der Klasse $\Psi^{r+|\alpha|}(\mathbb{R}^n)$. Bezeichnen wir mit $\sigma_\alpha \in S^{r+|\alpha|}(\mathbb{R}^n \times \mathbb{R}^n)$ das Symbol von A'. Wir erinnern an dieser Stelle, daß für $x \neq y$ der Kern $K_{A'}(x,y) = K(x,x-y)$ durch ein *oszillatorisches Integral* (siehe z.B. [K] zwecks einer präzisen Definition) gegeben ist,

$$(2\pi)^n K(x,x-y) = \int e^{i\langle \xi, x-y \rangle} \sigma_\alpha(x,\xi) d\xi \, . \tag{3.0.23}$$

Sei nun $\chi \in C_0^\infty(\mathbb{R}^n)$ eine glatte Abschneidefunktion, welche identisch eins auf der Menge

$$\{\xi \in \mathbb{R}^n : |\xi| \leq 1\}$$

ist und außerhalb der Menge

$$\{\xi \in \mathbb{R}^n : |\xi| < 2\}$$

verschwindet. Wir setzen $\chi_R(\xi) = \chi(R\xi)$, und wählen $R = |x-y|$, dann schreiben wir das oszillatorische Integral (3.0.23) in der Form

$$K(x,x-y) = K_1(x,x-y) + K_2(x,x-y) \, ,$$

wobei wir die Notationen

$$K_1(x,y) \ := \ \int e^{i\langle \xi, x-y \rangle} \chi_R(\xi) \sigma_\alpha(x,\xi) d\xi \, ,$$

$$K_2(x,y) \ := \ \int e^{i\langle \xi, x-y \rangle} (1 - \chi_R(\xi)) \sigma_\alpha(x,\xi) d\xi \, ,$$

verwenden. Unser Ziel ist es, die Kerne K_1 und K_2 abzuschätzen, wenn R über alle Grenzen wächst. Daher können wir annehmen, daß $R \geq R_0$ für eine feste Größe R_0 gilt. Das erste Integral läßt sich durch

$$|K_1(x,x-y)| \ = \ |\int e^{i\langle \xi, x-y \rangle} \chi_R(\xi) \sigma_\alpha(x,\xi) d\xi| \leq c \int_{|\xi|<2R^{-1}} (1+|\xi|)^{r+|\alpha|} d\xi$$

$$\leq \ c \, R^{-(n+r+|\alpha|)} = c \, |x-y|^{-(n+r+|\alpha|)} \tag{3.0.24}$$

abschätzen, vorausgesetzt, es gilt $n + r + |\alpha| > 0$.

Um das zweite Integral abzuschätzen, bemerken wir zunächst

$$\Delta_\xi^\beta e^{i\langle \xi, x \rangle} = (i)^{2\beta} |x|^{2\beta} e^{i\langle \xi, x \rangle} \, ,$$

hierbei bezeichnet Δ_ξ den Laplace-Operator bezüglich ξ, und wenden partielle Integration auf das oszillatorische Integral K_2 an. Falls $|\beta|$ hinreichend groß ist, erhalten wir die Beziehung

$$
\begin{aligned}
|K_2(x, x-y)| \;&=\; |\int e^{i\langle \xi, x-y\rangle}(1 - \chi_R(\xi))\sigma_\alpha(x,\xi)d\xi| \\[2mm]
&\leq\; c(|x-y|)^{-2\beta}|\int e^{i\langle \xi, x-y\rangle}\Delta_\xi^\beta[(1-\chi_R)\sigma_\alpha](x,\xi)d\xi| \\[2mm]
&\leq\; c|x-y|^{-2\beta}\int_{|\xi|>R^{-1}} |\xi|^{r+|\alpha|-2\beta}d\xi \\[2mm]
&\leq\; c|x-y|^{-(n+r+|\alpha|)}\;,
\end{aligned}
\tag{3.0.25}
$$

mit $c = c(R_0)$. ∎

Lemma 3.0.3 *Seien $A \in \Psi^r(\Gamma)$ ein Pseudodifferentialoperator und $x = \kappa_{m'}x^*$ bzw. $y = \kappa_{m'}y^*$ mit $x^*, y^* \in \Gamma$. Definieren wir den transportierten Operator*

$$
\mathcal{A} = \kappa_{m'}^* \circ A \circ (\kappa_m^*)^{-1}
\tag{3.0.26}
$$

mit seinem Schwartz-Kern $K_\mathcal{A}$. Dann gilt für $x^*, y^* \in \Gamma$, $x^* \neq y^*$, die Abschätzung

$$
|\partial_x^\alpha \partial_y^\beta K_\mathcal{A}(x,y)| \leq c_{\alpha,\beta}\,dist\,(x^*,y^*)^{-(n+r+|\alpha|+|\beta|)}\;,\quad n+r+|\alpha|+|\beta| > 0\;.
\tag{3.0.27}
$$

Beweis: Wir betrachten zuerst den Fall $m = m'$. Hierfür ist der transportierte Operator $\mathcal{A}$ (3.0.26) ein Pseudodifferentialoperator in $\mathcal{A} \in \Psi^r(\Sigma)$, der sich einfach zu $\mathcal{A} \in \Psi^r(\mathbb{R}^n)$ fortsetzen läßt und die Aussage ergibt sich unmittelbar aus Lemma 3.0.2.

Im Fall $m \neq m'$ betrachten wir Umgebungen U_{x^*} von x^* bzw. U_{y^*} von y^*, die so gewählt sind, daß die Ungleichung

$$
\text{dist}(U_{x^*}, U_{y^*}) \leq c_\Gamma
$$

genau dann gilt, falls

$$
U_{x^*} \cup U_{y^*} \subset\subset \tilde{\Gamma}_{m'} \cap \tilde{\Gamma}_m
$$

ist. Ferner seien χ_{x^*} und χ_{y^*} geeignete Abschneidefunktionen in C^∞, die jeweils identisch gleich 1 auf den zugehörigen Umgebungen U_{x^*} und U_{y^*} sein sollen.

Unter der Voraussetzung $\text{dist}(U_{x^*}, U_{y^*}) \leq c_\Gamma$ ist der Operator $A_\infty := \chi_{x^*} \cdot A\chi_{y^*} \in \Psi^\infty(\Gamma)$ ein glättender Pseudodifferentialoperator. Dieser besitzt einen C^∞-Kern, d.h. wir können ihn durch $A_\infty u(x^*) = \int_\Gamma K_{A_\infty}(x^*,y^*)u(y^*)ds_{y^*}$ mit $K_{A_\infty} \in C^\infty(\Gamma \times \Gamma)$ darstellen, womit hierfür die Aussage bewiesen ist.

Es sei nun

$$
\text{dist}(U_{x^*}, U_{y^*}) \leq c_\Gamma\;,
$$

dann gilt aufgrund unserer Voraussetzung, daß die Umgebungen U_{x^*} und U_{y^*} beide in der Schnittmenge $\tilde{\Gamma}_{m'} \cap \tilde{\Gamma}_m$ enthalten sind. In diesem Fall ist die Abbildung

$$
\kappa := \kappa_{m'}^*(\kappa_m^*)^{-1} : \kappa_m\tilde{\Gamma}_m \to \cap\tilde{\Gamma}_{m'}
$$

ein Diffeomorphismus. Ferner gilt für den Pseudodifferentialoperator $\mathcal{A}_m :=$ $\kappa_m^* A (\kappa_m^*)^{-1} \in \Psi^r(\tilde{\Sigma}_m)$ mit Schwartz-Kern $K_{\mathcal{A}_m}$ die Beziehung

$$K_{\mathcal{A}}(x,y) = K_{\mathcal{A}_m}(\kappa(x'),y) \ , \ \text{mit } x' = \kappa^{-1}(x) \ .$$

Damit folgt wegen Lemma 3.0.2 die Abschätzung

$$\begin{aligned}
|\partial_x^\alpha \partial_y^\beta K_{\mathcal{A}}(x,y)| &\leq c_{\alpha,\beta} \, |\kappa(x') - y|^{-(n+r+|\alpha|+|\beta|)} \\
&\leq c_{\alpha,\beta} \, \mathrm{dist}\,(x^*,y^*)^{-(n+r+|\alpha|+|\beta|)} \ ,
\end{aligned}$$

stets vorausgesetzt, es gilt $n + r + |\alpha| + |\beta| > 0$. ∎

Kapitel 4

Einige praktische Beispiele

Wir wollen nun einige Beispiele von Pseudodifferentialoperatoren angeben, die in Anwendungsproblemen immer wieder auftauchen, und deren spezifischen Eigenschaften etwas zusammenstellen. Eine ganz große Klasse wichtiger Integralgleichungen sind die Randintegralgleichungen. Dieser Klasse wollen wir uns infolge ihrer praktischen Bedeutung, z.B. zur Lösung von Außenraumproblemen, besonders widmen. Die Umformulierung von elliptischen Randwertproblemen in Randintegralgleichungen hat eine lange Tradition in der Analysis, ausgehend von Gauß und C. Neumann und Poincaré. Als Folge der bedeutenden Arbeiten von Fredholm und Hilbert zur Theorie der Integralgleichungen entstand die Funktionalanalysis. Die Enwicklung der Analysis singulärer Integraloperatoren initiierte weite Bereiche der harmonischen Analysis, [ST] etc.. Die singulären Integralgleichungen spielen eine herausragende Rolle in der Berechnung expliziter Lösungen kanonischer Randtransmissionsprobleme [MU, MEI]. Um den Zusammenhang zwischen unseren Betrachtungen und praktischen Randintegralgleichungen und deren spezifischer Problematik herzustellen, wollen wir eine Reihe der wichtigsten Randintegraloperatoren zusammenstellen. Neben den klassischen Integralgleichungen zweiter Art wollen wir die Gleichungen erster Art, die sich aus der *direkten Methode* ableiten, hervorheben, welche eine Reihe beträchtlicher Vorzüge aufweisen, und deren Nachteile zum Teil mit Hilfe der Multiskalenmethoden beseitigt werden können.

4.1 Operatoren der Ordnung Null

Zuerst betrachten wir ein paar Beispiele von Operatoren der Ordnung $r = 0$.

Bemerkung 4.1.1 Alle Operatoren der Ordnung $r = 0$ sind zugleich auch (glatte) Calderón-Zygmund-Operatoren.

Der Operator I der *Identität* ist ein Pseudodifferentialoperator mit Symbol $\sigma_I(x, \xi) \equiv 1$. In verschiedenen Anwendungen und in Verbindung mit Galerkin-Petrov-Diskretisierungen ist die numerische Approximation dieses Operators keinesfalls so trivial, wie es auf den ersten Blick aussehen mag. Im Rahmen der Bildkompression oder

der Spline-Interpolation oder ähnlicher Anwendungen behandelt man vielfach Approximationen dieses Operators, ohne explizit darauf zu verweisen.

Erweitern wir unsere Betrachtung auf die Klasse der Operatoren, deren Hauptsymbol

$$\sigma_0(x,\xi) = \sigma_I(x,\xi) \equiv 1$$

ist, dies bedeutet

$$A = I + C \quad , \quad C \in \Psi^s(\Gamma) \quad , \quad s < 0 \ ,$$

so ist C infolge des Satzes 3.0.4 ein kompakter Operator. Wir erhalten hiermit *Fredholmsche Integraloperatoren der zweiten Art*.

Im Falle $n = 1$ sind die (Cauchy-) singulären Integraloperatoren S_Γ solche mit Hauptsymbol

$$\sigma_0(x,\xi) = \operatorname{sign} \xi \quad \text{für} \quad |\xi| > 1 \ ,$$

und diese sind ebenfalls Pseudodifferentialoperatoren $S_\Gamma \in \Psi^0(\Gamma)$. Auf Kurven Γ (also 1-dimensionalen Mannigfaltigkeiten), welche homotop zum Einheitskreis S^1 sind, sind die Operatoren $A \in \Psi^0(\Gamma)$ im wesentlichen alle von der Form

$$A = \alpha I + \beta S_\Gamma + C \quad , \quad \text{mit} \quad \alpha, \beta \in \mathbb{C} \quad , \text{und} \quad C \in \Psi^s(\Gamma) \quad , \quad s > 0 \ .$$

Eine entsprechende Aussage gilt in höheren Dimensionen $n > 1$ natürlich nicht mehr.

Ein besonders interessanter, vielfältig studierter und im Zusammenhang mit *Randelementmethoden* oft verwendeter Operator der Ordnung $r = 0$ ist der *Operator des Doppelschichtpotentials*, zum Beispiel, zur Laplacegleichung. Wir wollen den klassischen Potentialansatz, bzw. die sogenannte *indirekte Methode*, hier kurz aufzeigen, und wollen für die Praxis wichtige Operatoren und deren Hauptsymbol benennen.

4.2 Stark Elliptische Randintegralgleichungen der Ordnung Null

Sei Ω ein beschränktes Gebiet mit glattem Rand Γ. Wir betrachten ein Randwertproblem für Systeme elliptischer partieller Differentialgleichungen in der *variationellen Formulierung*:

Gegeben sei $f \in L^2(\Omega)$, gesucht ist eine Funktion $U \in H^1(\Omega)$ derart, daß die Funktion U der Differentialgleichung

$$P(D)U = 0 \qquad in \quad \Omega \tag{4.2.1}$$

und zugleich den Randbedingungen

$$\mathcal{B}U = f \qquad \text{auf} \quad \Gamma \tag{4.2.2}$$

genügt.

Sei im folgenden $n(y)$ der Normaleneinheitsvektor an der Stelle $y \in \Gamma$ in Richtung des Außengebietes Ω^c. Wir konzentrieren uns hier auf den Fall, daß $P(D)$ eine selbstadjungierte $N \times N$-Matrix bestehend aus partiellen Differentialoperatoren zweiter Ordnung, und $\mathcal{B}$ der zugehörige Randoperator ist. Der Randoperator ist zum Beispiel der *Spuroperator* γ_0 definiert durch $\gamma_0 U = U|_\Gamma$, $U \in C^\infty(\overline{\Omega})$, für das *Dirichlet-Problem*, beziehungsweise der Spuroperator zur Normalableitung γ_1 gegeben durch

$$\gamma_1 U = \frac{\partial U}{\partial n} \, ,$$

$U \in C^\infty(\overline{\Omega})$ für das *Neumann-Problem*. (Im elastomechanischen Fall ersetzen wir die Normalableitung durch die Normalspannung s.u.)

Der Einfachheit halber wollen wir annehmen, daß (4.2.1) - (4.2.2) in dem Raum $H^1(\Omega)/C$, mit $\dim C < \infty$ geeignet, eindeutig lösbar sei. Der Raum C ist hierbei ein geeigneter endlichdimensionaler Raum, der die Nebenbedingungen enthält, damit das Randwertproblem eindeutig lösbar ist und beispielsweise aus den konstanten Funktionen besteht.

Es ist darüberhinaus ohne weiteres möglich, auch *äußere Randwertprobleme* zu den Operatoren $P(D)$ in $\Omega^c = \mathbb{R}^3 \backslash \overline{\Omega}$ zu betrachten. Hierbei müssen wir bekanntlich zu den Randbedingungen noch zusätzliche *Ausstrahlungsbedingungen* [LE], d.h. ein gewisses Abklingverhalten im Unendlichen fordern, um eine eindeutige Lösbarkeit in den Räumen $H^1_{loc}(\Omega^c)/C$ zu gewährleisten.

Wir setzen stets die Kenntnis einer *Fundamentallösung* des Differentialoperators $P(D)$ in (4.2.1) voraus. Diese ist eine matrixwertige Funktion

$$G(x,y) := \hat{G}(x - y) : \mathbb{R}^3 \times \mathbb{R}^3 \backslash \{x = y\} \to \mathbb{C}^{N \times N}$$

derart, daß die Beziehung

$$P(D)\,\hat{G}(x - \cdot) = \delta(x - \cdot)\,I \tag{4.2.3}$$

im distributionellen Sinne gilt.

Zur Reduktion auf eine Randintegralgleichung verwenden wir den sogenannten *Potentialansatz*, das heißt, wir suchen eine Lösung U in Form eines *Potentiales* oder einer *Belegung* mit unbekannter Dichte u auf Γ. Dadurch erhalten wir eine Randintegralgleichung auf Γ, deren Lösung u uns durch Einsetzen in den Potentialansatz die gesuchte Funktion U liefert. Diese Methode nennt man auch *indirekte Methode*, da die Randdaten von U erst durch Einsetzen in den Potentialansatz indirekt ermittelt werden.

Um einen Randintegraloperator der Ordnung $r = 0$ zu erhalten, kann man folgende Potentiale betrachten.

Doppelschichtansatz für das Dirichletproblem:

Hier sei U als

$$U(x) = \int_\Gamma [\gamma_{1,y}\tilde{G}(x - y)]u(y)ds_y, \qquad x \in \Omega \tag{4.2.4}$$

gewählt. Bilden wir nun die Spur $\gamma_0 U$ in (4.2.4) und setzen die Dirichletsche Randbedingung ein, so erhalten wir durch die bekannten Sprungrelationen für das Doppelschichtpotential (4.2.4) eine weitere Randintegraloperatorgleichung

$$Au = \left(\frac{1}{2}I + K\right) u = f \text{ auf } \Gamma, \quad (Ku)(x) := \int_\Gamma \gamma_{1,y} G(x,y) u(y) ds_y. \tag{4.2.5}$$

Falls diese Randintegralgleichung (4.2.5) unter Umständen lediglich numerisch gelöst ist, kann die Lösung $u(y)$ in (4.2.4) eingesetzt werden, und wir erhalten die gesuchte Funktion U zum ursprünglichen Randwertproblems im Gebiet Ω, beziehungsweise eine Näherungslösung an endlich vielen Stellen.

Einfachschichtpotentialansatz für das Neumannproblem: Nun betrachten wir

$$U(x) = \int_\Gamma G(x,y) u(y) ds_y, \qquad x \in \Omega. \tag{4.2.6}$$

Stellen wir natürliche Randbedingungen γ_1 in (4.2.2) und lassen in (4.2.6) die Variable $x \to \Gamma$ gegen den Rand gehen, so erhalten wir die folgende Randintegralgleichung

$$Au = \left(\frac{1}{2}I - K^*\right) u = f \text{ on } \Gamma, \quad (K^*u)(x) := \int_\Gamma [\gamma_{1,x} G(x,y)] u(y) ds_y. \tag{4.2.7}$$

Dabei ist K^* der zu K adjungierte Operator. Wiederum erhalten wir durch Lösen von (4.2.7) die Dichtefunktion $u(y)$, die wir in (4.2.6) einsetzen, um daraus die Lösung des Randwertproblemes $U(x)$ in ganz Ω zu erhalten.

Die Lösbarkeit der Gleichungen (4.2.5), (4.2.7) kann man zum Beispiel zeigen, falls der Operator A stark elliptisch ist, d.h. wenn wir eine *Gårdingsche Ungleichung* in $L^2(\Gamma)$, i.e., (3.0.19), und die Eindeutigkeit beweisen können. Die starke Elliptizität kann in diesem Beispiel durch die Überprüfung des Hauptsymboles gemäß Satz 3.0.5 nachgewiesen werden.

Wir geben nun einige konkrete Beispiele zu den Randwertproblemen (4.2.1) - (4.2.2), sowie die zugehörigen Fundamentallösungen, Randoperatoren beziehungsweise Spuroperatoren γ_i, die Randintegraloperatoren des Doppelschichtpotentials K und deren Hauptsymbole explizit an. Es sei bemerkt, daß die Integraloperatoren in (4.2.5), (4.2.7) zueinander adjungiert sind, folglich sind ihre Hauptsymbole gerade Hermitesch transponiert zueinander.

Beispiel A: Randwertaufgaben für die Laplacegleichung

Hierbei ist

$$P(D)U = -\Delta U \ ,$$

und die beiden klassischen Randbedingungen sind die Dirichletbedingung

$$\gamma_0 U = U|_\Gamma = f,$$

und die Neumannbedingung

$$\gamma_1 U = \frac{\partial U}{\partial n} = \partial_n U = g \qquad \int_\Gamma f(x)ds_x = 0.$$

(Bei Außenraumproblemen müssen noch Abklingbedingungen im Unendlichen verlangt werden.) Die Fundamentallösung ist im Falle $n = 3$ das Newtonsche Potential

$$G(x,y) = \tilde{G}(x-y) = \frac{1}{4\pi\,|x-y|}, \qquad [\gamma_{1,y}G(x,y)] = \frac{\langle n(y),(x-y)\rangle}{4\pi\,|x-y|^3}.$$

bzw. im Falle $n = 2$ gegeben durch

$$G(x,y) = \tilde{G}(x-y) = \frac{-1}{2\pi}\log|x-y|, \qquad [\gamma_{1,y}G(x,y)] = \frac{\langle n(y),(x-y)\rangle}{2\pi\,|x-y|^2}.$$

Folglich ist der Doppelschichtpotentialoperator

$$Ku(x) = \int_\Gamma [\gamma_{1,y}G(x,y)] = \int_\Gamma \frac{\langle n(y),(x-y)\rangle}{4\pi\,|x-y|^3}, \tag{4.2.8}$$

bzw. für $n = 2$

$$Ku(x) = \int_\Gamma [\gamma_{1,y}G(x,y)] = \int_\Gamma \frac{\langle n(y),(x-y)\rangle}{2\pi\,|x-y|^2}\,. \tag{4.2.9}$$

Auf glatten Mannigfaltigkeiten gilt die bekannte Abschätzung

$$|\langle(x-y),n(y)\rangle| \le C(\Gamma)\,|x-y|^2\,, \qquad x,y \in \Gamma. \tag{4.2.10}$$

Der Kern ist also schwach singulär und somit kompakt. Aufgrund von Satz 3.0.4 folgt daher, daß auf glatten Randflächen Γ das Hauptsymbol des Doppelschichtpotentialoperators K sowie das seines Adjungierten K^* verschwindet, das heißt $(\sigma_K)_0 = 0$, und folglich ist das Hauptsymbol des Operators A $(\sigma_A)_0 \equiv \frac{1}{2}$. Diese Randwertprobleme treten in den verschiedensten Anwendungen auf, so zum Beispiel bei der Berechnung eines elektrostatischen Feldes, wobei U das elektrische Potential und $u(y)$ in (4.2.6) die Ladungsträgerdichte auf einer Elektrode Γ darstellt.

Beispiel B: Randwertproblem zu den Lamé-Navier-Gleichungen der linearisierten, drei-dimensionalen Elastizität

Hierbei wird das Verschiebungsfeld $U : \Omega \to \mathbb{R}^3$ bestimmt durch die Gleichungen (4.2.1) - (4.2.2) mit

$$P(D)U = -\mu\Delta U - (\lambda + \mu)\mathrm{grad} \div U,$$

bei vorgegebener Normalspannung auf dem Rand,

$$\gamma_1 U = g.$$

Der Randoperator γ_1 ist hierbei der sogenannte *Normalspannungs-Operator* oder *Traction-Operator*, welcher explizit auf Γ durch die Formel

$$\gamma_1 U := \lambda\,(\div U)\,n(y) + 2\mu\frac{\partial U}{\partial n} + \mu n \times \mathrm{curl} U$$

gegeben ist.

Die Lamé-Konstanten λ und μ sind Materialparameter eines homogenen und isotropen elastischen Materials [KUP].

Die Fundamentallösung zu den Lamé-Navier-Gleichungen ist gegeben durch den *Kelvinschen Fundamentaltensor*

$$G(x,y) = \tilde{G}(x-y) = \frac{\lambda+3\mu}{8\pi\mu(\lambda+2\mu)}\left\{\frac{1}{|x-y|}I + \frac{\lambda+\mu}{\lambda+3\mu}\frac{(x-y)(x-y)^\top}{|x-y|^3}\right\}\,,$$

woraus sich durch Anwenden des Traction-Operators der Kern des Doppelschichtpotentialoperators K ergibt,

$$\begin{aligned}
K(x,y) &= [\gamma_{1,y}G(x,y)]\\[2mm]
&= \frac{\mu^2}{4\pi\,(\lambda+2\mu)}\left\{\frac{n(y)^\top(x-y)}{|x-y|^3}I + \frac{n(y)(x-y)^\top - (x-y)n(y)^\top}{|x-y|^3}\right.\\[3mm]
&\qquad\left. + \frac{2(\lambda+\mu)}{\mu}\frac{n(y)^\top(x-y)}{|x-y|^5}(x-y)(x-y)^\top\right\}.
\end{aligned}$$

Das Hauptsymbol σ_0 des Operators A in (4.2.5) besitzt wegen Theorem 3.0.3 in lokalen Karten die Darstellung

$$\sigma_0(x,\xi) = \sigma_0((\kappa')^{-\top}(x)\xi)\ ,\quad x \in X, \xi \in \mathrm{I\!R}^n.$$

Hierbei berechnet sich $\sigma_0(\xi)$ als das Hauptsymbol des Randintegraloperators, welcher sich im Falle eines ebenen Randes $\Gamma = \mathrm{I\!R}^n$ für das Randwertproblem ergibt, und $(\kappa')^{-\top}(x)$ ist für jeden Punkt $x \in X$ eine bezüglich $x \in X$ gleichmäßig invertierbare Matrix, die aus der Funktionalmatrix des Kartenwechsels hervorgeht. Es ist ganz offensichtlich, daß weder die Elliptizität noch die starke Elliptizität von der Matrix $(\kappa')^{-\top}(x)$ abhängen. Das Symbol $\sigma_0(\xi)$ ist gegeben durch (siehe zum Beispiel [WE5])

$$\sigma_0(\xi) = \frac{1}{|\xi|}\begin{pmatrix} \varepsilon\,|\xi| & 0 & -i\gamma\xi_1 \\ 0 & \varepsilon\,|\xi| & -i\gamma\xi_2 \\ i\gamma\xi_1 & i\gamma\xi_2 & \varepsilon\,|\xi| \end{pmatrix}\,,$$

wobei $\gamma = \frac{\mu}{\lambda+2\mu}$ und $\varepsilon = 1$ für das Innere, und $\varepsilon = -1$ für das äußere Problem steht. Da

$$\mathrm{Re}\,\sigma_0(\xi) = \frac{1}{2}(\sigma_0(\xi) + \sigma_0^T(\xi)) = \epsilon I$$

gilt, erkennt man sofort die starke Elliptizität der Operatoren in (4.2.5), (4.2.7).

Beispiel C: Problem der schiefen Ableitung

Wir setzen voraus, daß $\Omega \subset \mathbb{R}^3$ ein glatt berandetes, beschränktes Gebiet ist. Das *Problem der schiefen Ableitung*, oder *oblique derivative Problem* genannt, für $P(D) = -\Delta$ in Ω^c besteht in der Lösung der Differentialgleichung $P(D)U = 0$ in $\Omega^c = \mathbb{R}^3 \backslash \Omega$ zu den Randbedingungen

$$\mathcal{B}U(x) = b(x) \cdot \operatorname{grad} U(x) + \rho(x)U(x) = f(x) \qquad , \; x \in \Gamma, \tag{4.2.11}$$

und der Ausstrahlungsbedingung

$$\lim_{|x| \to \infty} U(x) = 0.$$

Hierbei ist $b = b(x) : \Gamma \to \mathbb{R}^3$ ein vorgebenes Richtungsfeld der Länge eins, d.h. $b^\mathsf{T} b = 1$, welches glatt von x abhängt, und $f(x)$ ist eine vorgegebene, hinreichend reguläre Funktion auf Γ. Dieses Problem ergibt sich zum Beispiel in der physikalischen Geodäsie, bei der Bestimmung der Erdoberfläche aus Schwerkraftsmessungen [MO].

Giraud zeigte erstmals, daß dies Problem eindeutig lösbar ist, falls die Beziehungen

$$\rho(x) \geq 0 \quad \text{und} \quad b(x)^\mathsf{T} n(x) > 0 \quad \forall x \in \Gamma$$

gelten (siehe z. B. [MI]).

Mit Hilfe des Einfachschichtpotentialansatzes (4.2.6) ergibt sich durch Einsetzen in (4.2.11) die folgende (Cauchy-) singuläre Randintegralgleichung für die unbekannte Dichte $u(y)$ (z.B. [MI]):

$$\frac{u(x)}{2a(x)} + \int_\Gamma \frac{\partial G(x-y)}{\partial b(x)} u(y) ds_y + \rho(x) \int_\Gamma G(x-y)u(y) ds_y = f(x) \; , \quad x \in \Gamma. \tag{4.2.12}$$

Hierbei ist $a(x) = b(x)^\mathsf{T} n(x)$.

In [MI] wird das Hauptsymbol des Randintegraloperators in (4.2.12) hergeleitet. Man erhält

$$\sigma_0(x,\xi) = \frac{1}{2}\left(n(x)^\mathsf{T} b(x) + \mathrm{i} r(x)^\mathsf{T} b(x)\right) \tag{4.2.13}$$

wobei $r(x)^\mathsf{T} n(x) = 0$, also $r(x)$ eine Richtung in der Tangentialebene ist. Da

$$\operatorname{Re} \sigma_0(x) \geq \frac{1}{2} \inf_{x \in \Gamma} \left| b(x)^\mathsf{T} n(x) \right|,$$

ist der Randintegraloperator in (4.2.12) stark elliptisch, vorausgesetzt die Richtung $b(x)$ ist nirgends tangential zu Γ.

Beispiel D: Äußeres Stokes-Problem

In diesem Beispiel ist das Geschwindigkeitsfeld und die Druckverteilung (U, p) eines Newtonschen, inkompressiblen, viskosen Fluides außerhalb einer glatten und beschränkten Oberfläche Γ eines Gebietes Ω in $\mathbb{R}^3$ gesucht. Zur Illustration wählen wir das Dirichlet-Problem; das Neumann-Problem läßt sich ganz ähnlich wie in den obigen Beispielen behandeln, siehe z.B. [LA].

Die zugrundeliegende *Stokesgleichung* ist gegeben durch

$$-\nu\Delta U + \operatorname{grad} p = 0 \quad , \quad \div U = 0 \text{ in } \Omega^c, \tag{4.2.14}$$

mit Dirichletranddaten

$$U = f \text{ auf } \Gamma.$$

Hierbei ist f ein vorgegebenes Geschwindigkeitsfeld auf der Oberfläche des Körpers Γ, das der Nebenbedingung $\int_\Gamma f \cdot n \, ds = 0$ genügt, und $\nu > 0$ bezeichnet die Viskosität des Fluids.

Zudem setzen wir voraus, daß das Fluid sich im Unendlichen in Ruhe befindet, das heißt

$$\begin{aligned}
|U(x)| &= o(1), & |\operatorname{grad} U(x)| &= o(|x|^{-1}) \\
|p(x)| &= o(|x|^{-1}), & |\operatorname{grad} p(x)| &= o(|x|^{-2})
\end{aligned} \qquad \text{für } |x| \to \infty.$$

Der Fundamentaltensor der Geschwindigkeit, das sogenannte *Stokeslet*, ist gegeben durch

$$G(x - y) = -\frac{1}{8\pi\nu}\left\{ |x - y|^{-1} I + \frac{(x - y)(x - y)^\top}{|x - y|^3} \right\}.$$

Einfachheitshalber wollen wir im folgenden $\nu = 1$ setzen.

Wir stellen (U, p) als Doppelschichtpotential einer unbekannten Dichte $u : \Gamma \to \mathbb{R}^3$ dar:

$$U_i(x) = \sum_{j,k=1}^{3} \int_\Gamma u_j(y) T_{ijk}(y - x) n_k(y) ds_y, \tag{4.2.15}$$

$$p(x) = \sum_{j,k=1}^{3} \int_\Gamma u_j(y) \Pi_{jk}(y - x) n_k(y) ds_y \tag{4.2.16}$$

wobei

$$T_{ijk}(x - y) := -\frac{3}{4\pi} \frac{(x_i - y_i)(x_j - y_j)(x_k - y_k)}{|x - y|^5}$$

und

$$\Pi_{jk}(x - y) = \frac{\nu}{2\pi}\left\{ -\frac{\delta_{jk}}{|x - y|^3} + 3\frac{(x_j - y_j)(x_k - y_k)}{|x - y|^5} \right\}.$$

Lassen wir nun in (4.2.15) den Punkt x gegen Γ gehen, so erhalten wir die Randintegralgleichung (4.2.5) mit dem hydrodynamischen Doppelschichtpotential

$$(Ku)_i(x) = \sum_{j,k=1}^{3} \int_\Gamma u_j(y) T_{ijk}(y-x) n_k(y) ds_y, \quad x \in \Gamma.$$

Wegen der Glattheit der Mannigfaltigkeit Γ gilt die Abschätzung (4.2.10), und daher erlaubt der Kern des Doppelschichtpotentials,

$$\sum_{k=1}^{3} T_{ijk}(y-x) n_k(y) \, ,$$

die Abschätzung

$$\left| \sum_{k=1}^{3} T_{ijk}(x-y) n_k(y) \right| \leq C(\Gamma) \, |x-y|^{-1} \, ,$$

das heißt, er ist schwach singulär und daher ist er, wie man leicht zeigen kann, an jeder Stelle $x \in \Gamma$ absolut integrierbar bzgl. der Variablen y. Auf glatten, beschränkten Randmannigfaltigkeiten ist folglich der Operator des hydrodynamischen Doppelschichtpotentials K ein kompakter Operator in $[L^2(\Gamma)]^3$. Daher ist das Hauptsymbol des Operators $A = \frac{1}{2}I + K$ gleich $\frac{1}{2}I$, und A ist ein stark elliptischer Randintegraloperator in $[L^2(\Gamma)]^3$. Ein Beweis der Injektivität des Operators A findet sich z.B. in [LA, Theorem 3.1].

Beispiel E: Helmholtzgleichung

Die analogen Integralgleichungen kann man auch für die zeitharmonischen Varianten der obigen Randwertprobleme herleiten. Auch die zugehörigen Randintegralgleichungsoperatoren sind stark elliptisch, da der Term $-k^2 = -\rho\omega^2 U$ im Differentialoperator nicht das Hauptsymbol beeinflußt. Wir wollen aber darauf aufmerksam machen, daß die homogene Doppelschichtpotentialgleichung möglicherweise noch weitere nichttriviale Lösungen infolge der Resonanzen des inneren Problems haben kann. Wir wollen in dieser Arbeit lediglich solche Fälle betrachten, in denen k hinreichend klein ist (quasistationär). Die Fundamentallösung ist im $\mathbb{R}^3$ gegeben durch

$$G(x,y) = \frac{e^{ik|x-y|}}{4\pi|x-y|} \, .$$

Hieraus ist ersichtlich, daß für große Wellenzahlen k die Kerne der Randintegraloperatoren stark oszillieren, wodurch die Kompression mittels Multiskalenmethoden negativ beeinträchtigt wird (s.u.).

Bemerkungen

In allen obigen Beispielen konnte das ursprüngliche Randwertproblem (4.2.1), (4.2.2) umgeformt werden zu einer Randintegralgleichung der Form (3.0.2) für eine unbekannte Dichtefunktion $u \in L^2(\Gamma)$, mit einem stark elliptischen Pseudodifferentialoperator A der Ordnung Null.

An dieser Stelle müssen wir vermerken, daß für nichtglatte Gebiete Ω der Doppelschichtpotentialoperator *kein* Pseudodifferentialoperator mehr ist. (Die Resultate der Theorie lassen sich mit Hilfe von Störungsargumenten auch auf C^k, $k > 1$, Randflächen anwenden). Allerdings konnte gezeigt werden, daß der Doppelschichtpotentialoperator zu den obigen Beispielen (A -E) ein Calderón-Zygmund -Operator ist, falls der Rand Γ von Ω lediglich *Lipschitz* ist. Eine Gårdingsche Ungleichung ist in dem allgemeinen Falle von nichtglatten Randflächen, z.B. Lipschitzrändern für die Doppelschichtpotentialgleichung nicht bekannt, wohl aber die Lösbarkeit [NEC, VER, CO]. Trotz eines mehr als 160-jährigen Bemühens vieler Mathematiker bleibt der Doppelschichtpotentialoperator noch immer etwas geheimnisvoll und interessant, wie die rege Forschungstätigkeit in jüngster Zeit, z.B. von [M3, EL, RA1] und anderen Autoren, erkennen läßt.

4.3 Operatoren beliebiger Ordnung $r \neq 0$ und Integralgleichungen erster Art

Beispiele für Operatoren beliebiger Ordnung $r \neq 0$ sind *lineare Differentialoperatoren*, deren Hauptsymbol jeweils ein Polynom in ξ vom Grad $r \in \mathbb{N}$ ist, das heißt

$$\sigma_0(x,\xi) = \sum_{|l|=0}^{r} \alpha_l(x)\xi^l \quad , \quad \alpha_l \in C^\infty(\Gamma) \ .$$

Da diese Operatoren alle lokale Wechselwirkungen modellieren, sind sie in den Anwendungen weitaus am häufigsten und bedeutendsten. Die Differentialgleichungen sind in der Praxis aber zumeist in Zusammenhang mit Rand- und Anfangs-/(Rand-)wertaufgaben gestellt. Wie wir eingangs erwähnt haben, wollen wir diesen Problemkreis hier noch nicht betrachten. Differentialoperatoren sind lokal, weshalb die Frage der Matrixkompression für die Steifigkeitsmatrizen der Finite-Element-Verfahren überflüssig ist. Lediglich der Fragenkreis der Vorkonditionierung wird in unsere Betrachtungen mit einbezogen.

Zu den Differentialoperatoren der Ordnung r können noch Pseudodifferentialoperatoren niedrigerer Ordnung $r' < r$ in den Gleichungen hinzukommen, man spricht in diesem Zusammenhang mitunter von *Integrodifferentialgleichungen*.

Weitere Beispiele sind die Operatoren der *Ableitung gebrochener Ordnung*, ihre Inversen und *Abelsche Integraloperatoren*. Streng genommen müßten wir solche Operatoren auf Intervallen betrachten, können aber trotzdem mit einigem Recht diese Operatoren relativ problemlos in unser Konzept einfügen.

Eine praktisch äußerst interessante Klasse von Randintegraloperatoren erhält man mit der *direkten Methode*, der wir uns etwas eingehender zuwenden wollen. Diese Methode führt unter Verwendung der *Calderón- Seeley-Projektoren* zu Operatoren, die im allgemeinen nicht die Ordnung Null besitzen. Einige Vorzüge der direkten Methode liegen darin, daß man die gesuchten Cauchydaten unmittelbar als Lösungen der Randintegralgleichungen erhält, im Gegensatz zur obigen indirekten Methode. Mit der direkten Methode lassen sich auch ohne weiteres gemischte Randwertprobleme sowie Randtransmissionsprobleme behandeln. Desweiteren eignet sich die direkte Methode zur Kopplung von Randelementmethoden mit Finite-Element-Methoden [CK, CAS]. Sie führt bei richtiger Anwendung auch immer zu einer Gáardingschen Ungleichung, sofern das Randwertproblem selbst stark elliptisch ist [CW, CO1, CD]. Wegen dieser Vorzüge gewinnt die direkte Methode im Rahmen der BEM *Boundary Element Methods* vorherrschende Bedeutung. Wesentliche Ergebnisse, die die Entwicklung und Untersuchung der direkten Methode vorangetrieben haben, findet sich in den Arbeiten [WE4, HW, NE, STE, CW, WE3, WE5] und dem Buch [CD]. Die direkte Methode führt allerdings zu Integralgleichungen erster Art, die auftretenden Operatoren sind i.a. nicht von der Ordnung Null.

Damit werden wir mit einer weiteren Problematik konfrontiert, die man von Finite-Element-Methoden her hinreichend kennt: die Galerkin- als auch die Kollokationsmatrizen sind für die Operatoren erster Art *schlecht konditioniert*. Im allgemeinen wächst die Kondition mit der Zahl der Unbekannten N_j wie $N_j^{r/n}$. Ohne ausreichende Vorkonditionierung verbietet sich daher für feine Diskretisierungen die Anwendung von Iterationsverfahren. Wie wir sehen werden, ermöglichen Multiskalenmethoden für diese Probleme eine geeignete und sehr einfache Vorkonditionierung.

Eine dritte Problematik wollen wir hier nur kurz andeuten. Die Inversen zu Operatoren negativer Ordnung $r < 0$ besitzen positive Ordnung. Die numerische Anwendung solcher Operatoren, z. B. beim Lösen von Gleichungen erster Art und negativer Ordnung, ist numerisch nicht stabil, ein mögliches Rauschen wird durch ein exaktes Lösen verstärkt. Diese Klasse von Problemen gehört zu den sogenannten *inversen Problemen*, welche *schlecht gestellt* oder *ill posed* sind [LMR]. Mit Hilfe von Multiskalenmethoden läßt sich die Regularisierung der Operatoren auf ein geschicktes *Entrauschen*, bzw. *denoising*, der Lösung oder aber der Daten abwälzen [DON].

Zum Verständnis der direkten Methode behandeln wir zunächst als einfaches Beispiel das Dirichlet-Problem zur Laplace-Gleichung in $\Omega \subset \mathbb{R}^n$, $n = 2, 3$,

$$\Delta U = 0 \quad , \quad \gamma_0 U = g \text{ auf } \Gamma \ ,$$

Die Fundamentallösung im $\mathbb{R}^3$ ist das schon zuvor erwähnte Newton'sche Potential. Im allgemeinen benötigen wir neben den uns schon bekannten Operatoren, nämlich dem Einfachschichtpotentialoperator V und dem Doppelschichtpotentialoperator K und seinem Adjungierten, auch die Normalableitung des Doppelschichtpotentialoperators, einen hypersingulären Operator

$$Du = \partial_n(Ku).$$

Im einzelnen sind diese Operatoren gegeben durch die Formeln

$$Vu(x) \;=\; \int_\Gamma G(x,y)u(y)ds_y \; , \tag{4.3.1}$$

$$Ku(x) \;=\; \int_\Gamma [\partial_{n(y)}G(x,y)]u(y)ds_y \; , \tag{4.3.2}$$

$$Du(x) \;=\; -\partial_{n(x)}\int_\Gamma \partial_{n(y)}G(x,y)u(y)ds_y \; , \tag{4.3.3}$$

bzw. K^* ist der adjungierte Operator zum Doppelschichtpotentialoperator K.

Es ist für die folgenden Betrachtungen vorteilhaft, das Randwertproblem als eine Art Transmissionsproblem zu betrachten. Dazu setzen wir $U(x) \equiv 0$ für $x \in \mathbb{R}^3\backslash\Omega$, und wenden die zweite Greensche Formel an, und erhalten damit die bekannte *Darstellungsformel*

$$U(x) = -\int_\Gamma \gamma_{1,y}G(x,y)U(y)do_y + \int_\Gamma G(x,y)\gamma_{1,y}U(y)ds_y \; , \quad x \in \Omega \; . \tag{4.3.4}$$

Nimmt man die Spuren auf beiden Seiten der Gleichung (4.3.4), d.h. betrachtet man längs nichttangentialer Wege $x \to \Gamma$, $x \in \Gamma$, die Grenzwerte, so hat man die *Sprungrelationen* zu beachten und erhält

$$U(x) = \frac{1}{2}U(x) - KU(x) + V(\partial_n U)(x) \; , \quad x \in \Gamma \; . \tag{4.3.5}$$

Durch Einsetzen der Randbedingung $\gamma_0 U = g$, ergibt sich aus (4.3.5) die Integralgleichung

$$Av = Vv = (\frac{1}{2} + K)g \; . \tag{4.3.6}$$

Deren Lösung $v = V^{-1}(\frac{1}{2} - K)g$ besteht nun gerade aus den noch unbekannten komplementären Cauchy-Daten, in unserem Fall den Neumann-Daten $v = \partial_n U = \gamma_1 U$. Durch Einsetzen der Cauchy-Daten $v = \gamma_1 U$, $g = \gamma_0 U$ in die Darstellungsformel erhält man schließlich die Lösung des ursprünglichen Randwertproblems.

Die Gleichung (4.3.6) ist eine Integralgleichung erster Art, und der Operator A ist im Fall glatt berandeter und beschränkter Gebiete ein Pseudodifferentialoperator mit der Ordnung $r = -1$. Der Operator $V^{-1}(\frac{1}{2} - K)$ transformiert hierbei Dirichlet- in Neumann-Daten, und wird zumeist als Poincaré-Steklov-Operator bezeichnet. Für glatte und beschränkte Ränder ist er ein stark elliptischer Pseudodifferentialoperator der Ordnung $r = +1$. Somit ist er ein Fredholmoperator zwischen den Sobolevräumen $A : H^s(\Gamma) \to H^{s-1}(\Gamma)$. Für elliptische partielle Differentialgleichungen zweiter Ordnung hat der Einfachschichtpotentialoperator V die Ordnung -1, der Doppelschichtpotentialoperator K hat Ordnung 0, und der Operator D ist von der Ordnung $+1$, ein hypersingulärer Integraloperator.

Falls man die Spuren γ_1 (anstatt γ_0) auf beiden Seiten von (4.3.4)bildet, erhält man statt (4.3.6) eine Integralgleichung zweiter Art

$$(\frac{1}{2} - K^*)v = Dg \ . \tag{4.3.7}$$

Beide Integralgleichungen (4.3.6), (4.3.7) sind nun äquivalent zum ursprünglichen Randwertproblem, und in beiden Fällen besteht die Lösung unmittelbar aus den gesuchten unbekannten Neumann-Daten. Hierher rührt der Name direkte Methode, im Gegensatz zur indirekten Methode, deren Lösung lediglich Potentialbelegungen sind. (Trotzdem können diese Potentialbelegungen in konkreten Fällen, wie zum Beispiel in der Elektrostatik, konkrete physikalische Bedeutung haben).

Wie wir bereits gesehen haben, ist die Umformulierung eines Randwertproblemes in äquivalente Randintegralgleichungen keinesfalls eindeutig. Die obige *direkte Methode* offeriert allerdings einen systematischen Zugang zur Herleitung von äquivalenten Randintegralgleichungen, der für eine große Klasse elliptischer Randwertprobleme angewandt werden kann. Dieser Zugang beruht auf dem Konzept der *Calderón-Seeley-Projektoren*.

Wir folgen hier der Darstellung von [CW, CO1, CD, SCHA, P] welche eine Randintegralgleichungsformulierung wählt, die für eine numerische Behandlung mittels Randelementmethoden, insbesondere für Galerkinverfahren, besondere Vorzüge bietet [CW, CO]. Weitere Zugänge findet man zum Beispiel in [H, CHP].

Wir betrachten nun ganz allgemein ein elliptisches Randwertproblem der Ordnung $r = 2m$ für ein (glatt berandetes) beschränktes Gebiet Ω,

$$P(D)U|_\Omega = f|_\Omega \tag{4.3.8}$$
$$\mathcal{B}U = R\gamma U = g \ \text{ on } \ \Gamma = \partial\Omega \ ,$$

wobei $P(D)$ ein partieller linearer Differentialoperator mit konstanten Koeffizienten in der Darstellung $P(D) = \sum_{l=0}^{2m} \partial_n^l P_l(x, D)$ gegeben sei, und P_l keine Normalableitungen bezüglich des Randes Γ besitzen soll. Mit ∂_n bezeichnen wir die äußere Normalableitung und mit γ den Spuroperator auf die Cauchy-Daten $\gamma U = (\gamma_0, \ldots, \gamma_{2m-1})^\top U = (U|_\Gamma, \ldots, \partial_n^{2m-1}U|_\Gamma)^T$, R ist eine $m \times 2m$-Matrix bestehend aus tangentiellen Differentialoperatoren.

Wir gehen von einer bekannten expliziten Fundamentallösung G mit Kern $G(x, y)$ zum partiellen Differentialoperator $P(D)$ aus. Zusätzlich nehmen wir die Existenz eines komplementären Satzes von Randbedingungen $S\gamma U = v$ an, so daß die Matrix $M = (R, S)^\top$ invertierbar ist, wobei M^{-1} wiederum aus tangentiellen Differentialoperatoren besteht. Die Lösung des Problems (4.3.8) ist durch die Darstellungsformel gegeben

$$U = Gf - \mathcal{K}\mathcal{P}\gamma U = Gf - \mathcal{K}\mathcal{P}M^{-1} \begin{pmatrix} g \\ v \end{pmatrix} , \tag{4.3.9}$$

wobei wir mit

$$\mathcal{K} = (K_0, \ldots, K_{2m-1}) \ ,$$

den Vektor der Potentialoperatoren

$$K_j \phi(x) = G(\phi \otimes \partial_n^j \delta_\Gamma),$$

bezeichnen, und die Matrix

$$\mathcal{P} = (P_{k+l+1})_{k,l=0}^{2m-1} \ , \quad \text{mit } P_j = 0 \text{ für } j > 2m \ ,$$

tangentielle Differentialoperatoren darstellen. Die Anwendung des modifizierten Spuroperators $M\gamma$ auf die Darstellungsformel liefert folgende Identität auf der Randmannigfaltigkeit Γ,

$$\begin{pmatrix} g \\ v \end{pmatrix} = M\gamma G f - M\gamma \mathcal{K} \mathcal{P} M^{-1} \begin{pmatrix} g \\ v \end{pmatrix} . \tag{4.3.10}$$

Falls M die Einheitsmatrix ist, schließen wir aus (4.3.10), daß der Operator $C := -\gamma \mathcal{K} \mathcal{P}$ ein Projektor ist, das bedeutet, es gilt $CCv = Cv$, in diesem Falle heißt C der *Calderón-Seeley-Projektor*. Der Operator $\tilde{C} = MCM^{-1}$ wird auch *modifizierter Calderón-Seeley-Projektor* genannt. Wir schreiben die Gleichung (4.3.10) in der Form

$$g \ = \ R\gamma G f + RC M^{-1} \begin{pmatrix} g \\ v \end{pmatrix} \tag{4.3.11}$$

$$v \ = \ S\gamma G f + SC M^{-1} \begin{pmatrix} g \\ v \end{pmatrix} . \tag{4.3.12}$$

Dies sind (im skalaren Fall) $2m$ Gleichungen für die m unbekannten Funktionen v. Dieses System zerfällt aber glücklicherweise in zwei äquivalente $m \times m$-Gleichungssysteme

$$Av \ := \ RC M^{-1} \begin{pmatrix} g \\ 0 \end{pmatrix} - R\gamma G f \ , \tag{4.3.13}$$

$$(1 - B)v \ = \ SC M^{-1} \begin{pmatrix} g \\ 0 \end{pmatrix} + S\gamma G f \ , \tag{4.3.14}$$

wobei A respektive B links bzw. rechts untere $(m \times m)$ Blockmatrizen der $(2m \times 2m)$-Matrix $\tilde{C}$ sind,

$$Av \ = \ RC M^{-1} \begin{pmatrix} 0 \\ v \end{pmatrix} = -R\gamma \mathcal{K} \, \mathcal{P} M^{-1} \begin{pmatrix} 0 \\ v \end{pmatrix} , \tag{4.3.15}$$

$$Bv \ = \ SC M^{-1} \begin{pmatrix} 0 \\ v \end{pmatrix} = -S\gamma \mathcal{K} \, \mathcal{P} M^{-1} \begin{pmatrix} 0 \\ v \end{pmatrix} . \tag{4.3.16}$$

Die erste Gleichung (4.3.15) ist eine Gleichung erster Art, während die zweite Gleichung (4.3.16) von zweiter Art ist. Natürlich existieren wegen der Redundanz der $2m$ Gleichungen (4.3.11) und (4.3.12) eine Vielzahl anderer äquivalenter Integralgleichungen. Es kann jedoch gezeigt werden [CW], daß der erste Integraloperator A in (4.3.15) stark elliptisch ist, falls das ursprüngliche Randwertproblem ebenfalls stark elliptisch ist. Dadurch nimmt diese Formulierung eine gewisse Sonderstellung ein, denn diese Tatsache impliziert, wie wir bereits mehrmals erwähnt haben, unmittelbar die Stabilität des Galerkinverfahrens in den Energieräumen. Im Fall glatt berandeter Gebiete sind die entstehenden Operatoren alle Pseudodifferentialoperatoren, allerdings nicht unbedingt von der Ordnung Null. Genauer ausgedrückt besteht der Calderón-Seeley-Projektor $C = (C_{i,j})$ jeweils aus Pseudodifferentialoperatoren $C_{i,j}$ der Ordnung $i - j$. In dem obigen Beispiel des Dirichlet Problems zur Laplace-Gleichung, ist der Calderón-Seeley-Projektor C gegeben durch

$$C = \begin{pmatrix} \frac{1}{2} - K & V \\ D & \frac{1}{2} + K^* \end{pmatrix} .$$

Das erwähnte Resultat bezüglich der starken Elliptizität gilt für den sehr allgemeinen Fall von Lipschitzgebieten [CO, VER], und sogar für gemischte Randwertprobleme [P].

Wir wollen nun zu den schon aufgeführten Beispielen an Randwertproblemen die Kerne und die Hauptsymbole einiger Potentialoperatoren, wie z. B. den Einfachschichtpotentialoperator und den Operator der Normalableitung des Doppelschichtpotentials aufführen. Wie wir bereits bemerkt haben, genügt es, lediglich die Hauptsymbole für den ebenen Fall $\Gamma = \mathbb{R}^n$ explizit anzugeben.

Beispiel A: Laplace-Operator

Der Einfachschichtpotentialoperator V ist gegeben durch

$$Vu(x) = -\frac{1}{4\pi} \int_\Gamma \frac{u(y)}{|x - y|} ds_y \, , \tag{4.3.17}$$

und der Operator der Normalableitung des Doppelschichtpotentials D ist gegeben durch

$$Du(x) = \frac{1}{4\pi} \partial_{n_x} \int_\Gamma \frac{\langle n(x), x - y \rangle}{|x - y|^3} u(y) ds_y \tag{4.3.18}$$

$$= -\frac{1}{2\pi} \int_\Gamma \left\{ \frac{\langle n(x), n(y) \rangle}{|x - y|^3} u(y) + \frac{\langle n(x), x - y \rangle}{|x - y|^3} \frac{\langle n(y), y - x \rangle}{|x - y|^3} \right\} (u(y) - u(x)) ds_y \, .$$

Dabei ist das letzte Integral wegen der starken Singularität im Hauptwertsinne zu verstehen.

Die Hauptsymbole (für $\Gamma = \mathbb{R}^2$) σ_V und σ_D zu den Operatoren V und D lauten

$$\sigma_V(x,\xi) = |\xi|^{-1} \, , \quad |\xi| > 1 \, , \quad x \in \mathbb{R}^n \, , \tag{4.3.19}$$

$$\sigma_D(x,\xi) = |\xi|^{+1} \, , \quad |\xi| > 1 \, , \quad x \in \mathbb{R}^n \, . \tag{4.3.20}$$

$$\tag{4.3.21}$$

Diese Symbole erfüllen offensichtlich die Beziehungen (3.0.21).

Beispiel B: Elastostatik

Der Kern des Einfachschichtpotentialoperators V ergibt sich direkt aus dem Kelvin'schen Fundamentaltensor

$$Vu(x) = \int_\Gamma \frac{\lambda + 3\mu}{8\pi\mu(\lambda + 2\mu)} \left\{ \frac{1}{|x - y|} I + \frac{\lambda + \mu}{\lambda + 3\mu} \frac{(x - y)(x - y)^\top}{|x - y|^3} \right\} u(y)ds_y, \qquad (4.3.22)$$

und der hypersinguläre Operator der Normalspannung des Doppelschichtpotentials ist infolge der Beziehung (4.3.18) gegeben durch

$$\begin{aligned} Du(x) \;=\; \gamma 1_x \int_\Gamma \frac{\mu^2}{4\pi(\lambda + 2\mu)} &\left\{ \frac{n(y)^\top (x - y)}{|x - y|^3} I + \frac{n(y)(x - y)^\top - (x - y)n(y)^\top}{|x - y|^3} \right. \\ &\left. + \frac{2(\lambda + \mu)}{\mu} \frac{n(y)^\top (x - y)}{|x - y|^5} (x - y)(x - y)^\top \right\} u(y)ds_y. \end{aligned} \quad (4.3.23)$$

Die zugehörigen Hauptsymbole σ_V und σ_D lauten (im Falle $\Gamma = \mathbb{R}^2$)

$$\sigma_V(\xi) = \frac{\lambda + 3\mu}{2\mu(\lambda + 2\mu)} \frac{1}{|\xi|^3} \begin{pmatrix} \kappa\xi_2^2 + |\xi|^2 & -\kappa\xi_1\xi_2 & 0 \\ -\kappa\xi_1\xi_2 & \kappa\xi_1^2 + |\xi|^2 & 0 \\ 0 & 0 & |\xi|^2 \end{pmatrix} \qquad (4.3.24)$$

$$\sigma_D(\xi) = \frac{\mu^2}{|\xi|} \begin{pmatrix} \varepsilon\xi_1^2 + |\xi|^2 & \varepsilon\xi_1\xi_2 & 0 \\ \varepsilon\xi_1\xi_2 & \varepsilon\xi_2^2 + |\xi|^2 & 0 \\ 0 & 0 & (1 + \epsilon)|\xi|^2 \end{pmatrix} \qquad (4.3.25)$$

wobei

$$0 < \kappa = \frac{\lambda + \mu}{\lambda + 3\mu} < 1$$

und

$$-\frac{1}{2} < \varepsilon = \frac{\lambda}{\lambda + 2\mu} < 1$$

gesetzt worden ist.

Wie man leicht nachprüfen kann, sind die Matrizen $|\xi|\sigma_V(\xi)$ und $|\xi|^{-1}\sigma_D(\xi)$ für alle $|\xi| \geq 1$ positiv definit, woraus in diesem Beispiel die starke Elliptizität der entsprechenden Operatoren folgt.

Beispiel C: Stokes-Problem

Die Randintegraloperatoren zur Stokesschen Differentialgleichung (4.2.14) ergeben sich aus denen zur Lamé-Navier-Gleichung durch den Grenzübergang $\lambda \to \infty$.

Der Kern des Einfachschichtpotentialoperators V ergibt sich direkt aus dem Fundamentaltensor

$$Vu(x) = \int_\Gamma \frac{1}{4\pi} \left\{ \frac{1}{|x-y|} I + \frac{(x-y)(x-y)^\mathsf{T}}{|x-y|^3} \right\} u(y) ds_y \qquad (4.3.26)$$

und der Operator der Normalspannung des Doppelschichtpotentials berechnet sich dann zu

$$Du(x) \;=\; \gamma_{1_x} \int_\Gamma \frac{1}{4\pi} \left\{ \frac{n(y)^\mathsf{T}(x-y)}{|x-y|^5}(x-y)(x-y)^\mathsf{T} \right\} u(y) ds_y. \qquad (4.3.27)$$

Die zugehörigen Hauptsymbole σ_V und σ_D lauten (im Falle $\Gamma = \mathbb{R}^2$)

$$\sigma_V(\xi) = \frac{1}{|\xi|^3} \begin{pmatrix} \xi_2^2 + |\xi|^2 & -\xi_1\xi_2 & 0 \\ -\xi_1\xi_2 & \xi_1^2 + |\xi|^2 & 0 \\ 0 & 0 & |\xi|^2 \end{pmatrix} \qquad (4.3.28)$$

$$\sigma_D(\xi) = \frac{1}{|\xi|} \begin{pmatrix} \xi_1^2 + |\xi|^2 & \xi_1\xi_2 & 0 \\ \xi_1\xi_2 & \xi_2^2 + |\xi|^2 & 0 \\ 0 & 0 & 2|\xi|^2 \end{pmatrix}. \qquad (4.3.29)$$

Bemerkung 4.3.1 Wir bemerken, daß die Stetigkeit und auch die starke Elliptizität robust bezüglich des Grenzüberganges $\lambda \to \infty$ sind, d.h. die Konstanten in den Ungleichungen 3.0.4 und (3.0.21) sind gleichmäßig beschränkt bezüglich $\lambda > C$. Dies steht im Gegensatz zu dem Verhalten des ursprünglichen Randwertproblems, in dem der Stokes-Operator durch die Bedingung der Divergenzfreiheit bekanntlich eine gewisse Sonderstellung einnimmt. Dies hat für die numerische Behandlung dieser Probleme einige praktisch bedeutsame Konsequenzen, einige, bei Finite-Element-Methoden auftretende, unerwünschte *Locking*-Phänome bei großem λ treten bei der Behandlung mit Randintegralgleichungsmethoden nicht auf.

Kapitel 5

Multiskalenbasen

Wir wollen in diesem Abschnitt einen allgemeinen Multilevelrahmen entwickeln, mit dessen Hilfe die in den vorangegangenen Kapiteln definierten und dargestellten Operatoren diskretisiert werden sollen.

5.1 Ziele

Um eine Pseudodifferentialgleichung, zum Beispiel der Gestalt

$$Au = f \quad \text{bzw.} \quad Au = Bf$$

numerisch zu lösen, verwenden wir in dieser Arbeit allgemeine *Petrov-Galerkin-Methoden*. Aus Gründen der Übersichtlichkeit wollen wir uns jedoch auf die Betrachtung des Galerkin- und des Kollokationsverfahrens beschränken, letztlich handelt es sich bei beiden um die in der Praxis der Randelementmethoden zumeist verwendeten Methoden. In beiden Fällen benötigen wir zur Realisierung endlichdimensionale Funktionenräume. Zur Diskretisierung beider Verfahren benötigen wir endlichdimensionale lineare Räume S_j beispielsweise für unsere Ansatzfunktionen. Diese Funktionenräume S_j bestehen aus Funktionen in einem Funktionenraum $\mathcal{F}$ wie z.B. $L^2(\Gamma)$ mit einer gewissen Regularität, und sie werden jeweils von einer sogenannten *Einskalenbasis*

$$\{\varphi^j\} = \{\varphi_k^j : k \in \Delta_j\}$$

aufgespannt. Hierbei ist Δ_j eine Indexmenge, mit der wir unsere Basiselemente indizieren. In vielen, aber nicht allen, Fällen können wir diese Indizes mit Gitterknoten, Dreiecken oder ähnlichen Objekten identifizieren.

In Abschnitt 2 haben wir bereits eine Triangulierung von Γ vorgenommen. Gemäß dieser Triangulierung ist die Maschenweite $h = h_j$ der Diskretisierung für Funktionen in S_j unabhängig von $j \in \mathbb{N}$ nach oben und unten beschränkt durch

$$c_1 \, 2^{-j} \leq h \leq c_2 \, 2^{-j} \, .$$

Wir schreiben für Abschätzungen dieser Art kurz

$$h \sim 2^{-j} \, .$$

Die Basisfunktionen $\varphi_k^j \in \{\varphi^j\}$, die wir hier betrachten sind in aller Regel *lokal*, das heißt

$$\operatorname{diam} \operatorname{supp} \varphi_k^j \leq c\, 2^{-j}. \tag{5.1.1}$$

Viele Eigenschaften, die wir untersuchen oder realisieren wollen, sind eigentlich Eigenschaften der von diesen Basen φ^j aufgespannten Teilräume S_j des Raumes $\mathcal{F}$. Eine lineare Approximation von Funktionen in $\mathcal{F}$ durch Funktionen in S_j kann durch Projektoren $Q_j : \mathcal{F} \to S_j$ ausgedrückt werden. Es zeigt sich an vielen Stellen, daß wir relevante Eigenschaften der numerischen Approximation durch Eigenschaften dieser Projektoren verstehen können. Solche (gleichmäßig beschränkte) Projektoren von $\mathcal{F}$ nach S_j sind im allgemeinen von der Form

$$Q_j v := \sum_{k \in \Delta_j} \langle v, \tilde{\varphi}_k^j \rangle \varphi_k^j\ . \tag{5.1.2}$$

Hierbei ist $\{\tilde{\varphi}^j\}$ eine *biorthogonale Basis* oder *duale Basis* zu $\{\varphi^j\}$, das heißt

$$\langle \varphi_k^j, \tilde{\varphi}_{k'}^j \rangle = \delta_{k,k'}, \quad k, k' \in \Delta_j. \tag{5.1.3}$$

Diese duale Basis $\{\tilde{\varphi}^j\}$ spannt ihrerseits einen endlichdimensionalen linearen Raum $\tilde{S}_j = \operatorname{span}\{\tilde{\varphi}_k^j : k \in \Delta_j\}$ auf, und es gilt $\dim\tilde{S}_j = \dim S_j$. Die Eigenschaften der Projektoren werden neben den Funktionen φ_k^j auch von den biorthogonalen Funktionen $\tilde{\varphi}_k^j$ bestimmt. Diese Betrachtungsweise wird sich wie ein roter Faden durch die gesamte Arbeit ziehen.

Wir verwenden des öfteren für Spaltenvektoren $(\varphi_k^j)_{k \in \Delta_j}$ bestehend aus den Basisfunktionen φ_k^j die Schreibweise (φ^j).

Das *Galerkin-Verfahren* besteht in der Lösung der folgenden variationellen Aufgabe.
Problem G: *Gesucht ist eine Funktion $u_j \in S_j$, für welche die Gleichung*

$$\langle Au_j, v_j \rangle = \langle f, v_j \rangle \tag{5.1.4}$$

für alle Testfunktionen $v_j \in S_j$ gilt.

Infolge der Gleichung (5.1.3) ist der zu Q_j adjungierte Projektor Q_j^* gegeben durch die Beziehung

$$Q_j^* v := \sum_{k \in \Delta_j} \langle \varphi_k^j, v \rangle\, \tilde{\varphi}_k^j\ ,$$

und das Galerkin-Verfahren, das die Räume S_j für Ansatz- und Testfunktionen verwendet, kann als ein Projektionsverfahren formuliert werden. Gesucht wird hierbei diejenige Funktion $u_j \in S_j$, die der Operatorgleichung

$$Q_j^* A u_j = Q_j^* f \tag{5.1.5}$$

genügt.

Da die Dimension des Raumes S_j üblicherweise endlich ist, stellt (5.1.5) eine lineare Operatorgleichung in endlichdimensionalen Funktionenräumen mit dem endlichdimensionalen Operator

$$A_{j,G} = Q_j^* A|_{S_j} = Q_j^* A Q_j : S_j \to \tilde{S}_j \subset \mathcal{F}'$$

dar, und diese kann durch geeignete Wahl einer jeweiligen Basis in Matrizenform, beziehungsweise durch ein lineares Gleichungsystem, dargestellt und gelöst werden. Suchen wir mit der Basis $\{\varphi^j\}$ eine Näherungslösung der Form

$$u_j = \sum_{k \in \Delta_j} u_k^j \, \varphi_k^j \, ,$$

dann ist das Problem G bzw. die Operatorgleichung (5.1.5) äquivalent zur Lösung des folgenden Systems linearer Gleichungen

$$\sum_{k \in \Delta_j} \langle A\varphi_k^j, \varphi_{k'}^j \rangle \, u_k^j = \langle f, \varphi_{k'}^j \rangle \, , \quad k' \in \Delta_j \, . \tag{5.1.6}$$

Diese können wir auch in der Form

$$\mathbf{A}_{j,G} \, \mathbf{u}_j = \mathbf{f}_j$$

mit den Vektoren $\mathbf{u}_j = (u_k^j)_{k \in \Delta_j}$ und $\mathbf{f}_j = ((\langle f, \varphi_k^j \rangle)_{k \in \Delta_j}$, und der *Galerkin-Matrix* $\mathbf{A}_{j,G} = ((\langle A\varphi_k^j, \varphi_{k'}^j \rangle)_{k,k' \in \Delta_j}$, manchmal auch *Steifigkeitsmatrix* genannt, schreiben.

Das *Kollokationsverfahren* beruht demgegenüber auf der folgenden Aufgabenstellung.

Problem K: *Gesucht ist eine Funktion $u_j \in S_j$, für welche die Gleichung*

$$Au_j \, (x_k^j) = f(x_k^j) \tag{5.1.7}$$

punktweise in den Kollokationspunkten x_k^j, $k \in \Delta_j$, erfüllt.

Betrachtet man zu der Gesamtheit aller Kollokationsknoten nun entsprechende Interpolationsprojektoren Π_j, so läßt sich das Kollokationsverfahren auch als ein Projektionsverfahren

indexProjektor formulieren, indem man nun anstatt des Projektors Q_j^* einen geeigneten Interpolationsprojektor Π_j wählt:

man sucht in (5.1.7) diejenige Funktion $u_j \in S_j$, die der Operatorgleichung

$$\Pi_j A u_j = \Pi_j f \tag{5.1.8}$$

genügt.

Wählen wir wieder eine Darstellung der Näherungslösung u_j in der Form $u_j = \sum_{k \in \Delta_j} u_k^j \, \varphi_k^j$, dann ist das Problem K, bzw. (5.1.8) äquivalent zur Lösung des linearen Gleichungssystems

$$\sum_{k \in \Delta_j} (A\varphi_k^j)(x_{k'}^j) \, u_k^j = f(x_{k'}^j) \, , \quad k' \in \Delta_j \, . \tag{5.1.9}$$

In Matrixschreibweise lautet dies

$$\mathbf{A}_{j,C} \, \mathbf{u}_j = \mathbf{f}_j \, ,$$

mit den Vektoren $\mathbf{u}_j = (u_k^j)_{k \in \Delta_j}$ und $\mathbf{f}_j = (f(x_k^j))_{k \in \Delta_j}$ und der *Kollokations-Matrix* $\mathbf{A}_{j,C} = (A\varphi_k^j(x_{k'}^j))_{k,k' \in \Delta_j}$, die wir manchmal ebenfalls als *Steifigkeitsmatrix* zur Kollokationsmethode bezeichnen.

Obwohl die Basis $\{\varphi^j\}$ als lokal angenommen werden kann, und somit der Träger der Ansatzfunktionen φ_k^j klein bleibt, sind sowohl die Galerkin-Matrizen $\mathbf{A}_{j,G}$ als auch die Kollokations-Matrizen $\mathbf{A}_{j,C}$ zu diesen Basisfunktionen nur dann *dünn besetzt* (bzw. *sparse*), falls der Operator A *lokal* ist. Es ist bekannt [H], daß dies lediglich für Differentialoperatoren, einschließlich des Sonderfalles der Identität erfüllt ist, denn in diesem Falle ist das Symbol $\sigma(x,\xi)$ des Operators gerade ein Polynom vom Grad $r \in \mathbb{N}_0$. Im allgemeinen, und das gilt im besonderen für die Integraloperatoren in Abschnitt 4, ist dies leider nicht der Fall. Um letztlich numerisch dünn besetzte Matrizen zu erhalten und damit sowohl hinsichtlich des Speicherplatzbedarfs als auch der Rechenzeit und Rechengenauigkeit effiziente Verfahren zu entwickeln, suchen wir andere geeignetere Basen in den gleichen Räumen S_j. Diese Problemstellung können wir in einen viel allgemeineren Rahmen und Aufgabenstellung eingliedern.

In verschiedensten Anwendungen der Numerischen Mathematik, wie hier bei der Approximation von Operatoren und von Lösungsfunktionen, aber auch in der digitalen Signalverarbeitung, in der Bild- und Datenkompression, der Bildverarbeitung u. ä. steht man vor der Aufgabe einer sinnvollen und effizienten Approximation einer Funktion in einem Funktionenraum $\mathcal{F}$ mit einer möglichst minimalen Anzahl numerischer Daten, da der Komplexität der numerischen Verarbeitung technische oder ökonomische Grenzen gesetzt sind. Im konkreten Fall von Integraloperatoren oder auch Pseudodifferentialoperatoren können die zu approximierenden Funktionen beispielsweise auch die zugehörigen (Schwartz-) Kerne darstellen. Um unsere Betrachtungen etwas zu präzisieren, nehmen wir hier an, daß ein solcher Funktionenraum $\mathcal{F}$ ein Hilbertraum sein soll, insbesondere der L_2-Raum, sowie die zugehörigen Sobolevräume, die stellen für uns geeignete Kandidaten dar, auf die wir uns im Rahmen dieser Arbeit konzentrieren werden. Allerdings ist es in der Natur der Sache ein beträchtlicher Unterschied, ob wir nun eine Funktion, einen Operator oder beides gemeinsam zu approximieren haben.

Eine gewisse Erfahrung aus der Approximationstheorie und der Numerischen Analysis lehrt uns, daß man eine solche Approximation in vielen Fällen geschickterweise derart durchführen kann, indem man nicht eine einzige Skala j betrachtet, sondern zusätzlich die Information der Interaktion zwischen den verschiedenen Skalen mitberücksichtigt. Dies geschieht zum Beispiel dadurch, indem man eine Näherungsfunktion f_{j+1} in eine grobe Näherung f_j und ihre lokalen Details d_j zerlegt.

Diese Vorüberlegungen legen es nahe, anstatt jeweils eines einzelnen Raumes S_j nun eine ganze aufsteigende Folge $\mathcal{S}$ sich enthaltender (endlichdimensionaler) Teilräume

$$S_0 \subset S_1 \subset \ldots \subset S_j \subset \ldots \subset \mathcal{F} \tag{5.1.10}$$

von $\mathcal{F}$, deren Vereinigung in $\mathcal{F}$ dicht liegt,

$$\overline{\bigcup_{j \in \mathbb{N}_0} S_j} = \mathcal{F}, \tag{5.1.11}$$

zu betrachten.

Anstatt die Approximation in einem einzigen Raum vorzunehmen, besteht also der entscheidende Schlüssel darin, eine Darstellung von f zugrundezulegen, welche die Gesamtheit aller Räume in S beinhaltet. Zu diesem Zweck führen wir den linearen Raum

$$W_j := (Q_j - Q_{j-1})\mathcal{F} \qquad (5.1.12)$$

ein, und zerlegen damit den Raum

$$S_j = Q_j \mathcal{F} = (Q_j - Q_{j-1})\mathcal{F} + Q_{j-1}\mathcal{F} = W_{j-1} + S_{j-1}$$

in eine direkte Summe, d.h. $W_{j-1} \cap S_{j-1} = \{0\}$. Wir verwenden hier die einfachen arithmetischen Summenzeichen auch für die direkte Summe von Vektorräumen wie z.B. $W_l + W_j$ bzw. für die direkte Summe mehrerer Räume schreiben wir $\Sigma_l W_l$. Setzen wir die obige Zerlegung fort, so erhalten wir eine *Multiskalenzerlegung* des Raumes

$$S_j = S_0 + \sum_{l=0}^{j-1} W_l = \sum_{l=-1}^{j-1} W_l \, ,$$

wobei wir zur Vereinfachung der Schreibweise

$$W_{-1} := S_0 \, ,$$

gesetzt haben. Jede Funktion $f_j \in S_j$ kann dann durch eine teleskopische Summe

$$f_j = \sum_{l=0}^{j} (Q_l - Q_{l-1})f_j$$

ausgedrückt werden, wobei wir $(Q_l - Q_{l-1})f_j \in W_l$ und $Q_{-1}f = 0$ gesetzt haben. Durch diesen Prozeß wird eine Funktion $f \in \mathcal{F}$ in eine ganz grobe Näherung f_0 und in ihre inkrementellen Bestandteile d_l zerlegt, die jeweils den Informationszuwachs zwischen aufeinanderfolgenden Skalen j enthalten. Typische Beispiele dieses Konzeptes sind Multigrid-Methoden und das Konzept der Wavelets. In seinem Vorgehen folgt dieses Konzept anschaulich einem hierarchischem Prinzip [ZB]. Das Verhalten der Interaktion zwischen den einzelnen Skalen repräsentiert die wesentlichen Bestandteile einer Funktion $f \in \mathcal{F}$ oftmals deutlicher.

Es ist nun vorteilhaft, eine Folge $\mathcal{Q}$ gleichmäßig beschränkter linearer Projektoren Q_j von $\mathcal{F}$ auf S_j für die Zerlegung zu verwenden, da wir dann aus der Abschätzung vom Lebesgue-Typ

$$\|Q_n f - f\|_{\mathcal{F}} \le (1 + \|Q_n\|_{\mathcal{F}}) \inf_{f_n \in S_n} \|f - f_n\|_{\mathcal{F}}, \qquad (5.1.13)$$

und der Dichtheit (5.1.11) folgern können, daß die Teleskopsumme

$$f = \sum_{j=0}^{\infty} (Q_j - Q_{j-1})f \, , \qquad (5.1.14)$$

(mit der Schreibweise $Q_{-1} = 0$) in der Norm von $\mathcal{F}$ konvergiert.

Wir können diesen Gedanken der teleskopischen Zerlegung auf die Darstellung von Operatoren weiterführen, dabei eröffnen sich uns zwei prinzipiell verschiedene Möglichkeiten, eine *multiplikative* und eine *additive Zerlegung des Operators*. Die entsprechenden multiplikative Zerlegungen für die Operatoren $Q_j^* A Q_j$ sind beispielsweise von der Form

$$A_{j,G} = Q_j^* A Q_j \;=\; [\sum_{l=0}^{j}(Q_l^* - Q_{l-1}^*)]A[\sum_{l'=0}^{j}(Q_{l'} - Q_{l'-1})] \tag{5.1.15}$$

$$= \sum_{l,l'=0}^{j}(Q_l^* - Q_{l-1}^*)A(Q_{l'} - Q_{l'-1}) \;, \tag{5.1.16}$$

mit der Festlegung

$$Q_{-1} := Q_{-1}^* := 0 \;.$$

Alternativ dazu haben wir noch folgende additive Zerlegung

$$A_{j,G} = Q_j^* A Q_j = \sum_{l=0}^{j}(Q_l^* A Q_l - Q_{l-1}^* A Q_{l-1}) \;, \tag{5.1.17}$$

wobei sich die letztere Zerlegung folgendermaßen umformulieren läßt [BCR],

$$Q_j^* A Q_j \;=\; \sum_{l=0}^{j}[(Q_l^* - Q_{l-1}^*)A(Q_l - Q_{l-1}) + (Q_l^* - Q_{l-1}^*)A Q_{l-1} + \tag{5.1.18}$$
$$+ \, Q_{l-1}^* A(Q_l - Q_{l-1})] \;.$$

Auch die einseitigen Zerlegungen der Form

$$A_{j,G} = Q_j^* A Q_j = [\sum_{l=0}^{j}(Q_l^* - Q_{l-1}^*)]A Q_j \;, \tag{5.1.19}$$

oder

$$A_{j,G} = Q_j^* A Q_j = Q_j^* A[\sum_{l'=0}^{j}(Q_{l'}^* - Q_{l'-1}^*)] \;, \tag{5.1.20}$$

sind möglich [BV]. In allen Fällen ist eine Kompression möglich, aber lediglich die multiplikative Zerlegung erlaubt eine optimale Kompression, welche an die bestmögliche Konvergenzordnung des Galerkin-Verfahrens angepaßt werden kann. *Da dies Gegenstand der Untersuchungen sein soll, wollen wir uns auf die Zerlegung (5.1.15) beschränken. Auch praktische Erfahrungen mit den Verfahren zeigen, daß diese Zerlegung die besten Kompressionsresultate liefert.*

Den Anteil $(Q_j - Q_{j-1})f$ können wir als die Details ansehen, die wir zu der groben Approximation $Q_{j-1}f$ hinzufügen, indem wir von einem Diskretisierungslevel $j-1$ zum nächsthöheren Level j fortschreiten und $Q_j f$ erhalten. Wir versuchen nun die Funktion f durch diese Details zu charakterisieren, wobei wir natürlich die ganze grobe Näherung $Q_0 f$ schließlich noch hinzufügen müssen.

Zu diesem Zweck hat man in erster Linie einige Dinge zu beachten. Zuerst bemerken wir, daß die Zerlegung (5.1.14) eindeutig ist, denn durch die Definition

$$W_j := (Q_{j+1} - Q_j)\mathcal{F} \qquad (5.1.21)$$

ist W_j das direkte Komplement von S_j in S_{j+1}. Zur konkreten Zerlegung benötigen wir eine handliche Darstellung der Details $(Q_{j+1} - Q_j)f$. Aus Dimensionsgründen führen wir dazu die folgende Indexmenge ein

$$\nabla_j := \Delta_{j+1} \backslash \Delta_j \ . \qquad (5.1.22)$$

Eine teleskopische Entwicklung der Form (5.1.14) wird für uns in dem Augenblick praktisch dann handhabbar, wenn wir sie durch entsprechende Basen ausdrücken können, d.h. wenn wir eine eindeutige Darstellung der Form

$$(Q_{j+1} - Q_j)v = \sum_{k \in \nabla_j} \langle v, \tilde{\psi}_k^j \rangle \, \psi_k^j, \qquad (5.1.23)$$

mit

$$\{\psi_k^j : k \in \nabla_j, -1 \le j < \infty\} \ ,$$

und den dualen Basen

$$\{\tilde{\psi}_k^j : k \in \nabla_j, -1 \le j < \infty\} \ ;$$

zur Verfügung haben. Dies impliziert, daß die Operatoren $Q_{j+1} - Q_j$ wiederum auch Projektoren sein müssen. Infolgedessen suchen wir zu jedem $-1 \le j < \infty$, eine Basis

$$\{\psi^j\} = \{\psi_k^j : k \in \nabla_j\}$$

in dem Komplementraum $W_j := (Q_{j+1} - Q_j)S_{j+1}$ von $S_j \subset S_{j+1}$. Falls wir für jede Skala $0 \le l \le j - 1$ eine solche Basis $\{\psi^l\}$ gefunden haben, erhalten wir damit eine *Multiskalenbasis*

$$\{\psi_j\} := \bigcup_{l=-1}^{j-1} \{\psi^l\} \qquad (5.1.24)$$

des gesamten Raumes $S_j = \mathrm{span}\{\varphi^j\}$, wobei wir wieder die Schreibweise $\{\psi^{-1}\} := \{\varphi^0\}$ für $j = -1$ benutzen. Wir verwenden manchmal auch die Bezeichnungen

$$\mathcal{J}^j := \{(l,k) : l = -1, 0, \dots, j-1 \ ; \ k \in \nabla_l\}$$

und

$$\mathcal{J} := \{(l,k) : l = -1, 0, \dots \ ; \ k \in \nabla_l\}$$

als Indexmengen für die Multiskalenbasen ψ_k^l, $(l,k) \in \mathcal{J}^j$. Da W_j ein linearer Teilraum von $\mathcal{F}$ ist, gibt es Projektoren, die auf diesen Teilraum projizieren. Eine konsequente Wahl eines solchen Projektors wäre $Q_j - Q_{j-1}$, doch dies muß im allgemeinen kein

Projektor sein. Entscheidend ist für uns nun die Forderung, daß $Q_j - Q_{j-1}$ wiederum ein linearer Projektor sein soll. Wie wir im weiteren noch sehen werden, z.B. Lemma 5.2.1 oder [DD], ist diese Forderung äquivalent zu der Bedingung

$$Q_l Q_j = Q_l \quad \text{für alle} \quad l \leq j \ . \tag{5.1.25}$$

Es ist nicht schwer einzusehen, daß hieraus die Beziehung

$$W_{j-1} = (Q_j - Q_{j-1})\mathcal{F} = (Q_j - Q_{j-1})S_{j+1} \tag{5.1.26}$$

folgt. Zum Beispiel erfüllen orthogonale Projektoren oder auch Lagrangesche Interpolationsprojektoren die Bedingung (5.1.25), wobei für letztere vorausgesetzt ist, daß die Interpolationsknoten des einen Level auch wieder welche für das nächstfeinere Level sind.

Die Voraussetzung (5.1.25) garantiert, daß alle Basisfunktionen $\tilde{\psi}_k^l$, $k \in \nabla_l$, $l \geq -1$, jeweils in den Räumen $\tilde{S}_{l+1}$ enthalten sind, und eine biorthogonale Basis liefert

$$\langle \tilde{\psi}_{k'}^{l'}, \psi_k^l \rangle = \delta_{l',l}\delta_{k',k} \quad l,l' \geq -1 \ , \ k \in \nabla_l \ .$$

Innerhalb des Raumes W_l haben wir verschiedene Möglichkeiten, eine geeignete Basis $\{\psi_k^l : k \in \nabla_l\}$ auszuwählen, um die Details darzustellen.

Ein weiterer wichtiger Gesichtspunkt ist, daß die hinzuzufügenden Details untereinander hinreichend unabhängig sein sollen, um die entscheidenden Informationen einer Funktion $f \in \mathcal{F}$ wiederzugewinnen und wesentliche Merkmale von f voneinander zu trennen. Diese Eigenschaft können wir dadurch ausdrücken, daß wir für die Entwicklung (5.1.14) in dem zugrundeliegenden Hilbertraum $\mathcal{F}$ eine Normäquivalenz der Form

$$\|f\|_{\mathcal{F}} \sim \left(\sum_{j \in \mathbb{N}_0} \|(Q_j - Q_{j-1})f\|_{\mathcal{F}}^2 \right)^{1/2} \tag{5.1.27}$$

gewährleisten.

Angenommen, wir haben nun in S_j zwei verschiedene Basen, die ursprüngliche Einskalenbasis $\{\varphi^j\}$ und eine Multiskalenbasis $\{\psi_j\}$, dann können wir jede Funktion $u_j \in S_j$ durch beide Basen darstellen

$$u_j = \sum_{k \in \Delta_j} u_k^j \varphi_k^j = \sum_{l=-1}^{j-1} \sum_{k \in \nabla_j} w_k^l \psi_k^l \ .$$

Für konkrete Rechnungen ist die lineare Transformation $\mathbf{T}_j : l_2(\mathcal{J}^j) \to l_2(\Delta_j)$ des Koeffizientenvektors $(w_k^l)_{(l,k) \in \mathcal{J}^j}$ einer Funktion $u_j \in S_j$ bezüglich der Multiskalenbasis $\{\psi_j\}$ in einen Koeffizientenvektor $(u_k^j)_{k \in \Delta_j}$ bezüglich der Einskalenbasis $\{\phi^j\}$ gegeben durch

$$\mathbf{T}_j(w_k^l)_{(l,k) \in \mathcal{J}^j} = (u_k^j)_{k \in \Delta_j} \ ,$$

von großer Bedeutung. Diese Transformation wird dabei durch die Wahl der beiden Basen $\{\varphi^j\}$ und $\{\psi_j\}$ eindeutig festgelegt und umgekehrt.

Für die praktischen Anwendungen sind daher in diesem Zusammenhang zwei Punkte von besonderer Wichtigkeit:

- **Effizienz:** Die Anwendung der Transformation $\mathbf{T}_j$ soll maximal $\mathcal{O}(\dim S_j)$ arithmetische Operationen erfordern.

- **Stabilität:** Die Transformation $\mathbf{T}_j$ soll in dem folgenden Sinne *gleichmäßig stabil* sein: die Spektralnorm der Matrizen $\|\mathbf{T}_j\|$ erfülle die Beziehung

$$\|\mathbf{T}_j\|\|\mathbf{T}_j^{-1}\| = \mathcal{O}(1), \quad j \to \infty, \tag{5.1.28}$$

d.h. die Konditionen von $\mathbf{T}_j$ sind gleichmäßig bzgl. j beschränkt.

Es wird sich zeigen, daß die Beziehung (5.1.27) in engem Zusammenhang mit der Stabilität der besagten Transformationen $\mathbf{T}_j$ und der Kondition der entstehenden Steifigkeitsmatrizen steht. Da $\mathcal{F}$ ein Hilbertraum ist, besteht die naheliegendste Wahl darin, die Projektoren Q_j als orthogonale Projektoren zu wählen. In Frage kommen hierfür neben dem $L_2(\Gamma)$ auch zugehörige Sobolevräume. Nun ist Orthogonalität zwischen den Skalen eine praktisch zumeist schwierig oder aufwendig zu realisierende Eigenschaft, die genauer betrachtet im Prinzip nicht unbedingt erforderlich ist. Für numerische Zwecke ist eine Beziehung der Form (5.1.27) vollkommen ausreichend, vorausgesetzt die in ihr enthaltenen Konstanten sind nicht allzu groß. Wesentlich für die Normäquivalenz (5.1.27) ist dabei die gleichmäßige Beschränktheit der Projektoren Q_j. Wie wir gesehen haben, werden diese Projektoren durch einen Satz biorthogonaler Multiskalenbasen definiert, dabei definiert die Multiskalenbasis $\{\psi_k^l : -1 \leq l \,; k \in \nabla_l\}$ des Raumes $\mathcal{F}$ ihre biorthogonale Basis $\{\tilde{\psi}_k^l : -1 \leq l \,; k \in \nabla_l\}$. Im Gegensatz zur Orthogonalität ist eine Biorthogonalität für unsere Zwecke der grundlegende Bestandteil des Konzeptes. Allerdings wird im ungünstigsten Fall diese Biorthogonalität durch Distributionen

$$\tilde{\psi}_{k'}^{l'}(\psi_k^l) = \delta_{l',l}\delta_{k',k}$$

realisiert, wie beispielsweise im Falle der Interpolationsprojektoren. Dies ergibt sich aus Dualitätsbetrachtungen. Bezeichnen wir mit $\mathcal{F}^*$ den Dualraum zu $\mathcal{F}$, und sei Q_j^* der adjungierte Operator zu Q_j. Da Q_j^* ebenfalls ein Projektor ist, ist sein Bildraum $\tilde{S}_j$ ein abgeschlossener Teilraum von $\mathcal{F}'$. Wie wir noch sehen werden, ist die Bedingung, daß die Operatoren $Q_j - Q_{j-1}$ ebenfalls Projektoren sind, äquivalent zu der Tatsache, daß die Räume $\tilde{S}_j$ ebenfalls ineinandergeschachtelt sein sollen

$$\tilde{S}_0 \subset \cdots \subset \tilde{S}_j \subset \tilde{S}_{j+1} \subset \cdots .$$

An dieser Kette wird ein weiterer Unterschied zu der ursprünglichen Betrachtung eines Raumes S_j deutlich. Betrachtet man nur den Raum S_j sowie eine Einskalenbasis $\{\varphi^j\}$ alleine, so hat man viele Freiheiten in der Wahl des Projektors Q_j. Obwohl die Darstellung des Galerkin- oder des Kollokationsverfahrens als Projektionsmethode sehr beliebt und hilfreich ist [PS, DPS1], so ist sie im Rahmen einer Einskalenbasis doch relativ künstlich, da die biorthogonalen Basen an keiner Stelle explizit in das Verfahren eingehen, und daher für die theoretischen Untersuchungen relativ willkürlich gewählt werden. Durch eine Multiskalenzerlegung des Raumes $\mathcal{F}$ sind die Projektoren

Q_j, $j \in \mathbb{N}$, alle eindeutig festgelegt, und ihre Eigenschaften beeinflussen die Qualität des Verfahrens. Aus diesem Grund haben wir unsere Überlegungen mit den Projektoren und den endlichdimensionalen Funktionenräumen begonnen, und haben die Bedeutung der Basen für die Projektoren geklärt. Über die Multiskalenbasen haben wir den Zusammenhang zu den diskreten Transformationen in Form der Matrizen $\mathbf{T}_j$ hergestellt. Wir wollen uns nun bewußt werden, daß in die konkreten Rechnungen nur die Koeffizienten der Matrizen $\mathbf{T}_j$ eingehen. Diese werden wir entwickeln und festlegen müssen. Durch unsere Überlegungen wissen wir jetzt aber schon etwas darüber, wie wir die Transformationen $\mathbf{T}_j$ aufbauen müssen, und welche qualitativen Eigenschaften wir damit erzielen können. So starke Einschränkungen wie Orthogonalität oder uniforme Gitter sind nicht unbedingt erforderlich.

5.2   Multiskalen-Transformationen

Wir gehen jetzt davon aus, daß die Räume S_j als lineare Hüllen der Einskalenbasis $\{\varphi^j\} = \{\varphi_k^j : k \in \Delta_j\}$ vorliegen. Wir wollen stets voraussetzen, daß eine *Einskalenbasis* den folgenden Anforderungen genügt.

- **Stabilität:** Die Basen $\{\varphi^j\}$ seien *gleichmäßig stabil* (in $L^2(\Gamma)$), d.h. es gilt die Normäquivalenz

$$\Big(\sum_{k\in\Delta_j} |c_k|^2 \Big)^{1/2} \sim \Big\| \sum_{k\in\Delta_j} c_k \varphi_k^j \Big\|_{L^2(\Gamma)}, \tag{5.2.1}$$

gleichmäßig bezüglich $j \in \mathbb{N}_0$.

- **Normierung:** Wir wählen die Normierung

$$\|\varphi_k^j\|_{L^2(\Gamma)} \sim 1 \; . \tag{5.2.2}$$

- **Lokalität:** Die Basisfunktionen $\varphi_k^j \in \{\varphi^j\}$ sind *lokal*, d. h. es gilt

$$\operatorname{diam} \operatorname{supp} \varphi_k^j \leq c \, 2^{-j}. \tag{5.2.3}$$

- **Schachtelung:** Die Familie der Räume S_j sei eine aufsteigende Folge ineinander geschachtelter Funktionenräume, d.h.

$$S_l \subset S_j \;\; , \;\; \text{falls} \;\; l \leq j \; , \tag{5.2.4}$$

bzw.

$$S_0 \subset S_1 \subset \ldots \subset S_j \subset S_{j+1} \subset \ldots \subset L^2(\Gamma) \; ,$$

deren Vereinigung $\bigcup_{j=0}^{\infty} S_j$ *dicht* in $L^2(\Gamma)$ liegen soll.

- **Exaktheit:** Die Räume S_j sind *exakt* vom Grad d, somit sind in einer lokalen Parametrisierung $\kappa_m^* S_j|_\Sigma$ alle Polynome vom Grad $d \geq 0$ enthalten. D.h. es existiert eine Folge $\mathbf{q}^{j,\alpha}$, derart daß

$$x^\alpha = \sum_{k \in \Delta_j} q_k^{j,\alpha} \kappa_m^* \varphi_k^j(x), \quad x \in \Sigma, \quad |\alpha| \leq d, \tag{5.2.5}$$

gilt.

Die Schachtelung der Räume S_j und die gleichmäßige Stabilität der Basis $\{\varphi^j\}$ implizieren die grundlegende *Verfeinerungsgleichung* (*refinement equation*) für die Funktionen φ_k^j,

$$\varphi_k^j = \sum_{q \in \Delta_{j+1}} m_{q,k}^j \varphi_q^{j+1}, \tag{5.2.6}$$

bzw.

$$(\varphi^j) = \mathbf{M}_{j,0}^*(\varphi^{j+1}) ,$$

wobei aufgrund der gleichmäßigen Stabilität die Matrizen

$$\mathbf{M}_{j,0} := (m_{q,k}^j)_{q \in \Delta_{j+1}, k \in \Delta_j}$$

jeweils gleichmäßig beschränkte Abbildungen von $l_2(\Delta_j)$ nach $l_2(\Delta_{j+1})$, $j \in \mathbb{N}_0$, sind.

Zur Definition geeigneter Projektoren Q_j der Form

$$Q_j f = \sum_{k \in \Delta_j} \tilde{\varphi}_k^j(f) \varphi_k^j, \tag{5.2.7}$$

benötigen wir eine biorthogonale oder duale Basis $\{\tilde{\varphi}^j\}$, bestehend aus linearen Funktionalen

$$\tilde{\varphi}_{k'}^j(\varphi_k^j) = \delta_{k,k'}, \quad k, k' \in \Delta_j. \tag{5.2.8}$$

Wir fordern, daß die Operatoren $Q_j - Q_{j-1}$ wieder Projektoren sind. Diese Forderung führt zu folgenden Konsequenzen [D, DD].

Lemma 5.2.1 *Seien die Räume S_j in einem Sobolevraum $H^s(\Gamma)$ mit $s \in \mathbb{R}$, für das $\tilde{S}_j \subset H^{-s}(\Gamma)$ gilt, enthalten. Ferner seien die Räume S_j geschachtelt, d.h. $S_j \subset S_{j+1}$, dann sind folgende Aussagen äquivalent:*

1.) Für jedes $j \in \mathbb{N}$ ist der Operator $Q_j - Q_{j-1}$ ein Projektor.

2.) Die Operatoren Q_j erfüllen die folgende Kommutatoreigenschaft

$$Q_l Q_j = Q_j Q_l = Q_l \quad , \quad \text{für alle } l \leq j, \ j \in \mathbb{N}_0 . \tag{5.2.9}$$

3.)   Die adjungierten Operatoren Q_j^* erfüllen die Kommutatoreigenschaft

$$Q_l^* Q_j^* = Q_j^* Q_l^* = Q_l^* \quad , \quad \text{für alle} \ l \le j \ , \ j \in \mathbb{N}_0 \ . \tag{5.2.10}$$

4.)   Es gilt

$$Ker \, Q_j \subset Ker \, Q_l \ , \ l \le j \ ,$$

bzw.

$$Ker \, Q_j^* \subset Ker \, Q_l^* \ , \ l \le j \ .$$

5.)   Die Räume $\tilde{S}_j$ sind ebenfalls geschachtelt,

$$\tilde{S}_0 \subset \cdots \tilde{S}_j \subset \tilde{S}_{j+1} \subset \cdots \ .$$

Beweis: Da die Operatoren Q_j Projektoren sind, gilt

$$\begin{aligned}
Q_j - Q_{j-1} &= (Q_j - Q_{j-1})(Q_j - Q_{j-1}) \\
&= Q_j^2 - Q_j Q_{j-1} - Q_{j-1} Q_j + Q_{j-1}^2 \\
&= Q_j - Q_{j-1} Q_j \ .
\end{aligned}$$

Folglich sind alle $Q_j - Q_{j-1}$ genau dann Projektoren, falls die Gleichheit

$$Q_{j-1} = Q_{j-1} Q_j$$

für alle $j \in \mathbb{N}$ gilt, oder allgemein die Beziehung

$$Q_l Q_j = Q_j Q_l = Q_l \quad , \quad \text{für alle} \ l \le j \ , \ j \in \mathbb{N}_0 \ , \tag{5.2.11}$$

erfüllt ist. Daraus erhalten wir aus Dualitätsgründen

$$Q_j^* Q_l^* = Q_l^* Q_j^* = Q_l^* \quad , \quad \text{für alle} \ l \le j \ . \tag{5.2.12}$$

Die Operatoren Q_j sind alle Projektoren, damit folgt aus (5.1.25) daß

$$Ker \, Q_j \subset Ker \, Q_l \ , \ l \le j \ ,$$

bzw.

$$Ker \, Q_j^* \subset Ker \, Q_l^* \ , \ l \le j \ ,$$

gilt. Umgekehrt folgen aus diesen Eigenschaften wiederum auch die Kommutatorbezie-
hungen (5.1.25) und (5.2.10).

Sei $\tilde{u}_{j-1} \in \tilde{S}_{j-1}$ beliebig, dann gilt infolge (5.2.10)

$$Q_j^* \tilde{u}_{j-1} = Q_j^* Q_{j-1}^* \tilde{u}_{j-1} = Q_{j-1}^* \tilde{u}_{j-1} = \tilde{u}_{j-1} \ .$$

Das bedeutet $\tilde{S}_{j-1} \subset \tilde{S}_j$.

Andererseits folgt aus $\tilde{S}_{j-1} \subset \tilde{S}_j$ die Beziehung

$$Q_j^* Q_{j-1}^* = Q_{j-1}^* ,$$

und daraus ergibt sich durch Bilden der Adjungierten $(Q_j^*)^* = Q_j$ letztlich

$$Q_{j-1} Q_j = Q_{j-1} ,$$

woraus sich die Kommutatoreigenschaft (5.1.25) folgt. ∎

Hieraus leiten sich unmittelbar einige nützliche Folgerungen ab.

Proposition 5.2.1 *Seien die Voraussetzung des vorangegangenen Lemmas sowie die Beziehung (5.1.25) erfüllt, dann gilt*

- $W_l = (Q_{l+1} - Q_l)S_{l+1}$,
- $(Q_l - Q_{l-1})(Q_j - Q_{j-1}) = \delta_{l,j}$.

Somit müssen für unsere Zwecke die Räume $\tilde{S}_j$ ebenfalls geschachtelt sein, und deshalb sollen die Funktionale $\tilde{\varphi}_k^j$ ebenfalls verfeinerbar sein. Aus diesem Grund existiert eine zweite Matrix $\mathbf{G}_{j,0} = (g_{q,k}^j)_{q \in \Delta_{j+1}, k \in \Delta_j}$, derart daß eine weitere Verfeinerungsbeziehung

$$\tilde{\varphi}_k^j = \sum_{q \in \Delta_{j+1}} g_{q,k}^j \tilde{\varphi}_q^{j+1} , \tag{5.2.13}$$

bzw. daß

$$(\tilde{\varphi}^j) = \mathbf{G}_{j,0}^* (\tilde{\varphi}^{j+1})$$

gilt.

Die Koeffizienten der Matrix $\mathbf{G}_{j,0}$ sind, wie man aus der Beziehung (5.2.13) leicht sieht, wegen der Biorthogonalität der Basen (5.2.8) und den Verfeinerungsgleichungen (5.2.6) und (5.2.13) durch die Skalarprodukte [D, DD]

$$\overline{g}_{q,k}^j = \langle \varphi_q^{j+1}, \tilde{\varphi}_k^j \rangle \tag{5.2.14}$$

gegeben. Die Biorthogonalität impliziert dann die Beziehung

$$\mathbf{M}_{j,0} \mathbf{G}_{j,0}^* = I \tag{5.2.15}$$

mit $\mathbf{G}_{j,0} = (g_{q,k}^j)_{q \in \Delta_{j+1}, k \in \Delta_j}$.

Wir wollen nun die für uns zentrale Aufgabe der direkten Zerlegung des Raumes S_{j+1} in

$$S_{j+1} = S_j + W_j \quad , \quad S_j \cap W_j = \{0\} , \tag{5.2.16}$$

mit Hilfe einer geeigneten Basiswahl bewerkstelligen. Von dieser Zerlegung verlangen wir zunächst lediglich eine *verschärfte Cauchy-Ungleichung* (bezüglich des L_2-Skalarproduktes)

$$|\mathrm{Re}\langle u_j, w_j\rangle| \leq \delta\|u_j\|_0\|w_j\|_0 \,, \text{ für alle } u_j \in S_j \,, \; w_j \in W_j \,, \; j \in \mathbb{N} \text{ mit } 0 \leq \delta < 1 \,. \quad (5.2.17)$$

Unser nächstes Ziel ist es, die möglichen Zerlegungen und die jeweiligen Komplementärräume W_j, mitsamt geeigneter Basen $\{\psi^j\}$ für W_j, zu untersuchen.

Mit $k \in \Delta_j$ haben wir bereits die Basiselemente $\varphi_k^j \in \{\varphi^j\}$ indiziert, und mit Δ_j haben wir die gesamte Indexmenge für festes j bezeichnet. Folglich ist die Dimension von S_j gleich

$$N_j := \dim \, S_j = \#\Delta_j,$$

der Anzahl der Elemente in Δ_j. Zusätzlich haben wir noch noch die folgenden Indexmengen ∇_j durch die Aufspaltung

$$\Delta_{j+1} = \Delta_j \cup \nabla_j, \quad \Delta_j \cap \nabla_j = \emptyset \qquad\qquad (5.2.18)$$

definiert. Es ist aus Dimensionsgründen klar, daß wir mit dieser Indexmenge $\nabla_j = \Delta_{j+1}\backslash\Delta_j$ eine Basis des Raumes W_j indizieren können,

$$\{\psi^j\} = \{\psi_k^j : k \in \nabla_j\} \,.$$

Wegen der Inklusion $W_j \subset S_{j+1}$ können wir die Basisfunktionen $\{\psi_k^j : k \in \nabla_j\}$ in der Form

$$\psi_k^j = \sum_{q\in\Delta_{j+1}} m_{q,k}^j \varphi_q^{j+1}, \quad k \in \nabla_j, \qquad\qquad (5.2.19)$$

bzw. durch

$$(\psi^j) = \mathbf{M}_{j,1}^*(\varphi^{j+1})$$

darstellen. Hierbei müssen wir aus Vollständigkeits- und Stabilitätsgründen die Matrix $\mathbf{M}_{j,1} = (m_{q,k}^j)_{q\in\Delta_{j+1},k\in\nabla_j}$ so wählen, daß eine weitere Matrix $\mathbf{G}_j = (\mathbf{G}_{j,0}, \mathbf{G}_{j,1}) = (g_{q,k}^j)_{q,k\in\Delta_{j+1}}$ derart existiert, daß

$$\varphi_q^{j+1} = \sum_{k\in\Delta_j} g_{q,k}^j \varphi_k^j + \sum_{k\in\nabla_j} g_{q,k}^j \psi_k^j, \qquad\qquad (5.2.20)$$

oder in Kurzschreibweise

$$(\varphi^{j+1}) = \mathbf{G}_j \begin{pmatrix} \varphi^j \\ \psi^j \end{pmatrix},$$

gilt. Diese Forderung ist auch sofort verständlich, denn $\{\varphi^j\} \cup \{\psi^j\}$ soll ebenfalls eine stabile Basis von S_{j+1} sein. Die Stabilität dieser Basis können wir auch folgendermaßen formulieren: Für jede Funktion $v_{j+1} \in S_{j+1}$ existieren Koeffizienten $c_k^j, k \in \Delta_j, d_k^j, k \in \nabla_j$, und $c_k^{j+1}, k \in \Delta_{j+1}$, so daß sich v_{j+1} darstellen läßt durch

$$v_{j+1} = \sum_{k \in \Delta_j} c_k^j \varphi_k^j + \sum_{k \in \nabla_j} d_k^j \psi_k^j = \sum_{k \in \Delta_{j+1}} c_k^{j+1} \varphi_k^{j+1} \in S_{j+1} \ . \tag{5.2.21}$$

Weiterhin müssen zur Stabilität Konstanten $c_1, c_2 > 0$ unabhängig von j existieren, so daß für alle $v_{j+1} \in S_{j+1}$ mit der Darstellung (5.2.21) die folgende *inverse Dreiecksungleichung*

$$c_1 \sum_{k \in \Delta_{j+1}} |c_k^{j+1}|^2 \leq \sum_{k \in \Delta_j} |c_k^j|^2 + \sum_{k \in \nabla_j} |d_k^j|^2 \leq c_2 \sum_{k \in \Delta_{j+1}} |c_k^{j+1}|^2, \tag{5.2.22}$$

bzw. die Abschätzung

$$c_1 \, \|\mathbf{c}^{j+1}\|_{l_2(\Delta_{j+1})} \leq \|(\mathbf{c}^j, \mathbf{d}^j)\|_{l_2(\Delta_j \cup \nabla_j)} \leq c_2 \, \|\mathbf{c}^{j+1}\|_{l_2(\Delta_{j+1})} \tag{5.2.23}$$

gilt.

Es gilt nun folgendes Lemma, das eine Beziehung zwischen der inversen Dreiecksungleichung und der verschärften Cauchy-Ungleichung herstellt.

Lemma 5.2.2 *Falls $\{\psi^j\}$ eine gleichmäßig stabile Basis in W_j ist und die verschärfte Cauchy-Ungleichung (5.2.17) für die Räume W_j und S_j gilt, dann gilt auch (5.2.23) für alle Funktionen der Form (5.2.21).*

Umgekehrt seien $\{\varphi^j\}, \{\varphi^{j+1}\}$ gleichmäßig stabile Basen in S_j bzw. S_{j+1}. Falls die Beziehung (5.2.22) erfüllt ist und $\mathrm{span}\{\psi^j\} = W_j$ gilt, dann gilt für die Räume S_j und W_j die verschärfte Cauchy-Ungleichung (5.2.17).

Beweis: Sei

$$u_{j+1} = \sum_{k \in \Delta_{j+1}} u_k^{j+1} \varphi_k^{j+1} = \sum_{k \in \Delta_j} v_k^j \varphi_k^j + \sum_{k \in \nabla_j} w_k^j \psi_k^j \in S_{j+1}$$

beliebig, dann setzen wir

$$v_j := \sum_{k \in \Delta_j} v_k^j \varphi_k^j \in S_j \ ,$$

und

$$w_j := \sum_{k \in \nabla_j} w_k^j \psi_k^j \in W_j \ .$$

Es ist nun $u_{j+1} = v_j + w_j$ und wir benützen die verschärfte Cauchy-Ungleichung (5.2.17) zur Abschätzung

$$\begin{aligned}
\|v_j\|_0^2 + \|w_j\|_0^2 &= \|v_j + w_j\|_0^2 - 2\mathrm{Re}\langle v_j, w_j \rangle \\
&\leq \|v_j + w_j\|_0^2 + \delta 2\|v_j\|_0\|w_j\|_0 \\
&\leq \|v_j + w_j\|_0^2 + \delta(\|v_j\|_0^2 + \|w_j\|_0^2) \ .
\end{aligned}$$

Da $\delta < 1$ ist, folgt die inverse Dreiecksungleichung aus

$$\|v_j\|_0^2 + \|w_j\|_0^2 \leq (1 - \delta)^{-1}\|v_j + w_j\|_0^2 \;,$$

und der Stabilität der Basen $\{\varphi^j\}$, $\{\psi^j\}$.

Seien umgekehrt $v_j \in S_j$ und $w_j \in W_j$ zwei beliebige Funktionen mit $\|v_j\|_0 = 1$ und $\|w_j\|_0 = 1$, dann gilt infolge der inversen Dreiecksungleichung (5.2.22) die Beziehung

$$\begin{aligned}
2 &\leq c\|v_j + w_j\|_0^2 \\
&\leq c(2 + 2\mathrm{Re}\langle v_j, w_j\rangle) \;,
\end{aligned} \tag{5.2.24}$$

mit $1 \leq c < \infty$. Ohne Beschränkung der Allgemeinheit können wir annehmen, daß $\mathrm{Re}\langle v_j, w_j\rangle < 0$ gilt, denn anderenfalls ersetzten wir v_j durch $-v_j$. Dann folgt aus (5.2.24) daß

$$\begin{aligned}
|\mathrm{Re}\langle v_j, w_j\rangle| &\leq \frac{c-1}{c} \\
&\leq \left(1 - \frac{1}{c}\right) =: \delta,
\end{aligned}$$

mit $\delta = 1 - \frac{1}{c} < 1$ gilt. Ersetzen wir v_j und w_j durch allgemeine $v_j/\|v_j\|_0$ und $w_j/\|w_j\|_0$, so folgt daraus die Beziehung (5.2.17). $\blacksquare$

Setzen wir nun die Beziehungen (5.2.6) und (5.2.19) in die Darstellung (5.2.21) ein, so erhalten wir für jedes $0 \leq l < j$ für eine beliebige Funktion $v_{l+1} \in S_{l+1}$

$$\begin{aligned}
v_{l+1} &= \sum_{k\in\Delta_l} c_k^l \varphi_k^l + \sum_{k\in\nabla_l} d_k^l \psi_k^l \\
&= \sum_{k\in\Delta_l}\sum_{q\in\Delta_{l+1}} m_{q,k}^l c_k^l \varphi_q^{l+1} + \sum_{k\in\nabla_l}\sum_{q\in\Delta_{l+1}} m_{q,k}^l d_k^l \varphi_q^{l+1} \\
&= \sum_{q\in\Delta_{l+1}} \varphi_q^{l+1} \sum_{k\in\Delta_l} m_{q,k}^l c_k^l + \sum_{q\in\Delta_{l+1}} \varphi_q^{l+1} \sum_{k\in\nabla_l} m_{q,k}^l d_k^l \\
&= \sum_{q\in\Delta_{l+1}} c_q^{l+1} \varphi_q^{l+1} \in S_{l+1} \;.
\end{aligned}$$

Dies bedeutet

$$\mathbf{c}^{l+1} = \mathbf{M}_l \begin{pmatrix} \mathbf{c}^l \\ \mathbf{d}^l \end{pmatrix} \;. \tag{5.2.25}$$

Setzt man umgekehrt die Beziehung (5.2.20) in den rechten Teil der Gleichung (5.2.21) ein, so erhält man mit $0 \leq l < j$

$$\begin{aligned}
v_{j+1} &= \sum_{q\in\Delta_{l+1}} c_q^{l+1} \varphi_q^{l+1} \\
&= \sum_{q\in\Delta_{l+1}} c_q^{l+1}\left(\sum_{k\in\Delta_l} g_{q,k}^l \varphi_k^l + \sum_{k\in\nabla_l} g_{q,k}^l \psi_k^l\right) \\
&= \sum_{k\in\Delta_l} \varphi_k^l \sum_{q\in\Delta_{l+1}} c_q^{l+1} g_{q,k}^l + \sum_{k\in\nabla_l} \psi_k^l \sum_{q\in\Delta_{l+1}} c_q^{l+1} g_{q,k}^l \;.
\end{aligned}$$

Dies bedeutet

$$\begin{pmatrix} \mathbf{c}^l \\ \mathbf{d}^l \end{pmatrix} = \mathbf{G}_l^* \mathbf{c}^{l+1} \ . \tag{5.2.26}$$

Die Konstanten in (5.2.23) können wir wegen den Beziehungen (5.2.25) und (5.2.26) und der Stabilität der Basen durch die Spektralnorm der Matrizen $\mathbf{G}_j, \mathbf{M}_j$ ausdrücken [CDP],

$$\frac{1}{\|\mathbf{G}_j\|} \|(\mathbf{c}^j, \mathbf{d}^j)\|_{l_2(\Delta_j \cup \nabla_j)} \le \|\mathbf{c}^{j+1}\|_{l_2(\Delta_{j+1})} \le \|\mathbf{M}_j\| \ \|(\mathbf{c}^j, \mathbf{d}^j)\|_{l_2(\Delta_j \cup \nabla_j)}. \tag{5.2.27}$$

Wir können die bisherigen Erkenntnisse nun zusammenfassen.

Proposition 5.2.1 *Seien $\{\varphi^j\}$ und $\{\varphi^{j+1}\}$ gleichmäßig stabile Basen, welche die Bedingung (5.2.6) erfüllen, dann sind die beiden folgenden Aussagen äquivalent:*

(i) Die Menge

$$\{\varphi^j\} \cup \{\psi^j\} \ ,$$

wobei ψ_k^j durch (5.2.19) gegeben ist und der Eigenschaft (5.2.20) genügt, bildet eine gleichmäßig stabile Basis in S_{j+1}.

(ii) Die Matrizen $\mathbf{M}_j, \mathbf{G}_j$ sind gleichmäßig beschränkte Automorphismen auf $l_2(\Delta_{j+1})$, und erfüllen

$$\mathbf{M}_j \mathbf{G}_j^* = \mathbf{G}_j^* \mathbf{M}_j = I, \tag{5.2.28}$$

was gleichbedeutend damit ist, daß die Gleichungen

$$\mathbf{M}_{j,0} \mathbf{G}_{j,0}^* + \mathbf{M}_{j,1} \mathbf{G}_{j,1}^* \ = \ I \ , \tag{5.2.29}$$

$$\mathbf{G}_{j,0}^* \mathbf{M}_{j,0} = (\delta_{k,k'})_{k,k' \in \Delta_j} = I \quad , \quad \mathbf{G}_{j,1}^* \mathbf{M}_{j,1} = (\delta_{k,k'})_{k,k' \in \nabla_j} = I \tag{5.2.30}$$

$$\mathbf{G}_{j,0}^* \mathbf{M}_{j,1} = 0 \quad , \quad \mathbf{G}_{j,1}^* \mathbf{M}_{j,0} = 0 \ , \tag{5.2.31}$$

gelten.

Definition 5.2.1 *Jede Matrix $\mathbf{M}_{j,1}$, für die (ii) in Proposition 5.2.1 gilt, heißt eine* stabile Vervollständigung, *bzw.* stable completion *von $\mathbf{M}_{j,0}$.*

Zu einer stabilen Vervollständigung $\mathbf{M}_{j,1}$ von $\mathbf{M}_{j,0}$ gehört nach Proposition 5.1.10 in eindeutiger Weise eine Matrix $\mathbf{G}_{j,0}$, welche in $\mathbf{G}_{j,1}$ ebenfalls eine zugehörige stabile Vervollständigung besitzt. Diese steht in unmittelbaren Zusammenhang zur biorthogonalen Basis:

Proposition 5.2.2 *Seien* $\{\varphi^j\}$ *gleichmäßig stabile Basen in* S_j, $j \in \mathbb{N}$, *für welche (5.2.6) gilt, und seien außerdem* $\{\varphi^j\} \cup \{\psi^j\}$ *gleichmäßig stabile Basen in* S_{j+1}, *wobei* ψ_k^j *durch (5.2.19) gegeben ist. Falls* $\{\tilde\varphi^j\}$ *biorthogonale Basen zu* $\{\varphi^j\}$ *in geschachtelten Räumen* $\tilde S_0 \subset \cdots \subset \tilde S_j \subset \cdots$ *sind und* $\{\tilde\varphi^j\} \cup \{\tilde\psi^j\}$ *ebenso gleichmäßig stabile Basen in* $\tilde S_{j+1}$ *sind, für die*

$$\tilde\varphi_{k'}^j(\varphi_k^j) = \delta_{k,k'} \quad , \quad j \in \mathbb{N} \; ,$$

und zudem

$$\tilde\varphi_{k'}^j(\psi_k^j) = 0$$

gilt, dann erfüllt $\tilde\varphi_k^j$, $k \in \Delta_j$, *die folgende Verfeinerungsgleichung*

$$\tilde\varphi_k^j = \sum_{q \in \Delta_{j+1}} g_{q,k}^j \tilde\varphi_q^{j+1} \; . \tag{5.2.32}$$

Darüberhinaus gilt dann, daß zu $k \in \nabla_j$

$$\tilde\psi_k^j = \sum_{q \in \Delta_{j+1}} g_{q,k}^j \tilde\varphi_q^{j+1} \tag{5.2.33}$$

der Satz $\{\tilde\psi_k^j : k \in \nabla_j, j = -1,0,\ldots\}$ *eine zu* $\{\psi\}^j$ *biorthogonale Basis bildet. Hierbei ist* $\mathbf{G}_j = (\mathbf{G}_{j,0}, \mathbf{G}_{j,1})$ *die durch (5.2.28) definierte Matrix.*

Beweis: Aufgrund der Schachtelung der Räume $\tilde S_j$ und den Stabilitätsvoraussetzungen bzw. der Biorthogonalität gelten die 2-Skalenrelationen

$$\tilde\varphi_k^j = \sum_{q \in \Delta_{j+1}} \langle \tilde\varphi_k^j, \varphi_q^{j+1} \rangle \tilde\varphi_q^{j+1} \; .$$

und

$$\tilde\psi_k^j = \sum_{q \in \Delta_{j+1}} \langle \tilde\psi_k^j, \varphi_q^{j+1} \rangle \tilde\varphi_q^{j+1} \; .$$

Die Biorthogonalität impliziert, daß

$$\mathbf{M}_j = ((\langle \tilde\varphi_k^j, \varphi_q^{j+1} \rangle)_{k \in \Delta_j, q \in \Delta_{j+1}}, (\langle \tilde\psi_k^j, \varphi_q^{j+1} \rangle)_{k \in \nabla_j, q \in \Delta_{j+1}})$$

und die Adjungierte zu

$$\tilde{\mathbf{G}}_j := ((\langle \varphi_k^j, \tilde\varphi_q^{j+1} \rangle)_{k \in \Delta_j, q \in \Delta_{j+1}}, (\langle \psi_k^j, \tilde\varphi_q^{j+1} \rangle)_{k \in \nabla_j, q \in \Delta_{j+1}})$$

zueinander invers sind, d.h. $\tilde{\mathbf{G}}_j^* \mathbf{M}_j = \mathbf{I}$. Was bedeutet, daß die Matrizen $\mathbf{G}_j = \tilde{\mathbf{G}}_j = ((\langle \tilde\varphi_k^j, \varphi_q^{j+1} \rangle)_{k \in \Delta_j, q \in \Delta_{j+1}}, (\langle \tilde\psi_k^j, \varphi_q^{j+1} \rangle)_{k \in \nabla_j, q \in \Delta_{j+1}})$ übereinstimmen müssen.   ∎

Falls wir für jedes $0 \leq l < j$ jeweils eine stabile Vervollständigung zur Verfügung haben, wird damit eine Multiskalenbasis

$$\{\psi_j\} = \{\varphi^0\} \cup \bigcup_{l=0}^{j-1} \{\psi^l\} = \bigcup_{l=-1}^{j-1} \{\psi^l\}$$

von S_j durch die Beziehungen (5.2.19) definiert.

Ausgehend von einer stabilen Vervollständigung für alle jeweiligen Matrizen $\mathbf{M}_{j,0}$ können wir nun jede Funktion

$$f_j = \sum_{k \in \Delta_j} c_k^j \varphi_k^j = (\mathbf{c}^j)^\top (\varphi^j) \in S_j,$$

welche durch eine Einskalenbasis $\{\varphi^j\}$ dargestellt ist, in Termen einer Multiskalenbasis

$$\{\psi_j\} := \cup_{l=-1}^{j-1} \{\psi^l\},$$

in der Form

$$f_j = \sum_{l=-1}^{j-1} \sum_{k \in \nabla_l} d_k^l \psi_k^l = \sum_{l=-1}^{j-1} (\mathbf{d}^l)^\top (\psi^l)$$

entwickeln, wobei wir immer $\{\psi^{-1}\} := \{\varphi^0\}$ gesetzt haben.

Wir wollen zunächst von einer bekannten Multiskalenbasis ausgehen, und uns den Basiswechsel anschauen. Sind uns jeweils die Vektoren $\mathbf{c}^l, \mathbf{d}^l$ beide bekannt, so erhalten wir mit (5.2.25)

$$\mathbf{c}^{l+1} = \mathbf{M}_l \begin{pmatrix} \mathbf{c}^l \\ \mathbf{d}^l \end{pmatrix}. \tag{5.2.34}$$

Diesen Schritt kann man sich folgendermaßen veranschaulichen. Die Transformation

$$\mathbf{c}^l \to \mathbf{M}_{l,0} \mathbf{c}^l$$

kann man als eine *Fortsetzung* oder *Prolongation* auf das *nächstfeinere Gitter* betrachten, in [H1, H2, H3] wird sie auch *prediction* genannt. Diese lineare Abbildung ist keinesfalls surjektiv, denn prinzipiell wird dadurch nicht der Informationsgehalt des Vektors $\mathbf{c}^l$ erhöht. Dies geschieht erst durch einen Korrekturterm, nämlich durch eine Feingitterkorrektur, oder anschaulich ausgedrückt durch die Details $\mathbf{M}_{l,1} \mathbf{d}^l$.

Startet man mit den beiden Vektoren $\mathbf{c}^0$ und $\mathbf{d}^0$, so erhält man durch die Anwendung des Schrittes (5.2.25) den Vektor $\mathbf{c}^1$. Dann nimmt man $\mathbf{c}_1$ zusammen mit $\mathbf{d}_1$ und berechnet sich mit (5.2.25) $\mathbf{c}_2$, und fügt man in der gleichen Art und Weise sukzessive jeweils die Korrekturen $\mathbf{d}^l$ gemäß (5.2.25) hinzu, so erhält man schließlich nach j Schritten, den Vektor $\mathbf{c}^j$, welcher die volle Information auf dem Level j in Termen der Feinskalenbasis $\{\varphi^j\}$ repräsentiert.

Man erhält rekursiv durch Anwendung des obigen Schemas (5.2.25) aus den Entwicklungskoeffizienten bezüglich einer Multiskalenbasis $(\mathbf{d}_j)^\top = ((\mathbf{c}^0)^\top, (\mathbf{d}^1)^\top, \cdots, (\mathbf{d}^{j-1})^\top)^\top$

die Entwicklungskoeffizienten bezüglich der Einskalenbasis $\mathbf{c}^j$. Dieses Verfahren ist der *Rekonstruktions-Algorithmus* des *Kaskadenschemas*,

$$
\begin{array}{ccccccccc}
\mathbf{M}_{0,0} & & \mathbf{M}_{1,0} & & \mathbf{M}_{2,0} & & \mathbf{M}_{j-1,0} & & \\
\mathbf{c}^0 & \to & \mathbf{c}^1 & \to & \mathbf{c}^2 & \to & \cdots & \to & \mathbf{c}^j \\
\mathbf{M}_{0,1} & & \mathbf{M}_{1,1} & & \mathbf{M}_{2,1} & & \mathbf{M}_{j-1,1} & & \\
\nearrow & & \nearrow & & \nearrow & \cdots & \nearrow & & \\
\mathbf{d}^0 & & \mathbf{d}^1 & & \mathbf{d}^2 & & \mathbf{d}^j & &
\end{array}
\tag{5.2.35}
$$

Die stationären Varianten dieses Schemas sind aus dem Waveletkonzept hinreichend bekannt (siehe z.B. [CHUI, DAU, LMR, MA]). Dort wird das Kaskadenschema auch häufig als *Pyramidenschema* bezeichnet.

Diese Transformation $\mathbf{T}_j$, welche die Entwicklungskoeffizienten bezüglich einer Multiskalenbasis $((\mathbf{c}^0)^\top, (\mathbf{d}^1)^\top, \cdots, (\mathbf{d}^{j-1})^\top)^\top$ in die Einskalenbasis transformiert, ist linear,

$$
\mathbf{c}^j = \mathbf{T}_j \mathbf{d}_j = \prod_{l=j-1}^{0} \begin{pmatrix} \mathbf{M}_l & 0 \\ 0 & \mathbf{I}_l \end{pmatrix} \mathbf{d}_j \, ,
\tag{5.2.36}
$$

und wird auch manchmal als *schnelle Wavelettransformation* bezeichnet.

Umgekehrt erhält man aufgrund von (5.2.26) das Paar von Vektoren $\mathbf{c}^l, \mathbf{d}^l$ aus dem Vektor $\mathbf{c}^{l+1}$ durch

$$
\begin{pmatrix} \mathbf{c}^l \\ \mathbf{d}^l \end{pmatrix} = \mathbf{G}_l^* \mathbf{c}^{l+1} \, .
\tag{5.2.37}
$$

Anschaulich dargestellt zerlegt man hierbei die Information des Vektors $\mathbf{c}^{l+1}$ durch eine *Einschränkung (Restriction)* auf das nächstgröbere Gitter in einen *Grobgitteranteil*

$$
\mathbf{c}^l = \mathbf{G}_{l,0}^* \mathbf{c}^{l+1} \, ,
$$

dabei verliert man allerdings einen Großteil der Information. Den durch die Restriktion auf das grobe Gitter verlorengegangenen Anteil codiert man in der Matrix $\mathbf{G}_{l,1}$, und man erhält damit den *Feingitterkorrekturterm*

$$
\mathbf{d}^l = \mathbf{G}_{l,1}^* \mathbf{c}^{l+1} \, .
$$

Startet man mit dem Vektor $\mathbf{c}^j$, so berechnet man durch sukzessives Anwenden von (5.2.26) nach j Schritten alle Koeffizienten-Vektoren $\mathbf{d}^l$, $0 \leq l < j$, und $\mathbf{c}^0$. Man hat dadurch die Gesamtinformation in die einzelnen Skalenanteile zerlegt und eine Entwicklung bezüglich der Einskalenbasis $\{\varphi^j\}$ in eine Darstellung in der Multiskalenbasis $\{\psi_j\}$ transformiert. Offensichtlich ist diese Transformation zu der obigen Transformation

(5.2.36) gerade invers. Diese inverse Transformation $\mathbf{T}_j^{-1}$ ist hiermit durch ein ähnliches Schema, nämlich den *Zerlegungs-* oder *Dekompositions-Algorithmus* gegeben

$$
\begin{array}{ccccccc}
\mathbf{G}^*_{j-1,0} & & \mathbf{G}^*_{j-2,0} & & \mathbf{G}^*_{j-3,0} & & \\
\mathbf{c}^j & \to & \mathbf{c}^{j-1} & \to & \mathbf{c}^{j-2} & \to & \cdots \quad \mathbf{c}^0 \\
\mathbf{G}^*_{j-1,1} & & \mathbf{G}^*_{j-2,1} & & \mathbf{G}^*_{j-3,1} & & \\
\searrow & & \searrow & & \searrow & \cdots & \\
& \mathbf{d}^{j-1} & & \mathbf{d}^{j-2} & & \cdots \quad \mathbf{d}^0 .
\end{array}
\tag{5.2.38}
$$

Wir schließen diese Darlegung mit der Bemerkung, daß die zum Rekonstruktionsalgorithmus gehörige Matrix $\mathbf{T}_j$ eine adjungierte Matrix $\mathbf{T}_j^*$ besitzt, deren Anwendung auf einen Vektor in der Form eines Dekompositions-Algorithmus geschieht. Seien beispielsweise

$$\tilde{c}^{l+1} = \langle v_{j+1}, (\varphi^{l+1}) \rangle \, ,$$

$$\tilde{c}^l = \langle v_{j+1}, (\varphi^l) \rangle$$

und

$$\tilde{d}^{l+1} = \langle v_{j+1}, (\psi^l) \rangle$$

die entsprechenden Vektoren der Skalarprodukte, so liefert das Einsetzen der Verfeinerungsgleichung (5.2.6) und (5.2.19) die Beziehungen

$$\tilde{c}^l_k = \langle v_{j+1}, \varphi^l_k \rangle = \langle v_{j+1}, \sum_{q \in \Delta_{l+1}} m^l_{q,k} \varphi^{l+1}_q \rangle \, ,$$

für $k \in \Delta_l$, und

$$\tilde{d}^l_k = \langle v_{j+1}, \psi^l_k \rangle = \langle v_{j+1}, \sum_{q \in \Delta_{l+1}} m^l_{q,k} \varphi^{l+1}_q \rangle \, ,$$

für $k \in \nabla_l$. Dies bedeutet

$$
\begin{pmatrix} \tilde{c}^l \\ \tilde{d}^l \end{pmatrix} = \mathbf{M}^*_l \tilde{c}^{l+1} \, .
\tag{5.2.39}
$$

Das sukzessive Anwenden auf die jeweiligen Vektoren $\tilde{c}^l$ führt (5.2.39) letztlich auf den folgenden Algorithmus

$$
\begin{array}{ccccccccc}
\mathbf{M}^*_{j-1,0} & & \mathbf{M}^*_{j-2,0} & & \mathbf{M}^*_{j-3,0} & & & & \\
\tilde{c}^j & \to & \tilde{c}^{j-1} & \to & \tilde{c}^{j-2} & \to & \cdots & \to & \tilde{c}^0 \\
\mathbf{M}^*_{j-1,1} & & \mathbf{M}^*_{j-2,1} & & \mathbf{M}^*_{j-3,1} & & & & \\
\searrow & & \searrow & & \searrow & \cdots & & & \\
& \tilde{d}^{j-1} & & \tilde{d}^{j-2} & & & \cdots & \to & \tilde{d}^0 ,
\end{array}
\tag{5.2.40}
$$

und umgekehrt gibt es auch den zugehörigen inversen Prozeß

$$
\begin{array}{cccccccc}
\mathbf{G}_{0,0} & & \mathbf{G}_{1,0} & & \mathbf{G}_{2,0} & & \mathbf{G}_{j-1,0} & \\
\tilde{c}^0 & \to & \tilde{c}^1 & \to & \tilde{c}^2 & \to & \cdots & \to & \tilde{c}^j \\
\mathbf{G}_{0,1} & & \mathbf{G}_{1,1} & & \mathbf{G}_{2,1} & & \mathbf{G}_{j-1,1} & \\
\nearrow & & \nearrow & & \nearrow & \cdots & \nearrow & \\
\tilde{d}^0 & & \tilde{d}^1 & & \tilde{d}^2 & & \tilde{d}^{j-1} &
\end{array}
\tag{5.2.41}
$$

Bemerkung 5.2.1 Wir bemerken, daß das Kaskadenschema lediglich auf die diskreten Daten, nämlich einen Vektor in $\mathbb{R}^{N_j}$ ($\mathbb{C}^{N_j}$) wirkt, und nichts weiter als eine lineare Transformation darstellt. Haben wir einen Satz von Daten bzw. einen Vektor c^j möglichst der Dimension 2^j gegeben, so können wir diesen Vektor mit Hilfe des Kaskadenschemas transformieren, ungeachtet welche Interpretation die vorliegenden Daten in der Realität besitzen. Ein solches Vorgehen resultiert in *algebraischen Multiskalenmethoden*, vergleichbar mit algebraischen Multigridmethoden, und es stellt aufgrund der Einfachheit eine vom praktischen Gesichtspunkt für manche Probleme attraktive Methode dar [LEVS]. Der Erfolg dieser Methode hängt jedoch qualitativ davon ab, inwieweit eine Interpretation in Termen von konkreten Multiskalenbasen gelingt. Insofern ist die Situation vergleichbar mit algebraischen Multigridmethoden.

Während man in der Signalanalysis beide Transformationen $\mathbf{T}_j$ und $\mathbf{T}_j^{-1}$ zur exakten Rekonstruktion benötigt und somit die geeigneten Matrizen $\mathbf{M}_{l,i}, \mathbf{G}_{l,i}, i = 0, 1, 0 \leq l < j$, kennen muß [CDF], so benötigt man zur numerischen Lösung der Galerkin-Gleichung zu $Au = f$ lediglich $\mathbf{T}_j$ und die zugehörige Adjungierte $\mathbf{T}_j^*$, siehe z.B. [DKPS]. Denn suchen wir die Lösung in Termen einer Multiskalendarstellung $u_j = \sum_{l=-1}^{j-1} \sum_{k \in \nabla_l} w_k^l \psi_k^l$ statt $u_j = \sum_{k \in \Delta_l} u_k^l \varphi_k^l$ mit $\mathbf{u}^j = \mathbf{T}_j \mathbf{w}_j$, dann folgern wir aus der ursprünglichen Darstellung bezüglich der Einskalenbasis

$$
\mathbf{A}_j \mathbf{u}^j = \mathbf{f}^j
$$

durch Einsetzen

$$
\mathbf{A}_j \mathbf{T}_j \mathbf{w}_j = \mathbf{f}^j \; ,
$$

und multiplizieren wir diese Gleichung mit $\mathbf{T}_j^*$, so erhalten wir das transformierte System

$$
\mathbf{T}_j^* \mathbf{A}_j \mathbf{T}_j \mathbf{w}_j = \mathbf{T}_j^* \mathbf{f}^j \; ,
\tag{5.2.42}
$$

dies *entspricht dem Gleichungssystem des Galerkin-Verfahrens, diskretisiert durch eine Multiskalenbasis.* Den Lösungsvektor $\mathbf{u}^j$ erhalten wir durch Lösen von (5.2.42) und anschließende Transformation $\mathbf{u}^j = \mathbf{T}_j \mathbf{w}_j$. In diesem Falle hängt der Erfolg der zugehörigen Multiskalentechnik lediglich von der Komplexität und der Stabilität der Transformation $\mathbf{T}_j$ ab, die Matrizen $\mathbf{G}_j$ können hierbei sogar vollbesetzt sein.

Anders ist es im Fall der Gleichung

$$Au = Bf,$$

wobei f eine vorgegebene Funktion und A, B Pseudodifferentialoperatoren sind. Die aus der direkten Methode resultierenden Randintegralgleichungen sind zumeist von dieser Form. Um die Anwendung des Operators $Q_j^* B Q_j f$ in einer Multiskalenbasis zu realisieren, benötigt man $\mathbf{T}_j^{-1}$ und damit auch Matrizen $\mathbf{G}_j$, $i = 0, 1$, $0 \leq l < j$. Allerdings können wir zur numerischen Anwendung des Operators B relativ problemlos verschiedene Projektoren wählen, wie z.B. $Q_j^* B P_j f$. Hierbei kann P_j auf einen ganz anderen Raum $\overline{S}_j$ projizieren.

Bemerkung 5.2.2 Aus Effizienzgründen sollte die Anwendung der Transformation $\mathbf{T}_j$ lediglich $\mathcal{O}(\dim S_j)$ arithmetische Operationen benötigen. Dies ist dann der Fall, wenn wie in der vorliegenden Arbeit

$$\#\Delta_{j+1}/\#\Delta_j \geq \rho \quad \text{für ein} \quad \rho > 1 \text{ (hier } \rho = 2) \,,$$

gilt und die Matrizen $\mathbf{M}_{j,i}$, $i = 0, 1$, gleichmäßig dünn besetzt sind, das heißt $\mathcal{O}(N_j)$ nichtverschwindende Einträge besitzen. Im Hinblick auf die Beziehungen (5.2.3) und (5.2.19) besitzen in diesem Fall die Funktionen ψ_k^l lokalen Träger in der jeweiligen Skala l, dies bedeutet $\operatorname{diam} \operatorname{supp} \psi_k^l \sim 2^{-l}$. Allerdings ist in Anbetracht der Beziehung (5.2.3) zu beachten, daß $l \geq -1$ alle ganzzahligen Werte bis $j - 1$ annehmen kann. Die Funktionen ψ_k^l zu verschiedenen Skalen l haben daher natürlich ganz unterschiedlich große Träger.

Da $\mathbf{T}_j$ eine Basistransformation zwischen der Einskalenbasis, die nach Voraussetzung stabil ist, und einer Multiskalenbasis bewirkt, ist die Kondition von $\mathbf{T}_j$ verknüpft mit der Stabilität der Multiskalenbasis.

Proposition 5.2.3 Gleichmäßige Stabilität *Die gleichmäßige Stabilität der gesamten Transformation $\mathbf{T}_j$ im Sinne von (5.1.28) ist äquivalent zu den beiden folgenden Eigenschaften, nämlich daß*

- $\{\psi\} := \cup_{j=-1}^{\infty} \{\psi^j\}$

Riesz-Basis von $L^2(\Gamma)$ ist, und

- *daß eine zugehörige biorthogonale Riesz-Basis $\{\tilde{\psi}\}$ existiert (s. [D, DD]).*

Letzteres bedeutet, daß jede Funktion in $v \in L^2(\Gamma)$ sich in eindeutiger Art und Weise darstellen läßt als

$$v = \sum_{j=-1}^{\infty} \sum_{k \in \nabla_j} d_k^j(v) \psi_k^j, \tag{5.2.43}$$

wobei die Entwicklungskoeffizienten durch

$$d_k^j(v) = \langle v, \tilde{\psi}_k^j \rangle$$

gegeben sind, und die folgende diskrete Normäquivalenz

$$\|\mathbf{d}(v)\|_{l_2(\mathcal{J})} \sim \|v\|_{L^2(\Gamma)} \tag{5.2.44}$$

gilt. Hierbei verwendeten wir die Bezeichnungen

$$\mathcal{J}^j = \bigcup_{l=-1}^{l} \nabla_l \, ,$$

und

$$\mathcal{J} = \bigcup_{l=-1}^{\infty} \nabla_l.$$

Aus diesen Überlegungen erklärt sich die Bedeutung der Normäquivalenz (5.1.27).

Obwohl Proposition 5.2.1 die Stabilität auf jedem einzelnen Level gewährleistet, ist die gleichmäßige Stabilität der gesamten Transformation T_j im allgemeinen nicht sichergestellt. Aus der Beziehung (5.2.27) folgt lediglich, daß die Spektralnorm der Matrix $\mathbf{T}_j^{-1}$ sich durch

$$\|\mathbf{T}_j^{-1}\| \le c \prod_{l=0}^{j-1} \|\mathbf{G}_{l,0}\|$$

abschätzen läßt. Diese Abschätzung ist allerdings für unsere Zwecke vollkommen unzureichend, da wir damit nur eine Schranke der Art c^j mit $c > 1$ erhalten. Wie aus Proposition 5.2.3 hervorgeht, hängt die Stabilität aber eng mit den Eigenschaften des biorthogonalen Systems zusammen. In dem allgemeinen Rahmen, in dem wir in dieser Arbeit eine Multiskalenskalenzerlegung entwickeln, können wir die Stabilität bislang nicht beweisen. Eine der beiden Abschätzungen wird z.B. in [SFM, PL] im wesentlichen geklärt, die Abschätzung in die andere Richtung stellt immer noch ein *schwieriges offenes Problem* dar, das von großer praktischer Bedeutung ist. Im 1-dimensionalen Fall uniformer Gitter wurde das Problem in [CDF] gelöst [KET].

Wie wir anhand einiger Beispiele sehen werden, ist es in vielen Fällen möglich, zueinander biorthogonale Multiskalenbasen $\{\psi\}, \{\tilde{\psi}\}$, die zwar Distributionen sein können, konkret anzugeben, z.B. die *Multiwavelets* oder *hierarchische Basen* in den folgenden Kapiteln. In diesen Fällen liegt dadurch jeweils eine stabile Vervollständigung vor, aber diese Zerlegung ist für uns möglicherweise ungeeignet. In [CDP, DPS6] wurde gezeigt, wie man aus einer gegebenen stabilen Vervollständigung sich alle weiteren stabilen Vervollständigungen verschaffen kann. Oder anders ausgedrückt, wie man aus einer schon bekannten Multiskalenbasis $\{\breve{\psi}_j\}$ sich eine weitere Multiskalenbasis $\{\psi_j\}$ verschaffen kann, die für die jeweilige Problemstellung vorteilhaftere Eigenschaften besitzt. Dies stellt für unsere Probleme ein wichtiges Hilfsmittel zur Konstruktion geeigneter Basen dar. Daher wollen wir diese Ideen hier aufgreifen und weiter ausführen.

Sei $\mathcal{L}(U, V)$ der Raum der beschränkten linearen Abbildungen von U nach V. Es gilt nun folgender Sachverhalt [CDP].

Proposition 5.2.2 *[CDP] Sei* $\check{\mathbf{M}}_{j,1}$ *eine stabile Vervollständigung der Matrix* $\mathbf{M}_{j,0}$, *und sei* $\check{\mathbf{G}}_j^*$ *die zu* $\check{\mathbf{M}}_j = (\check{\mathbf{M}}_{j,0}, \check{\mathbf{M}}_{j,1})$ *gehörige Inverse, bestehend aus den Linksinversen* $\check{\mathbf{G}}_{j,0}^*, \check{\mathbf{G}}_{j,1}^*$, *d.h.* $\check{\mathbf{G}}_j = (\check{\mathbf{G}}_{j,0}, \check{\mathbf{G}}_{j,1}) = (\check{\mathbf{M}}_j^{-1})^*$. *Für Matrizen*

$$\mathbf{L} \in \mathcal{L}(l_2(\nabla_j), l_2(\Delta_j)), \quad \mathbf{K} \in \mathcal{L}(l_2(\nabla_j), l_2(\nabla_j)), \tag{5.2.45}$$

wobei die Matrix $\mathbf{K}$ *invertierbar ist,*

$$\mathbf{K}^{-1} \in \mathcal{L}(l_2(\nabla_j), l_2(\nabla_j)), \tag{5.2.46}$$

liefert die Matrix

$$\mathbf{M}_{j,1} := \mathbf{M}_{j,0}\mathbf{L} + \check{\mathbf{M}}_{j,1}\mathbf{K} \tag{5.2.47}$$

eine weitere stabile Vervollständigung von $\mathbf{M}_{j,0}$, *und die zugehörigen Inversen sind gegeben durch*

$$\mathbf{G}_{j,0} := \check{\mathbf{G}}_{j,0} - \check{\mathbf{G}}_{j,1}(\mathbf{K}^*)^{-1}\mathbf{L}^*, \quad \mathbf{G}_{j,1} := \check{\mathbf{G}}_{j,1}(\mathbf{K}^*)^{-1}. \tag{5.2.48}$$

Beweis: Die linearen Abbildungen

$$\mathbf{J}_j : \mathcal{L}(U, V) \to \mathcal{L}(U, V),$$

beziehungsweise die zugehörigen Matrizen, welche Matrizen $\mathbf{M}_j = (\mathbf{M}_{j,0}, \mathbf{M}_{j,1})$ in solche der Form $\check{\mathbf{M}}_j = (\mathbf{M}_{j,0}, \check{\mathbf{M}}_{j,1})$ transformieren, sind, wie man leicht sieht, von der Dreiecksgestalt

$$\mathbf{J}_j = \begin{pmatrix} \mathbf{I} & \mathbf{L} \\ 0 & \mathbf{K} \end{pmatrix},$$

mit Matrizen $\mathbf{K}, \mathbf{L}$ und der Einheitsmatrix $\mathbf{I}$. Solche Matrizen lassen nämlich den Teil $\mathbf{M}_{j,0}$ invariant [CDP], und es gilt

$$(\mathbf{M}_{j,0}, \check{\mathbf{M}}_{j,1})\mathbf{J}_j = (\mathbf{M}_{j,0}, \mathbf{M}_{j,0}\mathbf{L} + \mathbf{M}_{j,1}\mathbf{K}) = (\mathbf{M}_{j,0}, \mathbf{M}_{j,1}).$$

Da beide Matrizen ($\mathbf{M}_j$ und $\check{\mathbf{M}}_j$) wegen der vorausgesetzten stabilen Vervollständigung (beidseitig und gleichmäßig) invertierbar sein müssen, muß auch $\mathbf{J}_j$ gleichmäßig invertierbar sein. Dies trifft genau dann zu, wenn die Blockmatrix $\mathbf{K}$ selbst (gleichmäßig) nichtsingulär ist. In diesem Falle ist die Inverse zu $\mathbf{J}_j$ gegeben durch

$$\mathbf{J}_j^{-1} = \begin{pmatrix} \mathbf{I} & -\mathbf{L}\mathbf{K}^{-1} \\ 0 & \mathbf{K}^{-1} \end{pmatrix}.$$

Wegen

$$\mathbf{M}_j\mathbf{G}_j^* = \mathbf{M}_j\mathbf{J}_j\mathbf{J}_j^{-1}\mathbf{G}_j^* = \check{\mathbf{M}}_j\check{\mathbf{G}}_j^* = \mathbf{I}$$

ist

$$\breve{\mathbf{G}}_j = (\mathbf{J}_j^*)^{-1}\mathbf{G}_j = (\breve{\mathbf{G}}_{j,0} - \breve{\mathbf{G}}_{j,1}(\mathbf{L}\mathbf{K}^{-1})^*, \breve{\mathbf{G}}_{j,1}(\mathbf{K}^*)^{-1}) \ ,$$

womit die Behauptungen im wesentlichen alle verifiziert sind.   ∎

In [CDP] wird darüberhinaus sogar gezeigt, daß umgekehrt für zwei stabile Vervollständigungen $\mathbf{M}_{j,1}$ und $\breve{\mathbf{M}}_{j,1}$ der Matrix $\mathbf{M}_{j,0}$ Blockmatrizen $\mathbf{L}, \mathbf{K}$ (5.2.45), (5.2.46) derart existieren, daß der Zusammenhang zwischen diesen beiden stabilen Vervollständigungen durch die Gleichungen (5.2.47) und (5.2.48) gegeben ist.

Eine wichtige Anwendung dieser Proposition ist der folgende Satz [CDP].

Theorem 5.2.1 *Sei Q_j durch (5.2.7) gegeben, wobei $\{\phi_j\}$ und $\{\tilde{\phi}_j\}$ zueinander duale Basen sind. Desweiteren sei $\breve{\mathbf{M}}_{j,1}$ eine stabile Vervollständigung von $\mathbf{M}_{j,0}$ mit zugehörigen Linksinversen $\breve{\mathbf{G}}_{j,0}^*$ und $\breve{\mathbf{G}}_{j,1}^*$. Für jede Matrix $\mathbf{K}$, die die Bedingungen (5.2.45) und (5.2.46) erfüllt, ist dann die Matrix*

$$\mathbf{M}_{j,1} := (\mathbf{I} - \mathbf{M}_{j,0}\mathbf{G}_{j,0}^*)\breve{\mathbf{M}}_{j,1}\mathbf{K}^* = \mathbf{M}_{j,0}\mathbf{L}_{j,0}^* + \breve{\mathbf{M}}_{j,1}\mathbf{K} \tag{5.2.49}$$

wiederum eine stabile Vervollständigung von $\mathbf{M}_{j,0}$ mit den folgenden Eigenschaften:

(i) Es gilt

$$\mathbf{M}_{j,0}\mathbf{G}_{j,0}^* + \mathbf{M}_{j,1}\mathbf{G}_{j,1}^* = I, \quad \mathbf{G}_{j,i}^*\mathbf{M}_{j,i'} = \delta_{i,i'}, i, i' \in \{0,1\} \ ,$$

wobei $\mathbf{G}_{j,0}$ durch (5.2.13) und (5.2.14)gegeben ist, und es gilt

$$\mathbf{G}_{j,1} = \breve{\mathbf{G}}_{j,1}(\mathbf{K}^*)^{-1}.$$

(ii) Die Funktionen

$$\psi_k^j = \sum_{q \in \Delta_{j+1}} m_{q,k}^j \varphi_q^{j+1}, \quad \tilde{\psi}_k^j = \sum_{q \in \Delta_{j+1}} g_{q,k}^j \tilde{\varphi}_q^{j+1}, \quad k \in \nabla_j, \tag{5.2.50}$$

erfüllen

$$\langle \psi_k^j, \tilde{\psi}_{k'}^{j'} \rangle = \delta_{j,j'}\delta_{k,k'}, \quad j,j' \geq -1, \ k \in \nabla_j, k' \in \nabla_{j'}, \tag{5.2.51}$$

sowie

$$\langle \varphi_k^j, \tilde{\psi}_{k'}^j \rangle = \langle \tilde{\varphi}_k^j, \psi_{k'}^j \rangle = 0, \quad k \in \Delta_j, \ k' \in \nabla_j. \tag{5.2.52}$$

Folglich ist

$$(Q_{j+1} - Q_j)(Q_{j+1} - Q_j)v = v = \sum_{k \in \nabla_j} \langle v, \tilde{\psi}_k^j \rangle \psi_k^j. \tag{5.2.53}$$

• *Die Basis $\{\psi^j\} := \{\psi_k^j : k \in \nabla_j\}$ mit den durch (5.2.51) definierten Funktionen ψ_k^j und der stabilen Vervollständigung*

$$\mathbf{M}_{j,1} := (\mathbf{I} - \mathbf{M}_{j,0}\mathbf{G}_{j,0}^*)\check{\mathbf{M}}_{j,1}\mathbf{K}^*$$

ist eine Riesz-Basis von $L^2(\Gamma)$.

Beweis: Aufgrund der stabilen Vervollständigung sind die Matrizen $\check{\mathbf{G}}_j$ gleichmäßig invertierbar, und Proposition (5.2.2) sichert, daß die Matrizen $\mathbf{G}_{j,0}$ (5.2.13) gleichmäßig beschränkte Abbildungen definieren. Da die Matrizen $\check{\mathbf{M}}_{j,1}$ per Voraussetzung gleichmäßig stabile Vervollständigungen sind, folgt aus Proposition 5.2.2, daß auch die Matrizen $\mathbf{M}_{j,1}$ ebenfalls solche sind, und die Matrizen $\mathbf{G}_{j,1} = \check{\mathbf{G}}_{j,1}\mathbf{K}^{-1}$ sind zudem gleichmäßig beschränkt. Die Verfeinerungsbeziehung für die Basisfunktionen $\tilde{\varphi}_k^j$ impliziert die Kommutatoreigenschaft (5.1.25) der Projektoren Q_j, und Proposition (5.2.1) liefert die Biorthogonalität (5.2.51).

Aufgrund der Proposition 5.2.1 sind die Komplement-Basen $\{\psi^j\}$, bestehend aus den Funktionen ψ_k^j, $k \in \nabla_j$, in den einzelnen Skalen j alle gleichmäßig stabil. Wegen (5.1.14), (5.2.51), und (5.2.53) läßt sich jede Funktion $v \in L^2(\Gamma)$ in eindeutiger Weise durch

$$v = \sum_{(k,j)\in\mathcal{J}} \langle v, \tilde{\psi}_k^j\rangle\psi_k^j$$

darstellen. ∎

Bemerkung 5.2.3 Man beachte, daß für die Matrizen $\mathbf{L}$ außer der gleichmäßigen Beschränktheit keine weiteren Einschränkungen gefordert werden müssen. Eine sehr naheliegende und praktisch interessante Wahl ist $\mathbf{K}_j = \mathbf{I}$, gemeinsam mit einer geeigneten dünn besetzten Matrix $\mathbf{L}$ in Theorem 5.2.1. In diesem Falle sind die Matrizen der inversen Transformation auch alle dünn besetzt. Dies hat zur Folge, daß auch die Algorithmen (5.2.40) und (5.2.41) sehr effizient durchgeführt werden können, vorausgesetzt die ursprünglichen stabilen Vervollständigungen $\mathbf{M}_{j,1}$, $\check{\mathbf{G}}_{j,1}$ waren auch dünn besetzt. In diesem Fall sind zudem die Basen ψ_k^j und $\tilde{\psi}_k^j$ alle lokal in ihrer jeweiligen Skala. Dies bedeutet umgekehrt, daß die Komplexität der inversen Transformation $\mathbf{T}_j$ linear, d.h. $\mathcal{O}(dimS_j)$ bleibt. Dies ist eine wesentliche Eigenschaft der in [CDF] definierten biorthogonalen Wavelets. Wichtige Beispiele, auf die wir die Proposition (5.1.11) sogar für unstrukturierte Gitter anwenden können, sind hierarchische nodale Basen [Y, DOS], und orthogonale Multiwavelets [PSS], siehe auch [CDP] mit weiteren Beispielen.

Bemerkung 5.2.4 In den praktischen Anwendungen wird eine Basis $\{\varphi^j\}$ so gewählt, daß die Bedingungen (5.2.1) , (5.2.5) und (5.2.3) zusammen mit (5.2.4) bzw. der Verfeinerungsbeziehung (5.2.6) erfüllt sind. In der Regel ist es wesentlich schwieriger, eine geeignete duale Basis $\{\tilde{\varphi}^j\}$ zu finden, die ebenfalls verfeinerbar ist und ähnliche Bedingungen erfüllt. Weitgehend verstanden hat man dieses Problem in klassischen *translationsinvarianten Räumen* (*shift-invariant spaces* [DBR]), die auf der ganzen reellen Achse $\mathbb{R}$ bzw. der ganzen euklidischen Ebene $\mathbb{R}^n$ [CDF, CD] definiert sind. Unsere Strategie, um den allgemeinen Fall zu behandeln, besteht darin, Matrizen $\mathbf{G}_{j,0}$, möglichst dünn besetzt zu konstruieren, die die Beziehung (5.2.15) erfüllen. Dies erreichen wir beispielsweise mit Hilfe der Proposition 5.2.2. Aus diesen Matrizen $\mathbf{G}_{j,0}$ kann man dann die Basis $\{\tilde{\varphi}^j\}$ durch einen Grenzprozeß mit Hilfe des *Unterteilungsalgorithmus* (*Subdivisions-Algorithmus*) konstruieren. Die Konvergenz dieses Verfahrens und die Regularität der entstehenden Funktionen φ_k^j hängt natürlich stark von der Wahl der Matrix $\mathbf{G}_{j,0}$ ab. Diese Frage ist bislang lediglich nur im translationsinvarianten Fall ausreichend beantwortet [CDF, EI, VI]. Wir wollen hier jedoch deutlich darauf hinweisen, daß man für unsere Zwecke die Funktionen selbst $\tilde{\varphi}_k^j$ gar nicht explizit kennen muß.

5.3 Konstruktion von Multiskalenbasen auf periodischem Gitter

Zur Konstruktion von Multiskalenbasen auf periodischem Gitter definiert man sich zuerst geeignete Basen bezüglich des uniformen Gitters im ganzen $\mathbb{R}^n$ mittels Dilatationen und Translationen, und erhält damit die sogenannten translationsinvarianten Räume. Die Räume sind dann zwar nicht endlichdimensional, aber durch Periodisierung (z. B. [DPS1]) erhält man recht einfach die gewünschten Funktionen. Diese Funktionen sind jeweils Multiskalenbasen auf periodischen und uniformen Gittern. Mit diesen Funktionen läßt sich der Fall $n = 1$ für alle zum Einheitskreis homotope Kurven vollständig behandeln, da wir eine globale periodische Parametrisierung verwenden können. In höheren Dimensionen ist man auf Mannigfaltigkeiten beschränkt, die homöomorph zu einem n-dimensionalen Torus sind. Diesen Zugang findet man ausführlich in der Literatur zu Wavelets, insbesondere den Standardwerken und Referenzen [DAU, CHUI, LMR, M1, DELU, MA, CDF], so daß wir mit dem Hinweis auf Standardliteratur z.B. [DAU, CHUI, M1, LMR] auf eine explizite Darstellung an dieser Stelle verzichten können.

Wir möchten jedoch bemerken, daß entgegen dem Eindruck, den man aus dieser Literatur gewinnt, konzeptionell Multiskalenmethoden oder Wavelets nicht auf diesen Fall beschränkt sind. Wenngleich uns auf dem uniformen Gitter eine Reihe schlagkräftiger mathematischer Methoden zur Verfügung stehen, die mehr oder weniger auf Fouriertransformationen beruhen und uns wesentlich präzisere Aussagen erlauben. Mit diesen Hilfsmitteln hat man in diesem Spezialfall uniformer Gitter umfassende Kenntnisse und Resultate zur Verfügung, während für den allgemeinen Fall nichtuniformer Gitter viele entsprechende Resultate noch nicht bekannt sind, und manches sich auch wohl nicht zeigen lassen wird. Die Situation nichtuniformer Gitter ist wesentlich komplexer und besonders die Fouriertransformation oder mit ihr verwandte Techniken erweisen sich hierfür in der Regel als stumpfe Werkzeuge, so daß man prinzipiell andere Wege beschreiten muß.

5.4 Lokale Konstruktion für Mannigfaltigkeiten

Wenn wir die einschränkenden Voraussetzungen der Periodizität fallenlassen bzw. diese aufgrund der konkreten Problemstellung nicht realisierbar ist, bietet uns die existierende Literatur bislang hierfür kaum praktikable Waveletbasen. Wir wollen in diesem Abschnitt einige neuere Möglichkeiten aufführen und realisierbare Wege aufzeigen [DKPS, PSS, DPS6].

Um sich nicht in der Allgemeinheit der Fragestellung zu verlieren, erscheint es angebracht, sich an konkreten Erfordernissen, z.B. an in dem Kapitel 4 aufgeführten Operatoren und Gleichungen zu orientieren. Die Regularität der Ansatzfunktionen spielt beispielsweise zur Lösung von Operatorgleichungen (3.0.2) eine vergleichsweise untergeordnete Rolle, da die Ordnung r der meisten praktisch in Frage kommenden Operatoren kleiner oder gleich 2 ist. Hierfür ist C^0- Stetigkeit durchaus ausreichend, und im Rahmen der Finite-Element-Praxis hat sich bislang diese Forderung als ausreichend erwiesen. Falls $r \leq 0$ ist, kann man sogar auf Stetigkeit verzichten.

Eine der wesentlichen Konsequenzen aus den nachfolgenden Untersuchungen besteht darin, eine Beziehung zwischen den Parametern, der Approximations-Ordnung, der Anzahl der ersten verschwindenden Momente, der Regularität und der Stabilität herzustellen, die eine asymptotisch optimale Kompression erlauben.

Voraussetzung *Wir wollen uns zur Definition der Räume S_j auf Funktionen, die in lokalen Parametrisierungen stückweise polynomial bis zum Grad d sind, beschränken. Falls diese Funktionen lediglich beschränkt, aber möglicherweise unstetig sind, fassen wir sie in der Klasse $\mathcal{M}_0$, falls sie stetig sind, in $\mathcal{M}_1$ zusammen. Den Polynomgrad d spezifizieren wir in der Form $\mathcal{M}_{0,d}$ und $\mathcal{M}_{1,d}$. Die Klasse der global r-mal stetig differenzierbaren Funktionen, die in einer lokalen Parametrisierung polynomial bis zum Grad d sind, werden wir mit $\mathcal{M}_{r+1,d}$ bezeichnen, uns aber auf $r + 1 \leq 1$ beschränken.*

5.4.1 Multiwavelets

Wir benutzen zur Definition der Räume S_j, $j = 0, 1, \ldots$, für die Diskretisierung der Gleichung (3.0.2) eine geschachtelte Familie *endlichdimensionaler* Funktionenräume $\{V_l\}_{l=0}^{\infty}$ in dem lokalen Parameterbereich $\overline{\Sigma}$ *bestehend aus stückweise polynomialen Funktionen bis zum Grad d*. Diese Funktionen übertragen wir durch die Abbildung $(\kappa_m^{-1})^*$ definiert durch

$$(\kappa_m^{-1})^* u(x) := u(\kappa_m x) \quad , \quad x \in \Gamma, u \in C(\overline{\Sigma})$$

auf die Mannigfaltigkeit Γ. Die Räume S_j sollen zu $\mathcal{M}_{0,d}$ gehören, d.h. daß wir hier keine Stetigkeit fordern.

Wir definieren uns zuerst eine geschachtelte Familie

$$V_{0,d} \subset \cdots \subset V_{l,d} \subset V_{l+1,d} \subset \cdots \subset L_2(\Sigma)$$

von Funktionen auf dem Parameterbereich Σ. Zur Definition der Räume $V_{l,d} \subset L_2(\Sigma)$ unterteilen wir den Parameterbereich Σ in 2^{ln} kongruente Teilsimplizes Σ_ν^l, $\nu = 0, \cdots, 2^{ln} - 1$, gemäß Kapitel 2. Nun definieren wir die Räume

$$V_{l,d} = \{\, u \in L_2(\Sigma) : u|_{\Sigma_\nu^l} \text{ ist ein Polynom vom Grad } \leq d \,\} \,,$$

bestehend aus (unstetigen) stückweisen Polynomen vom Grad kleiner oder gleich d. Auf den Teilsimplizes Σ_ν^l bezeichnen wir mit $\mathcal{P}_{\nu,d}$ den Raum aller Polynome vom Grad kleiner oder gleich d.

Zuerst betrachten wir den Referenzsimplex $\Sigma_0^0 = \Sigma$ und den Raum

$$\mathcal{P} = \{\, \sum_{|\mu| < d+1} c_\mu x^\mu : x \in \Sigma \,,\; |\mu| \leq d\}$$

aller Polynome vom Grad kleiner gleich d; die Indexmenge aller Multiindizes μ bezeichnen wir mit $\mathcal{I}_d = \{|\mu| \leq d\}$. In diesem Raum nehmen wir eine Orthonormalbasis

$$\{\phi_\mu \,,\quad \mu \in \mathcal{I}_d\},$$

bezüglich des Skalarproduktes

$$(u,v)_\Sigma := \int\limits_\Sigma u(x)\overline{v(x)}dx$$

her.

Nun führen wir die Indexmenge

$$\Delta_{l,d} = \{k = (\mu,\nu) : \mu \in \mathcal{I}_d \,,\; \nu = 0, \cdots, 2^{ln} - 1\} \,,$$

ein, und zu $\nu = 0, \cdots, 2^{ln} - 1$ bezeichnen wir mit

$$\kappa_\nu^l : \Sigma \to \Sigma_\nu^l$$

eine affine Transformation vom Referenzsimplex Σ auf das jeweilige Teilsimplex Σ_ν^l. Durch den Transport der Funktionen ϕ_μ

$$(\kappa_k^l)^* \phi_\mu(x) = \phi_\mu((\kappa_k^l)^{-1}x) =: 2^{-ln/2}\, \phi_k^l(x) \,,\; x \in \Sigma_\nu^l \,,\; k = (\mu,\nu) \,,$$

auf das jeweilige Teilsimplex Σ_ν^l erhält man eine Orthonormalbasis in $V_{l,d}$, indem man die Funktion außerhalb von Σ_ν^l einfach durch Null fortsetzt

$$\phi_k^l = \begin{cases} 2^{\frac{ln}{2}}(\kappa_\nu^l)^* \phi_\mu \,,\quad \text{in} \Sigma_\nu^l \,,\quad k = (\mu,\nu) \,, \\[2mm] 0 \qquad\qquad \text{anderenfalls} . \end{cases} \tag{5.4.1}$$

Die Gesamtheit der Funktionen ϕ_k^l, $k \in \Delta_{l,d}$, ergibt eine Orthonormalbasis bezüglich des Skalarproduktes $(u,v)_\Sigma = \int_\Sigma u(x)\overline{v(x)}dx$.

Offensichtlich bilden die Räume

$$V_{l,d} = \text{span } \{\phi_k^l : k \in \Delta_{l,d}\}$$

eine geschachtelte Familie

$$V_{0,d} \subset V_{1,d} \subset \cdots \subset V_{l,d} \subset V_{l+1,d} \subset \cdots ,$$

und für die Basen $\{\phi_k^l : k \in \Delta_{l,d}\}$ gibt es genau eine Verfeinerungsgleichung (5.2.6)

$$\phi_k^l = \sum_{q \in \Delta_{l+1}} m_{q,k}^l \phi_q^{l+1} ,$$

wobei die Koeffizienten der $\mathbf{M}_{l,0}$ durch

$$m_{q,k}^l = (\phi_k^l, \phi_q^{l+1})$$

gegeben sind.

Alle Funktionen, die in den obigen Summen auftreten, haben ihren Träger in dem Teilsimplex Σ_ν^l mit $k = (\mu, \nu)$. Konzentrieren wir uns auf ein Σ_ν^l, und betrachten wir den Raum $V_{l+1,d}|_{\Sigma_\nu^l}$. Dessen Dimension hängt offensichtlich lediglich von d und nicht von l ab. Es gilt nun $V_{l,d}|_{\Sigma_\nu^l} = \mathcal{P}_{\nu,d} \subset V_{l+1,d}|_{\Sigma_\nu^l}$, und wir zerlegen den Raum $V_{l+1,d}|_{\Sigma_\nu^l}$ in eine orthogonale Summe

$$V_{l+1,d}|_{\Sigma_\nu^l} = \mathcal{P}_{\nu,d} \oplus W_{l,d}|_{\Sigma_\nu^l} .$$

Wegen der Kongruenz der Simplices Σ_ν^l zu dem Referenzsimplex Σ genügt es diese Zerlegung im Raum $V_{1,d}(\Sigma)$ durchzuführen und dann auf Σ_ν^l zu transportieren.

Die orthogonale Zerlegung bewerkstelligen wir in mehreren Schritten.

1.) Als ersten Schritt betrachten wir den Raum $V_{1,0}$ bestehend aus stückweise konstanten Funktionen $\phi_\nu^{l,0}$ in den 2^n Simplices Σ_ν^1. Dieser Raum läßt sich relativ einfach in eine orthogonale Summe zerlegen

$$V_{1,0} = V_{0,0} \oplus W_{0,0} = \mathcal{P}_0 \oplus W_{0,0} .$$

Eine Basis $\{\check{\psi}_\nu^{0,0} : \nu = 1, \ldots, 2^n - 1\}$ von $W_{0,0}$ ist beispielsweise dadurch gegeben, daß man zu $\nu = 1, \ldots, 2^n - 1$ die stückweise konstanten Funktionen durch $\check{\psi}_0^{0,0} := 1$ auf Σ_0^1 und $\check{\psi}_\nu^{0,0} := -1$ auf Σ_ν^1 sowie $\check{\psi}_{\nu'}^{0,0} := 0$ sonst definiert. (Durch Orthonormalisieren

$$W_{0,0} = \bigoplus_{\nu=1}^{2^n} \operatorname{span} \psi_\nu^{(0,0)}$$

kann man aus dieser Basis auch eine Orthonormalbasis $\{\psi_\nu^{0,0}\}$ bekommen, dies ist die *Haarbasis* in $L_2(\Sigma)$.)

2.) Nun bilden wir zu $k = (\mu, \nu)$, $\mu \in \mathcal{I}_d$, $\nu = 1, \ldots, 2^n - 1$, d.h. $k \in \Delta_{1,d} \backslash \Delta_{0,d}$, die Funktionen $\check{\psi}_k$ durch

$$\check{\psi}_k(x) = \phi^0_{(0,\mu)}(x)\psi^{(0,0)}_\nu(x) \ , \quad x \in \Sigma \ , \ k = (\mu, \nu) \ .$$

Der Satz von Funktionen

$$\{\check{\psi}_k : \ k = (\mu, \nu) \ , \ \mu \in \mathcal{I}_d \ , \ \nu = 1, \ldots, 2^n - 1\} \cap \{\phi^0_{0,\mu} : \mu \in \mathcal{I}_d\}$$

besteht aus 2^n linear unabhängigen Funktionen und spannt aus Dimensionsgründen den ganzen Raum $V_{1,d}$ auf. Damit erhalten wir die Zerlegung

$$V_{1,d} = V_{0,d} + \check{W}_{0,d} := V_{0,d} + \text{span} \ \{\check{\psi}_k : \ k \in \Delta_{1,d} \backslash \Delta_{0,d}\}.$$

Im allgemeinen ist der Raum $\check{W}_{0,d}$ noch nicht orthogonal zu $V_{0,d}$.

3.) Mit Hilfe eines Orthogonalisierungsverfahrens kann man nun eine Orthonormalbasis in $V_{1,d}$ berechnen, deren erste untereinander orthogonale Basisvektoren die Funktionen ϕ^0_k, $k \in \Delta_{0,d}$, sind. Diese spannen alle Polynome bis zum Grad d auf, und die weiteren Funktionen ψ_k, $k \in \Delta_{0,d} \backslash \Delta_{1,d}$, werden alle jeweils orthogonal zueinander bezüglich des Skalarproduktes $(\cdot, \cdot)_\Sigma$.

4.) Die Funktionen ψ_k erfüllen alle die Momentenbedingung

$$\int\limits_\Sigma x^\alpha \psi_k(x)dx = 0 \ , \quad |\alpha| \leq d \ .$$

Man hat sogar die Möglichkeit, für einen Teil der Funktionen noch höhere Momente zum Verschwinden zu bringen [ALP].

Als nächstes benötigen wir eine linear unabhängige Basis im Raum $W_{l,d}|_{\Sigma^l_\nu}$. Diese kann man sich dann mit der Transformation $\kappa^l_\nu : \Sigma \to \Sigma^l_\nu$ durch Rückführung

$$\psi_{l,k}{}^*(x) = \begin{cases} 2^{\frac{(l-1)n}{2}}(\kappa^l_k)^* \psi_k(x) = 2^{\frac{(l-1)n}{2}}\psi_k((\kappa^l_k)^{-1}x) \ , & x \in \Sigma^l_\nu \\[2mm] 0 \ , & \text{anderenfalls} \ , \end{cases} \tag{5.4.2}$$

für $k \in \Delta_{1,d} \backslash \Delta_{0,d}$ verschaffen. Diese Funktionen $\psi_{l,k}{}^*$ sind offensichtlich orthogonal zu allen Funktionen in $V_{l,d}$.

Mit Hilfe dieser Funktionen definieren wir uns nun die Räume

$$S_l := \{v : \Gamma \to \mathbb{C} : v \mid_{\Gamma_m} = f \circ \kappa_m, \ f \in V_{l,d} \text{und } v \mid_{\Gamma \backslash \Gamma_m} = 0\}, \tag{5.4.3}$$

$$W_l := \{v : \Gamma \to \mathbb{C} : v \mid_{\Gamma_m} = f \circ \kappa_m, \ f \in W_{l,d} \text{und } v \mid_{\Gamma \backslash \Gamma_m} = 0\} \ . \tag{5.4.4}$$

Offensichtlich ist

$$S_l \simeq \prod_{m=0}^{m_\Gamma} (\kappa_m^*)^{-1} V_{l,d} \ . \tag{5.4.5}$$

und $\mathcal{S} = \{ S_l : l = 0 \ldots \}$ eine Folge ineinandergeschachtelter Funktionenräume, deren Vereinigung $\bigcup_{l=0}^{\infty} S_l$ dicht in $L^2(\Gamma)$ liegt. Eine Basis in S_l ist durch die Funktionen

$$\varphi_k^l = (\kappa_m^{-1})^* \phi_{k_m}^l = \phi_{k_m}^l \circ \kappa_m^{-1} \ , \quad k_m \in \Delta_{j,d} \ , \ m = 1, \cdots, m_\Gamma \ ,$$

gegeben, und entsprechend ist

$$\psi_k^l = (\kappa_m^{-1})^* \psi_{l,k_m}^* = \phi_{l,k_m}^* \circ \kappa_m^{-1} \ , \quad k_m \in \Delta_{j,d} \ , \ m = 1, \cdots, m_\Gamma \ .$$

Um die Orthogonalität auf Σ auf die Mannigfaltigkeit Γ zu übernehmen, führen wir ein inneres Produkt $(\cdot, \cdot)$ auf Γ ein, welches äquivalent zu dem in (2.0.2) definierten Skalarprodukt $\langle \cdot, \cdot \rangle$ in $L^2(\Gamma)$ ist. Dann induziert das innere Produkt

$$(u, v) = \sum_{m=0}^{m_\Gamma} \langle u, v \rangle_{\Gamma_m}, \tag{5.4.6}$$

mit

$$\langle u, v \rangle_{\Gamma_m} := \int_\Sigma \kappa_m^* u(x) \overline{\kappa_m^* v(x)} dx = (\kappa_m^* u, \kappa_m^* v)_\Sigma \ , \quad u, v \in L^2(\Gamma) \ , \tag{5.4.7}$$

eine zu $\| \cdot \|_{L^2(\Gamma)}$ äquivalente Norm in $L^2(\Gamma)$. Alle Orthogonalitäts- und Biorthogonalitätsbeziehungen lassen sich bezüglich dieses Skalarproduktes formulieren und von $V_{l,d}$ auf S_j übertragen. In diesem Abschnitt werden wir uns stets auf die Orthogonalität bzgl. des Skalarproduktes (5.4.6) beziehen.

Wir definieren nun den Raum W_l als das orthogonale Komplement bezüglich des inneren Produktes $(\cdot, \cdot)$ des Raumes S_l in S_{l+1}:

$$W_l := \{ \psi \in S_{l+1} \mid (\phi, \psi) = 0 \quad \text{für alle } \phi \in S_l \}.$$

In diesem Sinne gilt $S_{l+1} = S_l \oplus W_l$, und wir erhalten die Multiskalenzerlegung

$$S_l := W_{-1} \oplus W_0 \oplus \cdots \oplus W_{l-1} \ , \tag{5.4.8}$$

wobei wir aus Einheitlichkeitsgründen die Bezeichnung $W_{-1} := S_0$ verwendet haben. Jede Funktion $u_l \in S_l$ erlaubt nun eine eindeutige Zerlegung

$$u_j = w_{-1} + w_0 + \cdots + w_{j-1}, \qquad w_l \in W_l, \ l = -1, \ldots, j - 1. \tag{5.4.9}$$

Wir bezeichnen mit P_l die orthogonale Projektion im Sinne des Skalarproduktes (5.4.6)

$$P_l \colon L^2(\Gamma) \to S_l, \qquad ((v - P_l v), \phi) = 0 \quad \text{für alle } \phi \in S_l.$$

Mit der Konvention $P_{-1} = 0$ gilt dann allgemein $w_l = (P_l - P_{l-1}) u_j$ in (5.4.9).

Die Projektoren P_j lassen sich somit explizit durch die Orthonormalbasen darstellen,

$$u_j = P_j u = \sum_{k \in \Delta_j} (u, \phi_k^j) \, \phi_k^j, \tag{5.4.10}$$

und man erhält für die w_l in (5.4.9) die Darstellung

$$w_l = (P_{l+1} - P_l)u = \sum_{k \in \nabla_l} (u, \psi_k^l)\psi_k^l . \tag{5.4.11}$$

Aufgrund der Orthonormalität stimmen das ursprüngliche Basissystem $\{\varphi^j\}$ bzw. $\{\psi_j\}$ mit dem zugehörigen dualen oder biorthogonalen System $\{\tilde{\varphi}^j\}$ bzw. $\{\tilde{\psi}_j\}$ überein. Diese Basen haben folgende Eigenschaften.

Proposition 5.4.1 *Sei* $\gamma = \sup\{s \in \mathbb{R} : S_j \subset H^s(\Gamma) \text{ für alle } j \in \mathbb{N}_0\}$ *bzw.* $\gamma^* = \sup\{s \in \mathbb{R} : \tilde{S}_j \subset H^s(\Gamma) \text{ für alle } j \in \mathbb{N}_0\}$ *Die Funktionen* $u_j \in S_j$, $j \in \mathbb{N}$, *sind in Sobolevräumen* $H^s(\Gamma)$ *mit* $s < \frac{1}{2}$ *enthalten, d.h.* $\gamma = \gamma^* = \frac{1}{2}$. *Die Projektoren* $P_j : H^s(\Gamma) \to S_j$ *sind alle gleichmäßig beschränkt für* $|s| < \frac{1}{2}$. *Für jede Funktion* $f \in H^{d+1}(\Gamma)$ *gilt die Approximationseigenschaft*

$$\|f - P_j f\|_0 \leq c 2^{-j(d+1)} \|f\|_{d+1} , \tag{5.4.12}$$

das heißt, die Funktionenräume S_j *haben die Approximationsordnung* $d + 1$, *bzw. die Exaktheit (5.2.5)* d. *Die Funktionen in* $W_{l,d}$, $l \geq 0$, *haben verschwindende Momente der Ordnung* $d + 1$,

$$\int_\Sigma \overline{\kappa_m^* w_l(x)} x^\alpha dx = 0 \quad , \quad \text{für alle} \quad |\alpha| < d + 1 , \tag{5.4.13}$$

d.h. $d^* = d$.

    Es gilt für $t < \gamma = \gamma^* = \frac{1}{2}$, $s \leq t$, *und alle* $f_j \in S_j$ *die inverse Ungleichung*

$$\|f_j\|_t \leq c 2^{j(t-s)} \|f_j\|_s . \tag{5.4.14}$$

Proposition 5.4.2 *Die in diesem Kapitel definierten Basisfunktionen* φ_k^j , $k \in \Delta_j$ *erfüllen alle Anforderungen an eine Einskalenbasis (5.2.1), (5.2.2) und (5.2.3). Die von ihnen aufgespannten Funktionenräume* $S_i \in \mathcal{M}_{0,d}$ *erfüllen die Forderungen (5.2.4) und (5.2.5).*

Eine stabile Vervollständigung ist durch die Multiwaveletbasis gegeben.

Proposition 5.4.3 *Die Matrix* $\check{\mathbf{M}}_{j,0}$ *der Verfeinerungsmaske zu* (φ^j) *ist nun gegeben durch*

$$\begin{aligned}
\varphi_k^j &= \sum_{q \in \Delta_{j+1}} \check{m}_{q,k}^j \varphi_q^{j+1} \\
&= \sum_{q \in \Delta_{j+1}} (\varphi_k^j, \varphi_q^{j+1})\varphi_q^{j+1} , \quad k \in \Delta_j .
\end{aligned}$$

In diesem Fall ist eine stabile Vervollständigung durch die orthogonale Multiwaveletbasis bekannt, es gilt für $k \in \nabla_j$

$$\check{m}_{q,k}^j = (\psi_k^j, \varphi_q^j) \quad , \quad q \in \Delta_{j+1} . \tag{5.4.15}$$

Beispiele: Beispiele für solche Multiwavelets in $\mathbb{R}^1$ wurden in [ALP, AL] konstruiert. Wir wollen hier eine Konstruktion auf Dreiecken vorstellen, die in [PSS] verwendet wurde. Wir zerlegen den Parameterbereich $\Sigma \subset \mathbb{R}^2$ in 4^l kongruente Teildreiecke $\{\Sigma_\nu^l\}$ durch sukzessives Halbieren der Dreieckskanten. Auf dem Parameterbereich definieren wir die Funktionenräume

$$V_{l,1} \;=\; \{\, u \in L^2(\Gamma) \mid \left(u|_{\Gamma_m} \circ \kappa_m \right)\big|_{\Sigma_\nu^l} = a_{m,k} + b_{m,k}x_1 + c_{m,k}x_2 \,, $$

$$a_{m,k}, b_{m,k}, c_{m,k} \in \mathbb{R} \,, \quad m = 1,\ldots,m_\Gamma \,, \quad k = 1,\ldots,4^l \,\}.$$

stückweise linearer, im allgemeinen unstetiger Funktionen. Die Dimension des Raumes $V_{l,1}$ ist $N_l = 3m_\Gamma 4^l$. Eine orthonormale Basis der linearen Funktionen auf dem Dreieck Σ ist durch lineare Funktionen ϕ_1 mit den Knotenwerten $c, -c, -c$, und ϕ_2 mit Knotenwerten $-c, c, -c$ und ϕ_3 mit Werten $-c, -c, c$ in den Eckpunkten gegeben, wobei $c = \sqrt{\frac{3}{2}}$ ist. Wir verwenden hier die folgende Multiindexschreibweise $I = (m, l, \mu, \nu)$, $1 \leq j \leq N_0$, $l \in \mathbb{N}_0$, $1 \leq k \leq 4^l$, $1 \leq \nu \leq 3$. Um eine orthonormale Basis für W_l auf Γ darzustellen, betrachten wir das Referenzdreieck Σ mit seinen kongruenten Teildreiecken Σ_ν^1. Wir nehmen den Raum $V_{1,0}$ bestehend aus allen stückweise linearen, nicht notwendigerweise stetigen Funktionen auf den 4 Dreiecken Σ_ν^1, $\nu = 1,\ldots,4$. Diesen Raum zerlegen wir $V_{1,0} = V_{0,0} \oplus W_{0,0}$, wodurch $W_{0,0}$ aus all jenen Funktionen in $V_{1,0}$ besteht, welche orthogonal zu den linearen Funktionen auf dem Dreieck Σ sind. Eine Basis von $W_{0,1}$ setzt sich aus neun Basisfunktionen $\psi_1,\ldots,\psi_9$ zusammen. Wir gewinnen diese Funktionen aus der Basis des Raumes $V_{1,1}$, diese besteht aus jeweils 3 Basisfunktionen $\phi_{\nu,0}^1, \phi_{\nu,0}^2, \phi_{\nu,2}^1$, zu jedem der 4 Teildreiecke Σ_ν^1, $\nu = 0,\cdots,3$. Dies sind also insgesamt 12 Funktionen. Aufgrund der Orthogonalität zu $V_{0,0}$ haben wir 3 Nebenbedingungen für $\mu = 0,1,2$ zu berücksichtigen

$$(\phi_\mu, \psi_i) = 0 \,, \quad i = 1,\cdots,6 \,,$$

wobei $\phi_\mu^0, \mu = 0,1,2$, eine (orthogonale) Basis aller linearer Funktionen auf dem Dreieck Σ ist. Diese Zerlegung ist, wie sich aus einfachen Dimensionsbetrachtungen ergibt, nicht eindeutig. Es ist sogar möglich, für 3 dieser Basisfunktionen auch alle quadratischen Momente zum Verschwinden zu bringen, worauf wir an dieser Stelle allerdings verzichten wollen.

Eine Beispiel einer solchen orthogonalen Basis ist bis auf Normierung folgendermaßen gegeben. Die Funktion ψ_1 besitzt in den Knotenpunkten der Teildreiecke die Werte, die in der linken Figur 5.1 in jedem Teildreieck in der jeweiligen Ecke eingetragen sind, womit die linearen Funktionen festgelegt sind. Die weiteren Funktionen $\psi_2,\ldots,\psi_6$ erhält man aus ψ_1 durch die möglichen Symmetrieoperationen wie Drehungen und Spiegelungen, also den affinen Abbildungen von Σ auf sich. Die Funktionswerte der Funktion ψ_7 an den jeweiligen Eckpunkten sind in der rechten Figur 5.1 eingetragen. Die Funktionen ψ_8 und ψ_9 erhält man von ψ_7 mit affinen Abbildungen von Σ auf sich.

Das Konzept der Multiwavelets läßt sich auf selbstähnliche Referenzgebiete $\Sigma \subset \mathbb{R}^n$, sogenannte *Tilings*, übertragen [AL, MX]) und liefert wegen der entsprechenden Orthogonalität stets eine Riesz-Basis für $L_2(\Sigma)$.

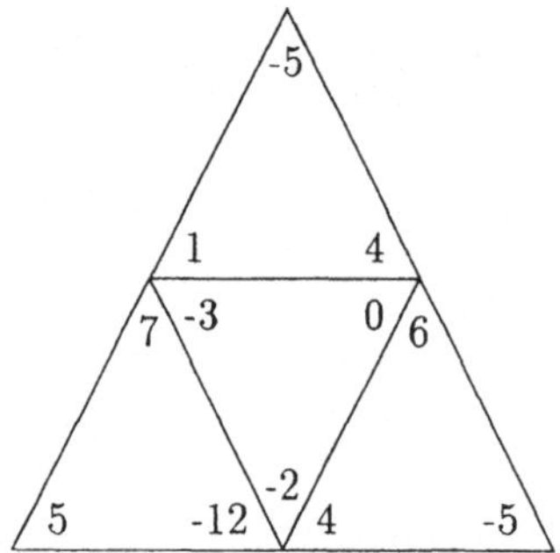
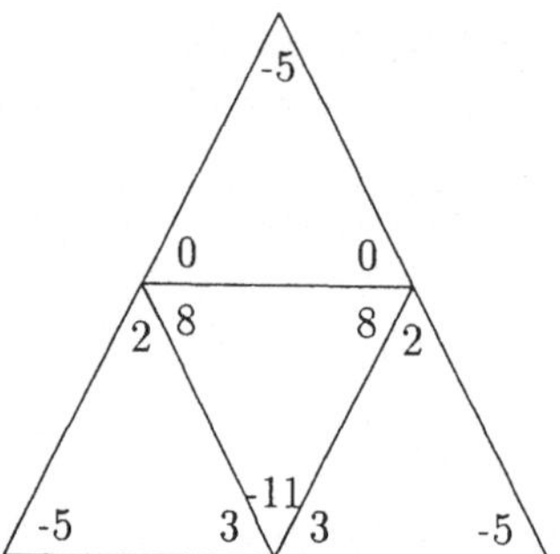

Abbildung 5.1: Knotenwerte der Funktionen $\psi_1/\sqrt{24}$ und $\psi_7/\sqrt{24}$

Bemerkung 5.4.1 Die hier konstruierten Multiwavelets besitzen den Vorteil, daß sie ohne Probleme an die Geometrie, wie z.B. stückweise glatte Oberflächen Γ, angepaßt werden können. Es ergeben sich überhaupt keine Probleme an den Ecken und Kanten, und daher lassen sie sich relativ einfach implementieren. Zwei der 3 Basisfunktionen $\phi_\mu^{0,0}$ lassen sich so wählen, daß das erste Moment verschwindet $\int_\Sigma \phi_\mu^{0,0}(x)dx = 0$. Ein weiterer Vorteil von Multiwavelets ist, daß diese Wavelets praktisch *minimalen Träger* besitzen. Wegen der Orthonormalität ist die durch den Pyramidenalgorithmus definierte diskrete Wavelettransformation $\mathbf{T}_j$ sogar unitär. Nachteilig an diesen Multiwavelets ist ihre geringe Regularität, wodurch sich zum einen die Anwendbarkeit im wesentlichen auf Operatoren nichtpositiver Ordnung beschränkt und die Möglichkeiten der Vorkonditionierung der Gleichungen erster Art etwas eingeschränkt werden, die Konditionszahlen wachsen höchstens logarithmisch. Sehr nachteilig ist, wie wir in den späteren Kapiteln erkennen können, außerdem die Tatsache, daß die Ordnung der verschwindenden Momente mit der Approximationsordnung übereinstimmt. Eine weitere praktische Schwäche liegt darin, daß man sehr viele Freiheitsgrade, bzw. Basisfunktionen, für eine feste Approximationsordnung benötigt. In dem stückweise linearen Beispiel sind es etwa 6-mal soviele Freiheitsgrade wie für C^0 lineare Elemente. Möglicherweise wirkt sich dieser Mehraufwand in einer etwas besseren Genauigkeit aus. Theoretisch können wir das hier nicht entscheiden, da bei den asymptotischen Konvergenzaussagen die Kontrolle der jeweiligen Konstanten verloren geht.

Bemerkung 5.4.2 Der Begriff *Multiwavelet* bezieht sich darauf, daß im stationären Fall eine Multiresolutionsanalyse vorliegt, die nicht nur von einer einzigen Skalierungsfunktion, sondern von mehreren erzeugt wird.

Eine weitere Familie S auf Γ erhält man durch eine Multiresolutionsanalysis

$$\{\cdots \subset V_{j,d} \subset V_{j+1,d} \subset \cdots\}$$

auf einem anderen Parameterbereich Σ. Speziell für $\Sigma = [0,1]^n$ kann man Tensorprodukte orthogonaler oder biorthogonaler Wavelets für ein Intervall $[0,1]$ (siehe z.B.

[CQ, CDV, ANJ]) verwenden. Innerhalb von Σ erhält man damit Wavelets beliebig hoher Regularität. Global haben diese Wavelets allerdings keine Stetigkeit mehr, wir würden sie zu $\mathcal{M}_0$ rechnen. Die Approximationsordnung wird dabei lediglich durch das Verhalten im Inneren von $\kappa_m^{-1}\Sigma \subset \Gamma_m$ bestimmt.

5.4.2 Multiskalenräume stetiger Funktionen

Sobald wir von den Funktionen in S_j eine höhere *globale* Regularität auf Γ verlangen, müssen wir einen etwas anderen Zugang entwickeln, da die Parametrisierungen jetzt untereinander angepaßt werden müssen. Ausgehend von n-dimensionalen Würfeln wurde bereits in [CHI] zum Zwecke theoretischer Untersuchungen eine auf Tensorprodukt-Splines beruhende Konstruktion vorgeschlagen, die zu biorthogonalen Multiskalenbasen führt.

Wir wollen hier einen anderen Weg einschlagen, der sich an der Konstruktion Lagrangescher Finiter Elemente [CIA] orientiert. Ein wesentlicher Vorteil liegt darin, daß dieser Weg auch für Triangulierungen geeignet ist. Wir geben uns hier mit Stetigkeit der Funktionen in S_j zufrieden, wie dies aus praktischen Erfordernissen im Bereich der Finiten Elemte weitgehend üblich ist und für Operatoren bis zur Ordnung 2 für das Galerkin-Verfahren ausreicht. Im Rahmen der Randelementmethoden benötigt man stetige Funktionen zum Beispiel zur Diskretisierung des hypersingulären Operators. Bekanntlich sind Funktionen mit höherer Regularität auf unstrukturierten Gittern praktisch relativ aufwendig zu realisieren [DOS] und werden daher bislang zumeist vermieden. Die Gesamtheit aller Multiresolutionsräume, welche aus stetigen Funktionen bestehen, wollen wir mit $\mathcal{M}_1$, bzw. wenn wir noch die Approximationsordnung z.B. $d+1$ spezifizieren, wollen wir sie mit $\mathcal{M}_{1,d}$ bezeichnen.

Um die Räume S_j in der Form von isoparametrischen Finiten Elementen zu definieren und dabei Stetigkeit zu gewährleisten, wählen wir für Γ_m, $m = 1,\ldots,m_\Gamma$, die Parametrisierung $\kappa_m^{-1} : \overline{\Sigma} \to \Gamma_m$ geeignet . Diese Parametrisierung wird so gewählt werden, daß

$$\kappa_{m'}^{-1} \circ \kappa_m|_{\overline{\Gamma_m}\cap\overline{\Gamma_{m'}}} = I \tag{5.4.16}$$

gilt, d.h. entlang der Verbindung zweier verschiedener Parameterbereiche $\overline{\Gamma_m} \cap \overline{\Gamma_{m'}}$ müssen die Parametrisierungen übereinstimmen. Dies ist im allgemeinen für Lipschitzmannigfaltigkeiten und insbesondere für glatte Mannigfaltigkeiten möglich.

Zuerst definieren wir wieder in dem Parameterbereich $\overline{\Sigma}$ die Räume $V_{j,d}$ als Räume *Lagrangescher Finiter (C^0-) Elemente* gemäß [CIA]. Diese Funktionen sind jeweils Polynome vom Grade kleiner oder gleich d in den einzelnen Simplices Σ_ν^j, $\nu = 0,\ldots,2^{jn}-1$, und stetig auf $\overline{\Sigma}$. Mittels Rückführung durch die Abbildungen κ_m lassen sich damit die Funktionen auf Γ festlegen, wobei wir die Forderung globaler Stetigkeit berücksichtigen müssen. Die resultierenden Funktionenräume S_j sind demzufolge isomorph zu einem Teilraum von

$$\prod_{m=0}^{m_\Gamma} (\kappa_m^*)^{-1} V_j(\Sigma) .$$

Üblicherweise wählt man hierfür den maximalen Teilraum, bestehend aus Funktionen, welche die erforderliche globale Regularität besitzen.

Zu der Indexmenge Δ_j, $j \in \mathbb{N}_0$, definieren wir uns eine Menge von Knotenpunkten

$$\Box_j := \{x_k^j \in \Gamma : k \in \Delta_j\} \,,$$

damit $\dim S_j = \#\Box_j = N_j$ gilt. Unter *Lagrangeschen Finiten Elementen* verstehen wir in diesem Zusammenhang, daß jede Funktion $u_j \in S_j$ *durch die Festlegung ihrer Funktionswerte in den Knotenpunkten*

$$u_j(x_k) \quad \textit{für alle} \quad x_k \in \Box_j$$

eindeutig definiert ist. Dabei ergibt sich $(\kappa_m^* u_j)(x)$ für $x \in \underline{\Sigma}_\nu^j \subset \mathbb{R}^n$ durch Lagrange-Interpolation zwischen den Stützstellen $\kappa_m(x_k^j) \in \kappa_m(\Box_j) \cap \overline{\Sigma_\nu^j}$ mittels der Polynome in $V_j(\Sigma)|_{\underline{\Sigma}_\nu^j}$. Um unser Multiskalenkonzept zu erhalten, verlangen wir zusätzlich, daß die *Menge der Interpolationsknotenpunkte ebenfalls geschachtelt* ist

$$\Box_j \subset \Box_{j+1} \quad \text{für} \quad j \in \mathbb{N}_0.$$

Mit $\tau_\nu^j := \kappa_m^{-1}\overline{\Sigma_\nu^j} \subset \Gamma$ bezeichnen wir das Urbild des Simplexes Σ_ν^j unter κ_m. Es ist ganz hilfreich, sich zu jedem Element τ_ν^j eine Interpolationsbasis aus Funktionen $\phi_{k,\nu}^j := \varphi_k^j|_{\tau_\nu^j}$ herzunehmen, d.h. $\phi_{k,\nu}^j(y_{k'}^j) = \delta_{k,k'}$ für $y_{k'} \in \kappa_m(\Box_j \cap \tau_\nu^j) = \kappa_m(\Box_j) \cap \Sigma_\nu^j$ und $x_k^j \in \Box_j \cap \tau_\nu^j$, wobei $\kappa_m^* \phi_{k,\nu}^j$ in Σ_μ^j ein Polynom ist.

Diese einzelnen Funktionen $\phi_{k,\nu}^j = \varphi_k^j|_{\tau_\nu^j}$, die zu verschiedenen Elementen τ_ν^j gehören, müssen nun zu einer gemeinsamen stetigen Funktion zusammengesetzt werden, die dann eine globale nodale Basis (Interpolationsbasis) auf Γ bildet. Dies bereitet auf Mannigfaltigkeiten infolge der Bedingung (5.4.16) nicht mehr Schwierigkeiten als bei der Definition entsprechender Finiter Elemente auf unstrukturierten Gittern im euklidischen Raum. Die Gesamtheit all dieser Funktionen definiert die Klasse

$$\mathcal{M}_{1,d} \subset \mathcal{M}_{0,d} \cap C^0(\Delta) \,.$$

Beispiel: Wir wollen an dieser Stelle ein Beispiel anführen, das vielfach gebräuchlich ist und in dem die obige Konstruktion problemlos durchführbar ist. Auf dem Referenzsimplex Σ nehmen wir $V_{j,1}$ als Raum der stetigen, stückweise linearen Funktionen. $\Box_j$ besteht aus den Knotenpunkten der Triangulierung. Dann führt die obige Konstruktion zur *nodalen Basis*. Beschränken wir uns einfachheitshalber auf $n = 2$ [DPS4], dann ist $\kappa_m \varphi_k^j|_\Sigma$ die bekannte *Courantsche Hut Funktion* eine *nodale Basis*.

Da die Funktionen φ_k^j durch die Interpolationsvorschrift (5.4.18) gegeben sind, lassen sich die zugehörigen transportierten Funktionen durch ihre Knotenwerte und entsprechende lineare Interpolation in den jeweiligen Parameterbereichen definieren. Man erhält damit stetige Funktionen auf Γ, wenn, wie wir in diesem Abschnitt zugrundelegen, die Parametrisierung entlang der Verbindungslinie gleich gewählt wird, und somit stetig aneinander angepaßt wird,

$$\kappa_m(\xi) = \kappa_{m'}(\xi), \quad \xi \in \overline{\Gamma}_m \cap \overline{\Gamma}_{m'}.$$

Hierbei definieren die κ_m sogenannte *parametrische Oberflächen*, für die man in der Literatur des *Computer Aided Geometric Design* eine Menge konkreter Realisierungen und Beispiele findet.

Es ist nun offensichtlich, daß

$$\varphi_{k'}^{j}(x_k^j) = \delta_{k,k'} \quad \text{für alle} \quad k,k' \in \Delta_j \ , \ x_k^j \in \square_j$$

gilt und damit die Funktionen φ_k^j in den Knotenpunkten $x_{k'}^j \in \square_j$ die gleichen Werte annehmen und somit auf Σ global stetig sind. Diese Konstruktion können wir nun ohne Probleme global auf ganz Γ ausdehnen, weil wir Punkte auf $\Gamma_m \cap \Gamma_{m'}$ im Parameterbereich entlang $\partial \Sigma$ identifizieren. Hieraus folgt die globale Stetigkeit der Basisfunktionen φ_k^j, $k \in \Delta_j$, auf der gesamten Mannigfaltigkeit Γ.

Von wesentlicher Bedeutung ist nun die Tatsache, daß die Dirac-Funktionale δ_k^j, $k \in \Delta_j$, definiert durch

$$\delta_k^j f = 2^{-jn/2} f(x_k^j) \ , \ x_k^j \in \square_j \ , \ \text{d.h.} \quad k \in \Delta_j \ , \tag{5.4.17}$$

ein duales System im Sinne der Biorthogonalität

$$\delta_k^j(\varphi_{k'}^j) = \delta_{k,k'} \ , \quad k,k' \in \Delta_j \ , \tag{5.4.18}$$

bilden. Dieser Beziehung liegt die Normierung

$$\|\varphi_k^j(x)\|_{L_\infty(\Gamma)} = \sup_{x \in \Gamma} |\varphi_k^j(x)| = 2^{jn/2}$$

zugrunde. Es gilt nämlich $\int_{\tau_\nu^j} ds_x \sim 2^{-jn}$ und $\|\varphi_k^j\|_{L_2(\Gamma)} \sim 1$. Damit liegt auch in diesem Fall bereits eine stabile Vervollständigung vor, und wir können die Proposition 5.2.2 und Theorem 5.2.1 anwenden.

Proposition 5.4.4 *Die Matrix $\check{M}_{j,0}$ enthält die Verfeinerungsmaske zu (φ^j). Diese ist nun gegeben durch*

$$\begin{aligned}
\varphi_k^j &= \sum_{q \in \Delta_{j+1}} \check{m}_{q,k}^j \varphi_q^{j+1} \\
&= \sum_{x_q^j \in \square_{j+1}} 2^{-n/2} \varphi_k^j(x_q^j) \varphi_q^{j+1} \ .
\end{aligned}$$

In diesem Fall ist auch schon eine stabile Vervollständigung durch die Biorthogonalität zu den Dirac-Funktionalen bekannt. Es gilt für $k \in \nabla_j$

$$\check{m}_{q,k}^j = \begin{cases} 2^{-n/2} & \textit{falls} \ \ x_q^{j+1} = x_k^j \\ 0 & \textit{anderenfalls} \ . \end{cases} \tag{5.4.19}$$

Die aus dieser stabilen Vervollständigung resultierende Multiskalenbasis ist gegeben durch

$$\{\check{\psi}_k^l = \varphi_k^l \ : \ k \in \nabla_l \ , \ l = -1, \cdots, j-1\} \ . \tag{5.4.20}$$

Wir bemerken, daß diese Basis die im Bereich der Finiten Elemente bekannte hierarchische Basis ist [ZB, Y].

Die Dirac-Funktionale genügen aufgrund der Konstruktion auch einer Verfeinerungsbeziehung,

$$\delta_k^j = \sum_{q \in \Delta_{j+1}} \breve{g}_{q,k}^j \delta_q^{j+1} \; , \tag{5.4.21}$$

mit

$$\breve{g}_{q,k}^j = \begin{cases} 2^{n/2} & \text{\it falls}\ \ x_q^{j+1} = x_k^j \\[2mm] 0 & \text{\it anderenfalls} \end{cases} . \tag{5.4.22}$$

Dies ist die aus den Multigridmethoden [HAM] bekannte triviale Injektion.

Bemerkung 5.4.3 Die Tatsache, daß die hierarchische Basis biorthogonal zu Dirac-Funktionalen steht, also nicht aus regulären Funktionen besteht, legt Schwächen der obigen hierarchischen Basis offen. Wir sehen auch, daß die Integrale über die hierarchischen Basisfunktionen $\int \kappa_m^* \varphi_k^j(x) dx \neq 0$ nicht verschwinden. Für unsere Zwecke ist die hierarchische Basis, wie wir sehen werden, ungeeignet. Mit Hilfe der Propositionen 5.2.2 bzw. des Theorems 5.2.1 kann man allerdings diese Basis als Ausgangspunkt zur Konstruktion besser geeigneter Multiskalenbasen verwenden.

Falls $V_{j,d}|_{\Sigma_\nu^j}$ für ν die Polynome bis zum Grad d alle enthält, so gilt dies auch für $V_{j,d}$. Aus diesem Grund sind die Funktionen $S_j \subset \mathcal{M}_{1,d}$ alle exakt bis zur Ordnung d gemäß (5.2.5).

Proposition 5.4.5 *Die in diesem Kapitel definierten Basisfunktionen φ_k^j , $k \in \Delta_j$, erfüllen alle Anforderungen an eine Einskalenbasis (5.2.1), (5.2.2) und (5.2.3). Die von ihnen aufgespannten Funktionenräume $S_i \in \mathcal{M}_{1,d}$ erfüllen die Forderungen (5.2.4) und (5.2.5).*

Mit dem bekannten Bramble-Hilbert-Argument [CIA] folgt für den Interpolationsprojektor Π_j definiert durch

$$\Pi_j f = \sum_{x_k^j \in \square_j} 2^{-n/2} f(x_k^j) \varphi_k^j \tag{5.4.23}$$

mit der nodalen Basis φ_k^j die bekannte Approximationseigenschaft. Die Aussagen der folgenden Propositionen sind alle wohlbekannt [CIA].

Proposition 5.4.6 *Die Funktionen $u_j \in S_j$, $j \in \mathbb{N}$, sind alle in den Sobolevräumen $H^s(\Gamma)$ mit $s < \frac{3}{2}$ enthalten, d.h. $\gamma = \frac{3}{2}$. Für jede Funktion $f \in H^{d+1}(\Gamma)$ gilt die Approximationseigenschaft*

$$\|f - \Pi_j f\|_0 \leq c 2^{-j(d+1)} \|f\|_{d+1} \; , \tag{5.4.24}$$

das heißt, die Funktionenräume S_j haben die Approximationsordnung $d + 1$.
Es gilt für $t < \gamma = \frac{3}{2}$, $s \le t$, für alle $f_j \in S_j$ die inverse Ungleichung

$$\|f_j\|_t \le c2^{j(t-s)}\|f_j\|_s \; . \tag{5.4.25}$$

Bemerkung 5.4.4 Wie wir gesehen haben, resultiert $\{\check{\psi}_j\}$ auf einer stabilen Vervollständigung. Es ist nicht schwer einzusehen, daß die zur hierarchischen Basis zugehörige Multiskalentransformation **nicht** gleichmäßig stabil bzgl. $j \in \mathbb{N}_0$ im Sinne von (5.1.28) ist, die Kondition wächst in der Tat wie $\mathcal{O}(j^{n/2}j)$. Die durch die Basen $\{\check{\psi}_j\}$ induzierte Zerlegung des Raumes S_j ist auf jedem festen Level stabil, und somit auch in jedem Schritt des Pyramidenalgorithmus zwar stabil, aber liefert keine globale Riesz-Basis in $L^2(\Gamma)$.

5.5 Momentenbedingung

Die folgende Eigenschaft, die wir als *Momentenbedingung* (*moment condition*) bezeichnen, wird später bei der Matrixkompression eine zentrale Rolle spielen. Es existiert eine geeignete lokale Karte Γ_m, κ_m, so daß die folgenden Integrale

$$\int_{\tilde{\Sigma}} x^\alpha \kappa_m^* \psi_k^j(x)\,dx = 0, \quad k \in \nabla_j,\ |\alpha| \le d^*,\ \Sigma \subset\subset \tilde{\Sigma}, \tag{5.5.1}$$

alle verschwinden. Wir werden diese Eigenschaft deshalb in dieser Arbeit für alle ψ_k^l, $l \ge 0$, $k \in \Delta_l$, fordern und zugrundelegen, möchten dennoch betonen, daß man eine solche Forderung etwas abschwächen kann, ohne die wesentlichen Eigenschaften zu verlieren: es müssen nicht alle ψ_k^l die Momentenbedingung erfüllen, es müssen dies bloß hinreichend viele tun.

Die Zahl der verschwindenden Momente d^* ist eine wichtige Größe, die die Qualität der Matrixkompression dominiert. Diese Ordnung d^* steht zudem in engem Zusammenhang mit der Exaktheit der biorthogonalen Funktionen und bestimmt deren Approximationseigenschaft. Unser Ziel ist es, ein Konstruktionsprinzip zur Hand haben, mit dem wir uns eine Multiskalenbasis mit vorgegebener Ordnung d^* erzeugen können. Die stabile Vervollständigung, bzw. Proposition 5.2.2, vorausgesetzt es existiert bereits eine, ermöglicht nun die Konstruktion solcher Multiskalen-Basen ψ_k^j, bei der wir die Zahl der verschwindenden Momente geeignet erhöhen können. Angenommen wir haben bereits eine hinreichend reguläre Multiresolutionsfamilie $\mathcal{S} = \{\cdots \subset S_j \subset S_{j+1} \subset \cdots\}$ auf Γ und für jedes $j \in \mathbb{N}$ eine stabile Vervollständigung $\check{M}_{j,1}$ der Verfeinerungsmatrizen $M_{j,0}$ zusammen mit den zugehörigen komplementierenden Basen $\{\check\psi^j\}$. Dies ist, wie wir bereits in Proposition 5.4.3 und 5.4.4 bemerkt haben, für die Funktionen in $\mathcal{M}_0$ und $\mathcal{M}_1$ aus den beiden vorangegangenen Abschnitten der Fall. Wir wissen außerdem, daß unter der Voraussetzung $\operatorname{supp} \check\psi_k^j \cap \Gamma_m \ne 0$ der Träger ganz in $\tilde{\Gamma}_m$ liegt,

$$\operatorname{supp} \check\psi_k^j \subset \tilde{\Gamma}_m\ .$$

Zu $k \in \nabla_j$ wählen wir uns ein $x_0 \in \mathbb{R}$, beipielsweise $x_0 = 0$ oder ein $x_0 \in \operatorname{supp} \kappa_m^* \check\psi_k^j$, und wir definieren uns eine Momentenmatrix $\mathbf{Z}_{j,d^*} = (\mu_{k,\alpha}^j)$ durch

$$\mu_{k,\alpha}^j := \int_{\mathbb{R}^n} (x - x_0)^\alpha \overline{\kappa_m^* \varphi_k^j(x)}\,dx, \quad k \in \nabla_j,\ |\alpha| \le d^*,$$

wobei die Funktionen $\kappa_m^* \varphi_k^j$ die Verfeinerungsbeziehung (5.2.6) bezüglich $M_{j,0}$ erfüllen. Vorausgesetzt, wir kennen eine konkrete stabile Vervollständigung $\check{M}_{j,1}$ von $M_{j,0}$, so wenden wir Proposition 5.2.2 und Theorem 5.2.1 an, um eine weitere stabile Vervollständigung $M_{j,1}$ der Matrix $M_{j,0}$ zu finden. Wir verwenden nun die Beziehung (5.2.47), wobei wir speziell

$$\mathbf{K} := \mathbf{I} = \mathbf{K}^{-1}$$

wählen und erhalten so aufgrund von Gleichung (5.2.6) eine neue stabile Vervollständigung. Die komplementären Basisfunktionen haben dann die Form [DPS6]

$$\psi_k^j = \sum_{q \in \Delta_j} L_{q,k} \varphi_q^j + \breve{\psi}_k^j, \quad k \in \nabla_j, \tag{5.5.2}$$

und, da wir uns auf eine einzelne lokale Karte konzentrieren, gilt

$$\kappa_m^* \psi_k^j = \sum_{q \in \Delta_j} L_{q,k} \kappa_m^* \varphi_q^j + \kappa_m^* \breve{\psi}_k^j, \quad k \in \nabla_j . \tag{5.5.3}$$

Hieraus ersehen wir, daß jede der neuen Basisfunktionen eine Linearkombination der $\breve{\psi}_k^j$ und der Einskalenbasen auf dem grobem Gitter φ_k^j ist. Wegen der Verfeinerungsbeziehung (5.2.6) ist die Momentenbedingung (5.5.1) äquivalent zur Matrizengleichung

$$\mathbf{L}^* \mathbf{Z}_{j,d^*} + \breve{\mathbf{M}}_{j,1}^* \mathbf{Z}_{j+1,d^*} = 0 , \tag{5.5.4}$$

Nun besteht zu vorgebenem d^* die Aufgabe darin, hinreichend dünn besetzte Matrizen $\mathbf{L}$ zu finden, welche der Gleichung (5.5.4) genügen. Das heißt, wir suchen Koeffizienten $L_{q,k}$ als Lösung der Gleichung [DPS6]

$$\mathbf{L}^* \mathbf{Z}_{j,d^*} = -\breve{\mathbf{M}}_{j,1}^* \mathbf{Z}_{j+1,d^*}, \quad |\alpha| \le d^* . \tag{5.5.5}$$

Dieses Problem ist in dieser Form zu komplex. Wir wählen uns eine wesentlich kleinere Indexmenge $I_k \subset \Delta_j$, $\#I_k \ge d^* + 1$, bestehend aus solchen Indizes $q \in \Delta_j$, für die die Funktionen φ_q^j in einer Umgebung des Trägers von $\breve{\psi}_k^j$ lokalisiert sind und supp $\varphi_q^j \subset \tilde{\Gamma}_m$ ist. Anstatt die Matrixgleichung (5.5.4) zu lösen, ersetzen wir (5.5.3) durch

$$\kappa_m^* \psi_k^j = \sum_{q \in I_k} L_{q,k} \kappa_m^* \varphi_q^j + \kappa_m^* \breve{\psi}_k^j, \quad k \in \nabla_j . \tag{5.5.6}$$

Damit erhalten wir für festes $k \in \nabla_j$ ein $(d^*+1) \times \#I_k$-Gleichungsystem für die gesuchten Koeffizienten $L_{q,k}$

$$\sum_{q \in I_k} \mu_{q,\alpha}^j \overline{L_{q,k}} = - \sum_{q \in \Delta_{j+1}} \overline{\breve{m}_{q,k}^j} \mu_{q,\alpha}^{j+1} , \tag{5.5.7}$$

bzw.

$$\sum_{q \in I_k} \int_{\mathbb{R}^n} (x - x_0)^\alpha \overline{\kappa_m^* \varphi_q^j(x)} dx \overline{L_{q,k}} = - \int_{\mathbb{R}^n} (x - x_0)^\alpha \overline{\kappa_m^* \breve{\psi}_k^j(x)} dx , \quad |\alpha| \le d^* . \tag{5.5.8}$$

Dieses System ist lösbar, falls der Rang der Matrix $(\mu_{q,\alpha}^j)$ gleich d^*+1 ist. Dies wollen wir an dieser Stelle annehmen. Da die Indexmenge der k frei wählbar bleibt, hat man entsprechend große Freiheiten, um dies zu erreichen. Falls die Matrix $(\mu_{q,\alpha}^j)$ quadratisch ist, d.h. $\#I_k = d^* + 1$, setzt das ihre Invertierbarkeit voraus, und in diesem Fall ist

$$\overline{L_{q,k}} = -(\mu_{q,\alpha}^j)^{-1} \sum_{q \in \Delta_{j+1}} \overline{\breve{m}_{q,k}^j} \mu_{q,\alpha}^{j+1} = -(\mu_{q,\alpha}^j)^{-1} \int_{\mathbb{R}^n} (x - x_0)^\alpha \overline{\kappa_m^* \breve{\psi}_k^j(x)} dx .$$

Man beachte, daß die Lösbarkeit nicht von $x_0 \in \mathbb{R}$ abhängen kann. Wir äußern die Vermutung, daß, falls $\#I_k = d^* + 1$ ist, die quadratische Matrix $(\mu_{q,\alpha}^j)$ nichtsingulär ist. Im stationären Fall, d.h. wenn θ_k^j von der Form $\theta(2^j \cdot -k)$ ist, besteht $\mu_{q,\alpha}^j$, $q \in I_k$, $|\alpha'| \leq d^*$, gerade aus Werten von Polynomen an Knotenpunkten, und somit sind die Spalten von $\mathbf{L}^*$ durch die Lösung von (5.5.7) gegeben und enthalten höchstens $\#I_k = d^*$ von Null verschiedene Einträge.

Diese Matrix führt vermittels (5.5.3) zu komplementären Basen ψ_k^j, welche der Momentenbedingung (5.5.1) genügen.

Bemerkung 5.5.1 Aufgrund unserer Konstruktion und Proposition 5.2.1 ist nun die inverse Dreicksungleichung (5.2.22), (5.2.23) und die verschärfte Cauchy-Ungleichung (5.2.17) für die Räume S_l und $W_l = \mathrm{span}\,\{\psi_k^l : k \in \nabla_l\}$, $l = -1, \ldots, j$, erfüllt. Da wir beim gesamten Pyramidenalgorithmus die Zerlegung rekursiv j—mal vornehmen, ist jedoch noch nicht klar, ob die durch die neue stabile Vervollständigung definierte Basis $\{\psi_j\}$ gleichmäßig stabil ist, d.h., daß die zugehörige Transformation T_j im Sinne von (5.1.28) gleichmäßig stabil bleibt. Wir werden auf diesen Punkt später zurückkommen. Unsere numerischen Experimente [DKPS] zeigen, daß die Zahl der verschwindenden Momente praktisch oft eine bedeutsamere Rolle spielt als ein moderater Verlust der Stabilität von T_j mit wachsendem j, besonders dann, wenn man nur mit wenigen verschiedenen Skalen arbeitet.

Bemerkung 5.5.2 Die Momentenbedingung (5.5.1) stellt eine Orthogonalität zu Polynomen in lokalen Koordinaten dar. Im Hinblick auf Randintegralgleichungen könnte man die Momentenbedingung durch eine Orthogonalität der Funktionen ψ_k^l zu Spuren von Polynomen im $\mathbb{R}^{n+1}$ auf Γ ersetzen, um qualititive Verluste infolge unzureichender Glattheit von Γ zu vermeiden. Solche Verluste stellen bislang einen prinzipiellen Nachteil der Kompression durch eine Multiskalenbasis gegenüber dem Panel-Clustering mit der Multipolentwicklung des Potentials im $\mathbb{R}^{n+1}$ dar.

Bemerkung 5.5.3 Falls $\{\tilde{\varphi}_j\}$ exakt vom Grad d^* ist, gilt in einer geeigneten lokalen Karte infolge von (5.2.52) $\langle \psi_k^j, \tilde{\varphi}_{k'}^j \rangle = 0$ für $k' \in \nabla_j, k \in \Delta_j$. Umgekehrt folgt, wie wir sehen werden, aus d^* verschwindenden Momenten der Funktionen $\kappa_m \psi_k^j$ die Exaktheit der biorthogonalen Funktionen in $\tilde{S}_j$. Das bedeutet, mit zunehmender Ordnung verschwindender Momente wächst die Exaktheit der von den biorthogonalen Basen aufgespannten Räume $\tilde{S}_j$. Möglicherweise wächst aber nicht unbedingt die Regularität der Funktionen in $\tilde{S}_j$ mit zunehmender Exaktheit d^*. Bei den biorthogonalen Wavelets wie in [CDF] als auch bei den orthogonalen [DAUB] steigt die Regularität jedoch immer mit der Exaktheit [EI, VI]. Wir wollen hier darauf aufmerksam machen, daß die zugehörigen Funktionen (bzw. Funktionale) in $\tilde{S}_j$ von der jeweiligen Multiskalenzerlegung abhängen und uns den Zusammenhang im nächsten Kapitel ein wenig näher betrachten.

5.6 Beispiele

Es ist vielleicht zweckmäßig, die Überlegungen der vorangegangenen Abschnitte an einem ganz einfachen Beispiel zu illustrieren. Wir wollen uns eine Multiskalenzerlegungen mit stückweise konstanten Funktionen auf dem Intervall $[0,1]$ konstruieren. Zu diesem Zweck teilen wir für jedes $j \in \mathbb{N}_0$ das Intervall in 2^j gleichlange, nichtüberlappende Teilintervalle $\Sigma_k^j = [2^{-j}k, 2^{-j}(k+1)]$ mit

$$k \in \Delta_j := \{0, \cdots, 2^j - 1\} \ .$$

Zu $j \in \mathbb{N}$, $k \in \Delta_j$, wählen wir die Basisfunktionen φ_k^j durch

$$\varphi_k^j(x) := 2^{\frac{i}{2}} \begin{cases} 1 \ , & x \in [2^{-j}k, 2^{-j}(k+1)] \ , \\ 0 \ , & \text{sonst} \ . \end{cases}$$

Die Basen $\{\varphi^j\}$, $j \in \mathbb{N}_0$, erzeugen eine geschachtelte Familie von Funktionenräumen S_j. Die Matrix $\mathbf{M}_{j,0}$, die aus der Verfeinerungsbeziehung

$$(\varphi^j) = \mathbf{M}_{j,0}^{\mathsf{T}}(\varphi^{j+1})$$

gewonnen wird, ist durch

$$m_{q,k}^j = \frac{1}{\sqrt{2}} \begin{cases} 1 \ , & k = \text{ganzzahliger Anteil von} \frac{q}{2} \ , \\ 0 \ , & \text{sonst} \ , \end{cases} \tag{5.6.1}$$

mit $k \in \Delta_j$, $q \in \Delta_{j+1}$ gegeben.

Entsprechend unserer Nomenklatur setzen wir

$$\nabla_j = \{2^j, \cdots, 2^{j+1} - 1\} \ .$$

Eine stabile Vervollständigung ist nun

$$\check{m}_{q,k}^j = \frac{1}{\sqrt{2}} \begin{cases} 1 \ , & q = 2k - 2^j \ , \\ -1 \ , & q = 2k - 2^j + 1 \ , \\ 0 \ , & \text{sonst} \ , \end{cases} \tag{5.6.2}$$

mit $k \in \nabla_j$, $q \in \Delta_{j+1}$.

Entsprechende Matrizen $\mathbf{M}_{j,0}$ und $\check{\mathbf{M}}_{j,1}$ lauten

$$\mathbf{M}_{4,0}^* = \frac{1}{\sqrt{2}} \begin{pmatrix} 1 & 1 & 0 & 0 & 0 & 0 & 0 & 0 \\ 0 & 0 & 1 & 1 & 0 & 0 & 0 & 0 \\ 0 & 0 & 0 & 0 & 1 & 1 & 0 & 0 \\ 0 & 0 & 0 & 0 & 0 & 0 & 1 & 1 \end{pmatrix}$$

und mit einer kleinen Modifikation, um die Intervallenden symmetrisch zu behandeln, finden wir folgende stabile Vervollständigung

$$
\check{\mathbf{M}}_{4,1}^{*} = \frac{1}{\sqrt{2}} \left\{ \begin{array}{cccccccc}
1 & -1 & 0 & 0 & 0 & 0 & 0 & 0 \\
0 & 0 & 1 & -1 & 0 & 0 & 0 & 0 \\
0 & 0 & 0 & 0 & -1 & 1 & 0 & 0 \\
0 & 0 & 0 & 0 & 0 & 0 & -1 & 1
\end{array} \right\} .
$$

,

Die zusammengesetzte Matrix $\mathbf{M}_j = (\mathbf{M}_{j,0}, \check{\mathbf{M}}_{j,1})$ ist, wie man leicht sieht, unitär. Dies hat zur Folge, daß hier

$$
\check{\mathbf{G}}_j = \mathbf{M}_j
$$

gilt.

Hieraus resultiert die hinreichend bekannte Haar-Basis [H],

$$
\check{\psi}_k^l(x) = 2^{l/2} \left\{ \begin{array}{ll}
1 & x \in [2^{-l}(k - 2^l), 2^{-l}(k + \frac{1}{2} - 2^l)] \\
-1 & x \in [2^{-l}(k + \frac{1}{2} - 2^l), 2^{-l}(k + 1 - 2^l)] \\
0 & \text{sonst} ,
\end{array} \right. \tag{5.6.3}
$$

für $k \in \nabla_l = \{2^l, \cdots, 2^{l+1} - 1\}$, $l = 0, \cdots, j - 1$ mit $\check{\psi}_0^{-1} = \varphi_0^0$.

Wir gewinnen nun aus den Funktionen $\check{\psi}_k^l$ eine weitere Multiskalenbasis gemäß Proposition 5.2.2 durch Hinzufügen von Funktionen $\varphi_{k'}^l$. Dies sind Einskalenbasisfunktionen auf dem groben Gitter, derart, daß $d^* + 1$ viele Momente verschwinden. Geben wir uns beispielsweise $d^* = 2$ vor, so erhalten wir für $l = 2$, als einfachste Möglichkeit z. B. die folgenden Basisfunktionen ψ_k^l.

Die zugehörige Matrix $\mathbf{M}_{4,1}$ lautet dann

$$
\mathbf{M}_{4,1}^{*} = \frac{1}{8\sqrt{2}} \left\{ \begin{array}{cccccccc}
5 & -11 & 4 & 4 & -1 & -1 & 0 & 0 \\
-1 & -1 & 8 & -8 & 1 & 1 & 0 & 0 \\
0 & 0 & 1 & 1 & -8 & 8 & -1 & -1 \\
0 & 0 & -1 & -1 & 4 & 4 & -11 & 5
\end{array} \right\} , \tag{5.6.4}
$$

bzw.

$$\mathbf{M}_4 = \frac{1}{8\sqrt{2}} \left\{ \begin{array}{cccc|cccc} 8 & 0 & 0 & 0 & 5 & -1 & 0 & 0 \\ 8 & 0 & 0 & 0 & -11 & -1 & 0 & 0 \\ 0 & 8 & 0 & 0 & 4 & 8 & 1 & -1 \\ 0 & 8 & 0 & 0 & 4 & -8 & 1 & -1 \\ 0 & 0 & 8 & 0 & -1 & 1 & -8 & 4 \\ 0 & 0 & 8 & 0 & -1 & 1 & 8 & 4 \\ 0 & 0 & 0 & 8 & 0 & 0 & -1 & -11 \\ 0 & 0 & 0 & 8 & 0 & 0 & -1 & 5 \end{array} \right\}. \tag{5.6.5}$$

In diesem Beispiel ist die in Proposition 5.2.2 eingeführte Matrix

$$\mathbf{L} = \frac{1}{8} \left\{ \begin{array}{cccc} -3 & 4 & -1 & 0 \\ -1 & 0 & 1 & 0 \\ 0 & -1 & 0 & 1 \\ 0 & -1 & 4 & -3 \end{array} \right\}, \tag{5.6.6}$$

und wir erhalten gemäß (5.2.48)

$$\mathbf{G}_{4,0}^\star = \frac{1}{8\sqrt{2}} \left\{ \begin{array}{cccccccc} 11 & 5 & 1 & -1 & 0 & 0 & 0 & 0 \\ -4 & 4 & 8 & 8 & 1 & -1 & -1 & 1 \\ 1 & -1 & -1 & 1 & 8 & 8 & 4 & -4 \\ 0 & 0 & 0 & 0 & -1 & 1 & 5 & 11 \end{array} \right\}, \tag{5.6.7}$$

bzw.

$$\mathbf{G}_4 = \frac{1}{8\sqrt{2}} \left\{ \begin{array}{cccc|cccc} 11 & -4 & 1 & 0 & 8 & 0 & 0 & 0 \\ 5 & 4 & -1 & 0 & -8 & 0 & 0 & 0 \\ 1 & 8 & -1 & 0 & 0 & 8 & 0 & 0 \\ -1 & 8 & 1 & 0 & 0 & -8 & 0 & 0 \\ 0 & 1 & 8 & -1 & 0 & 0 & -8 & 0 \\ 0 & -1 & 8 & 1 & 0 & 0 & 8 & 0 \\ 0 & -1 & 4 & 5 & 0 & 0 & 0 & -8 \\ 0 & 1 & -4 & 11 & 0 & 0 & 0 & 8 \end{array} \right\}. \tag{5.6.8}$$

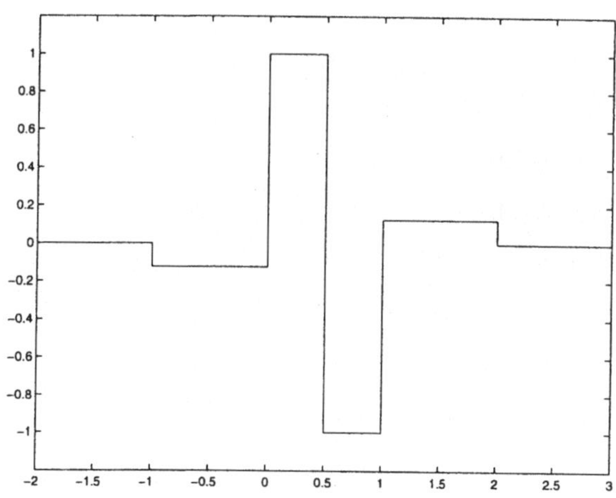

Abbildung 5.2: Wavelet ψ_k^l mit 3 verschw. Momenten

Wir möchten noch kurz analoge stetige lineare Multiskalenbasen angeben, die in der gleichen Art und Weise gewonnen wurden

$$
\mathbf{M}_{j,1}^* = \left\{
\begin{array}{ccccccccc}
0 & \frac{-23}{24} & \frac{1}{12} & \frac{3}{12} & \frac{5}{12} & \frac{5}{24} & 0 & 0 & 0 \\
0 & \frac{-1}{6} & \frac{-1}{3} & 1 & \frac{-1}{3} & \frac{-1}{6} & 0 & 0 & 0 \\
 & & & & \cdots & & & & \\
0 & 0 & 0 & \frac{-1}{6} & \frac{-1}{3} & 1 & \frac{-1}{3} & \frac{-1}{6} & 0 \\
0 & 0 & 0 & \frac{5}{24} & \frac{5}{12} & \frac{3}{12} & \frac{1}{12} & \frac{-23}{24} & 0
\end{array}
\right\}
\qquad (5.6.9)
$$

Abseits der Intervallränder hat dieses Wavelet das Aussehen wie in Abbildung 5.4.

Die Regularität der Funktionen $\tilde{\varphi}_k^j$ kann abgeschätzt werden, siehe [CDF, EI, VI], falls die Funktion nicht von den Modifikationen an den Rändern betroffen ist. Das Regularitätsverhalten am Rand ist noch nicht näher untersucht worden.

Bemerkung 5.6.1 Trotz der teilweise geringeren Regularität sind die Funktionen $\tilde{\varphi}_k^j$, $k \in \Delta_j$, in der Lage, lokal jedes Polynom vom Grad kleiner als $d^* + 1$ darzustellen.

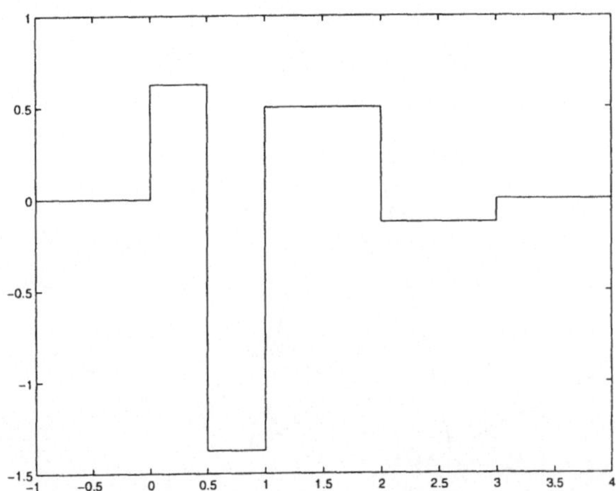

Abbildung 5.3: Wavelets ψ_k^l am Intervallrand mit 3 verschw. Momenten

Denn das orthogonale Komplement zum Raum $\sum_{l=j+1}^{\infty} W_l$ ist $\tilde{S}_j$. Da aufgrund der Momentenbedingung lokal alle Polynome vom Grade kleiner als $d^* + 1$ im orthogonalen Komplement liegen, müssen sie in den Räumen $\tilde{S}_j$ enthalten sein.

Bemerkung 5.6.2 Obwohl beispielsweise die Zeilen in (5.6.9) mindestens 5 bzw. in (5.6.4) mindestens 6 nichtverschwindende Einträge enthalten, läßt sich der Aufwand des Pyramidenschemas etwas reduzieren. Im Beispiel ist ψ_k^l eine Linearkombination von einer hierarchischen Basisfunktion φ_k^{j+1} und zwei Basisfunktionen des groben Gitter $\varphi_{k'}^j$. Also sind zur Durchführung des Pyramidenalgorithmus pro Wavelet nur 3 Linearkombinationen notwendig, die den Funktionen $\varphi_{k'}^j$ zugeordnet sind.

Bemerkung 5.6.3 Wir sehen an unseren obigen Beispielen, daß wir abseits der Intervallränder die gleichen biorthogonalen Wavelets konstruieren können, die in [CDF] für stückweise konstante Funktionen und für stückweise lineare Funktionen angegeben sind. Außerdem stimmen auch auf nichtuniformen Gittern die stückweise konstanten Wavelets mit denen in [H1, H3] überein.

5.7 Der Unterteilungsalgorithmus

Falls die Einskalenbasen $\{\varphi^j\}$ und $\{\varphi^{j-1}\}$ in den beiden Räumen S_{j-1} und S_j gegeben sind, ist die Matrix $\mathbf{M}_{j,0}$ durch die Beziehung (5.2.6) vollständig festgelegt. Die Wahl der

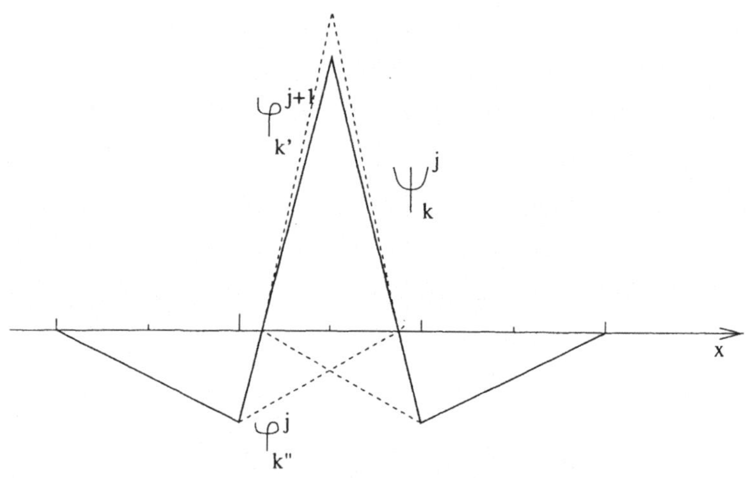

Abbildung 5.4: $\psi^l_k \in \mathcal{M}_{1,1}$

Komplementbasen $\{\psi^{j-1}\}$ erfolgt durch eine stabile Vervollständigung mit der Matrix $\mathbf{M}_{j,1}$ vermittels der 2-Skalenbeziehung (5.2.19). Gemäß der Proposition 5.2.2 genügen die biorthogonalen Basen $\{\tilde{\varphi}^{j-1}\}$ und $\{\psi^{j-1}\}$ den gleichen 2-Skalenbeziehungen (5.2.32) und (5.2.33), die durch die entsprechenden Matrizen $\mathbf{G}_{j,0}$ und $\mathbf{G}_{j,1}$ gegeben sind. Die beiden Matrizen $\mathbf{G}_{j,0}$ und $\mathbf{G}_{j,1}$ sind nach Proposition 5.2.1 eindeutig bestimmt durch

$$(\mathbf{M}_j)^{-1} = (\mathbf{M}_{j,0}, \mathbf{M}_{j,1})^{-1} = \mathbf{G}_j =: (\mathbf{G}_{j,0}, \mathbf{G}_{j,1}) \ .$$

Verschiedene stabile Vervollständigungen zu festem $\mathbf{M}_{j,0}$ resultieren deswegen in unterschiedlichen Matrizen $\mathbf{G}_{j,0}$. Wir stellen uns nun die entgegengesetzte Frage, wie sehen die Einskalenbasen $\tilde{\varphi}^j_k$ in $\tilde{S}_j$ aus, oder wie können wir diese Funktionen finden, welche die Verfeinerungsbeziehung (5.2.13) mit den Matrizen $\mathbf{G}_{j,0}$ erfüllen.

Bevor wir mit der Konstruktion der Basiselemente $\tilde{\varphi}^j_k$ durch den Unterteilungsalgorithmus beginnen, konstruieren wir uns zu $\{\varphi^j\}$ eine biorthogonale Basis $\{\breve{\varphi}^j\}$ im gleichen Raum $\breve{\varphi}^j \in S_j$ mit $\langle \breve{\varphi}^j_k, \varphi^j_{k'} \rangle = \delta_{k,k'}$. Diese Basis ist wegen der Stabilität (5.2.1) in eindeutiger Weise durch die Gramsche Matrix

$$\mathbf{R}_j = (\langle \varphi^j_k, \varphi^j_{k'} \rangle)_{k,k' \in \Delta_j}$$

und die Gleichung

$$(\breve{\varphi}^j) = \mathbf{R}_j^{-1}(\varphi^j) \tag{5.7.1}$$

gegeben, wobei $\mathbf{R}_j^{-1}$ die Inverse der Gram-Matrix bedeutet. Mit $\mathbf{e}_k^l = (0, \cdots, 1, \cdots 0)$, $k \in \Delta_l$, bezeichnen wir den k-ten Einheitsvektor.

Proposition 5.7.1 *Sei* $\mathbf{M}_{j,1}$ *eine stabile Vervollständigung von* $\mathbf{M}_{j,0}$ *und* $\mathbf{G}_j^* = (\mathbf{G}_{j,0}, \mathbf{G}_{j,1})^*$ *die beidseitige Inverse zu* $\mathbf{M}_j = (\mathbf{M}_{j,0}, \mathbf{M}_{j,1})$, *dann bildet*

$$
\begin{aligned}
\breve{\varphi}_k^{l,j} &= \sum_{k' \in \Delta_j} \Big(\prod_{\nu=j-1}^{l} \mathbf{G}_{\nu,0} \mathbf{e}_k^l \Big)_{k'} \breve{\varphi}_{k'}^j \qquad\qquad (5.7.2) \\
&= \sum_{k' \in \Delta_j} (\mathbf{G}_{j-1,0} \cdots \mathbf{G}_{\nu,0} \cdots \mathbf{G}_{l,0} \mathbf{e}_k^l)_{k'} \breve{\varphi}_{k'}^j \ , \quad k \in \Delta_l \ ,
\end{aligned}
$$

für jedes $0 \le l \le j$ *eine zu* $\{\varphi^l\}$ *biorthogonale Basis, die für alle* $l < j$ *der Verfeinerungsbeziehung (5.2.32) genügt. Hierbei bezeichnet* $(\mathbf{f})_k$ *den* k-*ten Koeffizienten des Vektors* $\mathbf{f}$.

Beweis: Um die Biorthogonalität zu zeigen, verwenden wir die Beziehung (5.2.28)

$$
\mathbf{M}_{l,0}^* \mathbf{G}_{l,0} = I \ , \ 0 \le l \ ,
$$

in $l_2(\Delta_l)$ und bemerken, daß wir durch iteriertes Anwenden von (5.2.6) für die Funktionen φ_k^l die Darstellung

$$
\varphi_k^l = \sum_{k' \in \Delta_j} \Big(\prod_{\nu=j-1}^{l} \mathbf{M}_{\nu,0} \mathbf{e}_k^l \Big)_{k'} \varphi_{k'}^j \ , \quad k \in \Delta_l \ ,
$$

erhalten. Aus der Biorthogonalität der Funktionen $\breve{\varphi}_k^j$ zu φ_k^j und der Beziehung (5.2.28) folgt damit

$$
\begin{aligned}
\langle \varphi_k^l, \breve{\varphi}_{k'}^{l,j} \rangle &= \Big\langle \sum_{\tau \in \Delta_j} \Big(\prod_{\nu=j-1}^{l} \mathbf{M}_{\nu,0} \mathbf{e}_k^l \Big)_\tau \varphi_\tau^j, \sum_{\tau' \in \Delta_j} \Big(\prod_{\nu=j-1}^{l} \mathbf{G}_{\nu,0} \mathbf{e}_{k'}^l \Big)_{\tau'} \breve{\varphi}_{\tau'}^j \Big\rangle \\
&= (\mathbf{e}_k^l)^{\mathsf{T}} \mathbf{e}_{k'}^l = \delta_{k,k'} \ ,
\end{aligned}
$$

für $k, k' \in \Delta_l$.

Daß die oben konstruierten Funktionen die Verfeinerungsbeziehung erfüllen, folgt unmittelbar aus der Definition (5.7.2),

$$
\begin{aligned}
\breve{\varphi}_k^{l-1,j} &= \sum_{k' \in \Delta_j} \Big(\prod_{\nu=j-1}^{l-1} \mathbf{G}_{\nu,0} \mathbf{e}_k^{l-1} \Big)_{k'} \breve{\varphi}_{k'}^j \\
&= \sum_{q \in \Delta_l} g_{q,k}^{l-1} \breve{\varphi}_q^l \ .
\end{aligned}
$$

∎

Falls der Grenzwert $\lim_{j \to \infty} \breve{\varphi}_k^{l,j}$ im schwachen Sinne in dem Sobolevraum $H^{\gamma^*}(\Gamma)$ existiert, das bedeutet, daß $\lim_{j \to \infty} f(\breve{\varphi}_k^{l,j}) = \lim_{j \to \infty} \breve{\varphi}_k^{l,j}(f)$ für alle $f \in H^{-\gamma^*}(\Gamma)$ im Dualraum $f \in H^{-\gamma^*}(\Gamma)$ existiert, so existiert er wegen der kompakten Einbettung

$H^{\gamma^*}(\Gamma) \subset H^s(\Gamma)$, $s < \gamma^*$, auch im Sinne der Sobolev-Norm $\|\cdot\|_s$, und der Grenzwert liefert aufgrund von Proposition 5.7.1 eine biorthogonale Basis

$$\lim_{j\to\infty} \breve{\varphi}_k^{l,j} = \tilde{\varphi}_k^l \ .$$

In diesem Falle können wir die Funktionale $\tilde{\varphi}_k^l$, bzw. im regulären Fall die Funktionen $\tilde{\varphi}_k^l$, noch etwas einfacher darstellen [D].

Theorem 5.7.1 *Falls der Grenzwert*

$$\lim_{j\to\infty} \sum_{k'\in\Delta_j} \big(\prod_{\nu=j-1}^{l} \mathbf{G}_{\nu,0}\mathbf{e}_k^l \big)_{k'} \varphi_{k'}^j \tag{5.7.3}$$

für ein s in den Sobolevräumen $H^s(\Gamma)$, $s < \min\{\gamma^*, \gamma^*\}$, existiert, dann gilt

$$\lim_{j\to\infty} \sum_{k'\in\Delta_j} \big(\prod_{\nu=j-1}^{l} \mathbf{G}_{\nu,0}\mathbf{e}_k^l \big)_{k'} \varphi_{k'}^j = \tilde{\varphi}_k^l \ . \tag{5.7.4}$$

Beweis: Wir betrachten die Differenz

$$\breve{\varphi}_k^{l,j}(f) - \varphi_k^{l,j}(f) = \sum_{k'\in\Delta_j} \big(\prod_{\nu=j-1}^{l} \mathbf{G}_{\nu,0}\mathbf{e}_k^l \big)_{k'} \langle \varphi_{k'}^j - \breve{\varphi}_{k'}^j, f \rangle$$

Mit Hilfe der Operatoren $F_{j,\varphi}: S_j \to l_2(\Delta_j)$ definiert durch $F_{j,\varphi}f = (\langle\varphi_k^j, f\rangle)_{k\in\Delta_j}$ können wir diese Differenz etwas umschreiben

$$\sum_{k'\in\Delta_j} \big(\prod_{\nu=j-1}^{l} \mathbf{G}_{\nu,0}\mathbf{e}_k^l \big)_{k'} \langle \varphi_{k'}^j - \breve{\varphi}_{k'}^j, f \rangle$$

$$= \sum_{k'\in\Delta_j} \big(\prod_{\nu=j-1}^{l} \big((I - (F_{j,\varphi}F_{j,\varphi}^*)^{-1})F_{j,\varphi}f \big)_{k'} \mathbf{G}_{\nu,0}\mathbf{e}_k^l \big)_{k'} \ .$$

Nun betrachten wir

$$\begin{aligned}
(I - (F_{j,\varphi}F_{j,\varphi}^*)^{-1})F_{j,\varphi}f &= F_{j,\varphi}(I - (F_{j,\varphi})^{-1}(F_{j,\varphi}^*)^{-1})f \\
&= F_{j,\varphi}(I - Q_j^*Q_j)f \ .
\end{aligned}$$

Wegen der Konvergenz im Sinne der starken Operatortopologie der Projektoren $Q_j \to I$, d.h. $\lim_{j\to\infty} \|Q_j f - f\|_{-s} = 0$, $f \in H^{-s}(\Gamma)$, folgt für alle $f \in H^{-s}(\Gamma)$,

$$\lim_{j\to\infty} \|Q_j^*Q_j f - f\|_{-s} = 0 \ ,$$

und somit die Behauptung. $\blacksquare$

Das Ergebnis des letzten Satzes läßt sich leicht veranschaulichen, denn wir können die Funktion $\tilde{\varphi}_k^l$ mit Hilfe des *Unterteilungs-* oder *Subdivision-Algorithmus* gewinnen, vorausgesetzt $\tilde{\varphi}_k^l$ ist eine reguläre Distribution, d.h. in $L_1(\Gamma)$. Dazu definieren wir uns die Folge von Vektoren $\mathbf{y}_k^{l,j} := (y_{k,\nu}^{l,j})_{\nu \in \Delta_j}$ durch die Iterationsvorschrift

$$(y_{k,\nu}^{l,j+1})_{\nu \in \Delta_{j+1}} = \mathbf{y}_k^{l,j+1} = \mathbf{G}_{j,0} \mathbf{y}_k^{l,j} \quad , \quad j \geq l \,, \tag{5.7.5}$$

mit dem Startvektor

$$\mathbf{y}_k^{l,l} = \mathbf{e}_k^l \;.$$

Damit erhalten wir eine Folge von Funktionen

$$\varphi_k^{l,j} = (\mathbf{y}_k^{l,j})^\top (\varphi^j) = \sum_{\nu \in \Delta_j} y_{k,\nu}^{l,j} \varphi_\nu^j \,,$$

die für $j \to \infty$ gegen die Funktion $\tilde{\varphi}_k^l$ konvergiert.

Die obige Iterationsvorschrift können wir auch so interpretieren, daß wir die Werte $y_{k,\nu}^{l,j}$, $\nu \in \Delta_j$, auf das nächstfeinere Gitter Δ_{j+1} gemäß der durch $\mathbf{G}_{j,0}$ gegebenen Vorschrift prolongieren. Dies ist im Prinzip der Rekonstruktionsalgorithmus (5.2.35), bei dem alle Details Null sind, angewandt auf einen Einheitsvektor $\mathbf{e}_k^l$. Wir beachten dabei, daß durch diesen Prozeß im allgemeinen die alten Werte auf dem groben Gitter Δ_j verändert werden können. Ist dies nicht der Fall, so nennen wir den Unterteilungsalgorithmus *interpolatorisch*. Die Tatsache daß die alten Knotenwerte ständig verändert werden dürfen, ist vollkommen nebensächlich, da die Verfeinerungsgleichung (5.2.6) die maßgebliche Beziehung ist, auf denen wir Prolongationen und Restriktionen zwischen dem groben und dem feinen Gitter definieren bzw. interpretieren. Da man durch die lineare Interpolation ein einfaches und für die meisten Anwendungen der Multigridverfahren hinreichendes Verfahren zur Prolongation zur Verfügung hat, hat man der Analyse allgemeiner Prolongationen und Restriktionen in diesem Zusammenhang wenig Beachtung geschenkt. Die Bedeutung der Verfeinerungsgleichung ist durch die Entwicklung der Unterteilungsalgorithmen zur graphischen Datenverarbeitung [CDM] und letztlich die Entdeckung der orthogonalen Wavelets mit kompaktem Träger [DAUB] in einem ganz anderen Zusammenhang in den Vordergrund gerückt. Die graphischen Darstellung orthogonaler Wavelets in [DAUB] beruht u.a. auf dem Unterteilungsalgorithmus. Wie wir gesehen haben, ist der Unterteilungsalgorithmus nicht an uniforme Gitter gebunden.

Wir brauchen für unsere Zwecke nicht explizit die Funktionen $\tilde{\varphi}_k^j$, wohl aber liegt jeder Multiskalenzerlegung eine biorthogonales System zugrunde, und wir haben mit Hilfe des Unterteilungsalgorithmus gesehen, wie die zugehörige biorthogonale Basis φ_k^j aussieht. Die folgenden Bilder zeigen verschiedene Stadien des Unterteilungsalgorithmus zur Rekonstruktion einer biorthogonalen Basis zu dem Wavelet aus Beispiel in Bild (5.2) gemäß der Matrix (5.6.7). Wir erkennen, daß in diesem Beispiel $\gamma^* > \gamma = \frac{1}{2}$.

Nach 2 Iterationschritten des Unterteilungsalgorithmus entsteht eine erste Approximation der zu dem Wavelet 5.2 gehörigen biorthogonalen Einskalenbasis $\tilde{\varphi}_k^j$

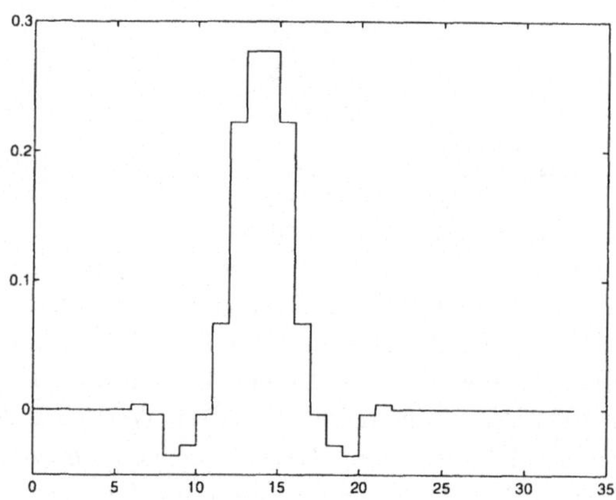

Abbildung 5.5: Einfache Approximation von $\tilde{\varphi}_k^l$

Nach einem weiteren Schritt des Unterteilungsalgorithmus entsteht eine bessere Näherung der biorthogonalen Einskalenbasis $\tilde{\varphi}_k^j$

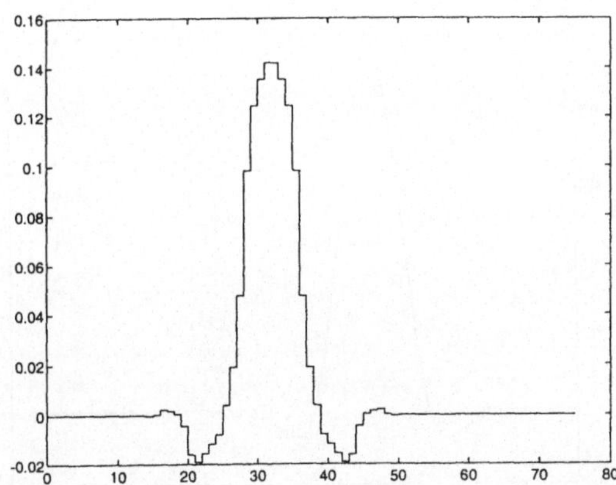

Abbildung 5.6: Verbesserte Approximation von $\tilde{\varphi}_k^l$

Weitere Schritte des Unterteilungsalgorithmus liefern $N \sim 2^l$ Näherungswerte der biorthogonalen Einskalenbasisfunktion $\tilde{\varphi}_k^j$ mit einem Aufwand $\mathcal{O}(N)$

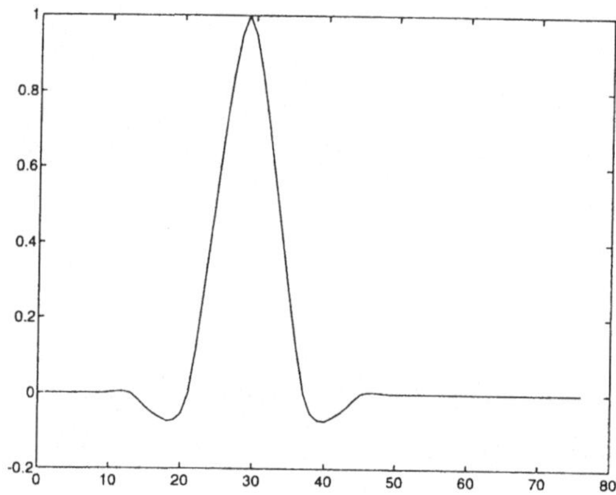

Abbildung 5.7: $\tilde{\varphi}_k^l$

Definition 5.7.1 *Wir bezeichnen mit*

$$\gamma^* = \sup\{s \in \mathbb{R} : \tilde{S}_j = span\ \tilde{\varphi}^j \in H^s(\Gamma), j \in \mathbb{N}\} \tag{5.7.6}$$

die Regularität des dualen Systemes $\tilde{S}_0 \subset \cdots \tilde{S}_j \subset \cdots$.

Bemerkung 5.7.1 Das zentrale Problem ist die Frage, in welchen Sobolev-Normen der Unterteilungsalgorithmus (5.7.5) konvergiert, dies bedeutet die Frage nach der Regularität der Funktionen $\tilde{\varphi}_k^l$. Hierfür liegen nur Resultate für eine stationäre Multiresolution-Analysis in $n = 1$ und teilweise auch in $n \geq 1$ vor [EI, VI]. Diese Resultate sind scharf, sie bestimmen γ^*. Leider benützen diese Methoden Fourierreihen und die Fouriertransformation als entscheidendes Hilfsmittel und sind für unsere ganz allgemeinen Konstruktionen nicht anwendbar.

5.8 Interpolationsbasen

Wie wir bereits festgestellt haben, gibt in den Räumen S_j aus Lagrangeschen Finiten Elementen in $\mathcal{M}_{1,d}$ eine nodale Basis $\{\varphi^j\}$,

$$\varphi_k^j(x_{k'}^j) = \delta_{k,k'} \ , \ \ x_{k'} \in \square^j \ , \ \ k,k' \in \Delta_j \ .$$

Die Schachtelung (5.2.4) legt für diese Basis die Verfeinerungsgleichung mit der Matrix $\mathbf{M}_{j,0}$ fest,

$$m_{q,k}^j = 2^{-n/2} \varphi_k^j(x_q^{j+1}) \ , \ \ q \in \Delta_{j+1} \ , \ \ x_q^{j+1} \in \square_{j+1} \ ,$$

und in natürlicher Art und Weise ist eine stabile Vervollständigung durch eine nodale hierarchische Basis

$$\{\psi_k^l = \varphi_k^{l+1} : k \in \nabla_l \ , \ (x_k^{l+1} \in \square^{l+1} \backslash \square^l)\}$$

gegeben. Die zu dieser stabilen Vervollständigung gehörige duale Basis besteht aus Dirac-Funktionalen

$$\tilde{\varphi}_k^j = \delta_k^j = \delta_{x_k^j} \ , \ \ k \in \Delta_j \ ,$$

definiert durch

$$\delta_k^j(f) = f(x_k^j) \ , \ \ x_k^j \in \square^j \ , \ \ f \in C^\infty(\Gamma) \ ,$$

denn es gilt

$$\delta_k^j(\psi_{k'}^j) = \varphi_{k'}^{j+1}(x_k^j) = 0 \ , \ \ k' \in \nabla_j \ , \ \ k \in \Delta_j \ .$$

Setzen wir nun

$$\tilde{X}_j := \mathrm{span}\,\{\delta_k^j : k \in \Delta_j\} \in H^s(\Gamma) \ , \ \ s < -\frac{n}{2} \ ,$$

dann gilt wegen $\square_j \subset \square_{j+1}$ auch die Schachtelung

$$\tilde{X}_j \subset \tilde{X}_{j+1} \subset \cdots\cdots \subset H^s(\Gamma) \ , \ s < -\frac{n}{2} \ .$$

Diese Dirac-Funktionale sind somit auch verfeinerbar, und die zu der Verfeinerungsgleichung gehörige Matrix $\mathbf{G}_{j,0}$ hat die Koeffizienten

$$g_{q,k}^j = \begin{cases} 2^{n/2} \ , & \text{falls} \ \ k = q \ , \ k \in \Delta_j \ , \ q \in \Delta_{j+1} \ , \\ 0 \ , & \text{sonst} \ . \end{cases}$$

Wegen der stabilen Vervollständigung existieren dann auch die Matrizen $\mathbf{G}_{j,1}$ und dazugehörige Funktionale

$$\eta_k^l = \sum_{q \in \Delta_{l+1}} g_{q,k}^j \delta_q^{l+1} \ , \ \ k \in \nabla_l \ .$$

Diese Funktionale sind wegen $\mathbf{G}_{j,0}^*\mathbf{M}_{j,0} = 0$ orthogonal zu den nodalen Basen auf dem groben Gitter,

$$\eta_k^l(\varphi_{k'}^l) = 0 \quad k \in \nabla_l \ , \ k' \in \Delta_l \ . \tag{5.8.1}$$

Da $\kappa_m^*\varphi_k^l|_{\Sigma_k^l}$ für Lagrangesche Finite Elemente gerade Polynome bis zu einem vorgegebenen Grade, hier $\tilde{d}$, sind, erfüllen die η_k^l eine Momentenbedingung der Form

$$[\kappa_m^*\eta_k^l](x^\alpha) := \eta_k^l((\kappa_m^{-1})^*x^\alpha) = 0 \ , \ |\alpha| \leq \tilde{d} \ . \tag{5.8.2}$$

Im Hinblick auf das Kollokationsverfahren gehen wir umgekehrt vor. Wir suchen zu gegebenen Dirac-Funktionalen

$$\delta_k^j \ , \ k \in \Delta_j \ ,$$

eine biorthogonale Basis $\{\tilde{\delta}^j\}$, d.h. wir suchen eine stabile Vervollständigung $\mathbf{G}_{j,1}$ von $\mathbf{G}_{j,0}$ derart, daß die zugehörigen Funktionale η_k^l hinreichend viele verschwindende Momente besitzen, d.h. der Bedingung (5.8.2) genügen. Wir bewerkstelligen dies durch *Rekonstruktion per Interpolation*. Dazu definieren wir uns einen Rekonstruktionsoperator [H1, H2, H3] $R_{l,\tilde{d}} : l_2(\Delta_l) \to L_2(\Gamma)$ derart, daß für $f \in C^\infty(\Gamma)$ und $\mathbf{f}_l := (f(x_k^l))_{k\in\Delta_l}$ die Approximationsbeziehung

$$\int\limits_{\Sigma_\nu^l} |\kappa_m^* f(x) - \kappa_m^* R_{l,\tilde{d}}\mathbf{f}_l(x)|^2 dx \leq c \, 2^{-l(\tilde{d}+1)} \sum_{|\alpha|=\tilde{d}+1} \int\limits_{\Sigma_\nu^l} |D^\alpha \kappa_m^* f(x)|^2 dx \tag{5.8.3}$$

gilt, und die Interpolationsbedingung

$$(R_{l,\tilde{d}}\mathbf{f}_l)(x_k^l) = [R_{l,\tilde{d}}(f(x_{k'}^l))_{k'\in\Delta_l}](x_k^l) = (f(x_k^l)) \ , \ k \in \Delta_l \ , \tag{5.8.4}$$

erfüllt ist. Die Größe $\tilde{d}$ in (5.8.3) bezeichnet man als *Ordnung der Rekonstruktion*, und wegen der Eigenschaft (5.8.4) spricht man auch von *konservativer Rekonstruktion*, in unserem speziellen Fall bezüglich der Interpolation [H2]. Anstelle der Rekonstruktion, die letztlich bezüglich der Interpolation, also den Dirac-Funktionalen, konservativ ist, ist es auch möglich, Rekonstruktionen, die konservativ bezüglich Mittelwertbildung über Zellen sind zu bilden [H3]. Diese Prozedur liefert dann biorthogonale Systeme $\tilde{S}_j$ zu $S_j = \mathrm{span}\ \varphi^j$, wobei die Funktionen φ_k^j charakteristische Funktionen von τ_k^j in $\mathcal{M}_{0,0}$ sind (siehe vorangegangenes Kapitel).

Diese Rekonstruktion durch interpolierende Funktionen kann in der jeweiligen Parametrisierung beispielsweise durch Interpolation der Ordnung $\tilde{d}$ zwischen geeigneten Knoten $x_{k'}^l \in \square^l$ und Einschränkung auf $\Sigma_{k'}^l$ gegeben sein. Im allgemeinen können dabei in $\overline{\Sigma_k^l}$ mehrere Knoten $x_{k'}^l$ liegen. Sei $\mathbf{e}_k^l = (0,\ldots,1,\ldots,0)$ der an der Stelle x_k^l konzentrierte Einheitsvektor. Dann definieren wir durch

$$m_{q,k}^l = 2^{-ln/2}(R_{l,\tilde{d}}\mathbf{e}_k^l)(x_q^{l+1}) \ , \ k \in \Delta_l \ , \ q \in \Delta_{l+1} \ , \ \mathrm{d.h.}\ x_q^{l+1} \in \square^{l+1} \ , \tag{5.8.5}$$

eine Verfeinerungs-Matrix $\mathbf{M}_{j,0}$. Wie man leicht sieht, gilt

$$\mathbf{M}_{j,0}\mathbf{f}_l = (R_{l,\tilde{d}}\mathbf{f}_l(x_q^{l+1}))_{q\in\Delta_{l+1}} \ , \tag{5.8.6}$$

und die Funktionale η_k^l sind durch

$$\eta_k^l(f) = 2^{ln/2}[f(x_k^{l+1}) - R_{l,\bar{d}}(f(x_{k'}^l))_{k'\in\Delta_l})(x_k^{l+1})] = \delta_k^{l+1}(f) - R_{l,\bar{d}}(\mathbf{f}_l)_{k\in\Delta_l})(x_k^{l+1}) \quad (5.8.7)$$

gegeben. Hieraus schließen wir, daß die zugehörige stabile Vervollständigung zu $\mathbf{G}_{l,0}$ gegeben ist durch die Matrix $\mathbf{G}_{l,1}$, die die Koeffizienten

$$g_{q,k}^l = \begin{cases} 2^{ln/2} \,, & \text{falls} \quad q = k \in \nabla_l \\[2mm] 0 \,, & \text{falls} \quad q \in \nabla_l \text{ aber } q \neq k \,, \\[2mm] 2^{ln/2}(R_{l,\bar{d}}\mathbf{e}_k^l)(x_q^{l+1}) \,, & \\[2mm] \text{falls} \quad q \in \Delta_l \,, & \end{cases} \quad (5.8.8)$$

mit $k \in \nabla_l$, $q \in \Delta_{l+1}$, besitzt.

Wie man leicht sieht, gelten folgende Beziehungen.

Proposition 5.8.1 • *Die Matrixkoeffizienten $m_{q,k}^l$, $k \in \Delta_l$, der Matrix $\mathbf{M}_{l,0}$ sind für $q \in \Delta_l$ mit $q \neq k$ alle identisch Null.*

• *Die Funktionen $\tilde{\delta}_k^l$ ergeben sich durch ihre Funktionswerte an den Stellen $x_{k'}^j \in \square_j$, $j \geq l$, $k' \in \Delta_j$, aus dem Unterteilungsalgorithmus*

$$(\tilde{\delta}_k^l(x_{k'}^j))_{k'\in\Delta_j} = (\prod_{\nu=j-1}^{l} \mathbf{M}_{\nu,0})\mathbf{e}_k^l = \mathbf{M}_{j-1,0}\cdots\mathbf{M}_{l,0}\mathbf{e}_k^l \,. \quad (5.8.9)$$

• *Die Funktionen $\tilde{\delta}_k^l$, $k \in \Delta_l$, bilden eine Interpolationsbasis im Sinne, daß*

$$\varphi_k^j(x_{k'}^j) = \delta_{k,k'} \,, \quad x_{k'} \in \square^j \,, \quad k, k' \in \Delta_j$$

erfüllt ist.

Für die Funktionale gelten auch in diesem Fall Momentenbedingungen.

Proposition 5.8.2 *Falls die Rekonstruktion durch Interpolation in dem Parameterbereich Σ vorgenommen wird,*

$$\kappa^*(R_{l,\bar{d}}(f(x_k^l))|_\Sigma = \kappa^*(R_{l,\bar{d}}(\mathbf{f}_l|_\Sigma)(x_k^l)) \,,$$

$(\mathbf{f}^l|_\Sigma)_k = 0$ *sonst, gilt*

$$(\kappa_m^*\eta_k^l)x^\alpha = \eta_k^l((\kappa_m^{-1})^*x^\alpha) = 0 \,, \quad |\alpha| \leq \bar{d} \,. \quad (5.8.10)$$

Beweis: Diese Behauptung folgt aus der Tatsache, daß $R_{l,\bar{d}}$ lokal Polynome vom Grade $\bar{d}$ reproduziert. Setzt man nun $f = (\kappa_m^{-1})^*p|_\Sigma$ in die Beziehung (5.8.7) ein, so erhält man die Momentenbedingung (5.8.2). ∎

Wir sind nun in der Lage, die entsprechenden Interpolationsprojektoren darzustellen.

Theorem 5.8.1 *Sei $s > \frac{n}{2}$. Der Interpolationsoperator $\Pi_l : H^s(\Gamma) \to \tilde{X}_l$ ist gegeben durch*

$$\Pi_l f = \sum_{k \in \Delta_l} 2^{-ln/2} f(x_k^l)\, \tilde{\delta}_k^l = \sum_{k \in \Delta_l} \delta_k^l(f)\, \tilde{\delta}_k^l \ . \tag{5.8.11}$$

Die Projektoren

$$(\Pi_{l+1} - \Pi_l)f = \sum_{k \in \nabla_l} \eta_k^l(f)\tilde{\delta}_k^{l+1} \tag{5.8.12}$$

projizieren dabei auf die Komplementärräume $\tilde{Y}_l$, $\tilde{X}_{l+1} = \tilde{X}_l + \tilde{Y}_l$.

Kapitel 6

Approximationsverhalten und Normcharakterisierung

In den vorangegangenen Kapiteln wurden Räume S_j in $\mathcal{M}_{0,d}$ und $\mathcal{M}_{1,d}$, die entweder die Regularität $\gamma = \frac{1}{2}$ oder $\gamma = \frac{3}{2}$ haben, dargestellt. Und es wurde auf der Grundlage der stabilen Vervollständigung gezeigt, wie man eine Multiskalenbasis $\{\psi\}$ konstruieren kann, so daß alle ψ_k^l verschwindende Momente bis zur Ordnung d^* besitzen. Auf der Grundlage dieser Kenntnisse wollen wir nun die Eigenschaften der Funktionenräume und deren Basen eingehend studieren. Es sind dies die bekannten Approximationseigenschaften der Räume S_j in $\mathcal{M}_d$, die Stabilität der Einskalenbasen φ^j, die stabile Vervollständigung und die Zahl der verschwindenden Momente.

Wesentliche Erkenntnisse über Normäquivalenzen wurden im Zusammenhang mit Multiskalenvorkonditionierung entwickelt [DK, KU, KUL, D, DD, DPS2, DPS3, DPS6]. Wir wählen hier einen zum Teil etwas von diesen Darstellungen abweichenden Zugang. Es ist für die Untersuchung der Matrixkompression erforderlich, genau zu klären, in welchen Sobolevnormen die einseitigen Abschätzungen gelten, und wie sich die Grenzfälle verhalten. Wir müssen beispielsweise Konsistenzabschätzungen in Sobolevnormen zeigen, in denen keine Normäquivalenz vorliegt. Dabei interessieren uns, da wir die Matrizen explizit untersuchen, der genaue Zusammenhang zu den diskreten Normen. Wir benützen hierbei u.a. Techniken, wie sie in [DK, D, DD, KUL, OS] eingesetzt wurden, sowie Dualitätsargumente vom Aubin-Nitsche-Typ [CIA].

6.1 Approximation und Regularität

Für unsere Untersuchungen sind neben dem Approximationsverhalten von S und der Regularität der Funktionen in S_j, auch die Eigenschaften des biorthogonalen System $\tilde{S}$ ausschlaggebend. Wenngleich diese Funktionen in $\tilde{S}_j$ nicht explizit benötigt werden, so dirigieren sie doch einige Eigenschaften der Multiskalenmethode.

Wir haben es vermieden, die Approximationseigenschaft der Dualräume $\tilde{S}_j$ durch deren Exaktheit zu beweisen. Wir haben diese Eigenschaft direkt aus den verschwindenden Momenten d^* und der Stabilität der Basis $\{\psi^j\}$ in W_j einer einzelnen Skala sowie der Beschränktheit der Projektoren Q_j und deren Approximationseigenschaften mittels Dualitätsargumenten gefolgert. Dies hatte mehrere Gründe. Zum einen erlauben wir den Fall, daß $\tilde{\varphi}_k^j$ nicht unbedingt reguläre Distributionen sein müssen und auch nicht kompakten Träger haben müssen. Dadurch umgehen wir etliche Schwierigkeiten, die sich in dieser Allgemeinheit auf Mannigfaltigkeiten bei der üblichen Vorgehensweise ergeben hätten.

Darüberhinaus werden wir sehen, daß gewisse Zerlegungen, die (5.1.27) für einen Raum wie z.B. $L_2(\Gamma)$ erfüllen, dies damit in einer breiten Skala anderer Funktionenräume ebenfalls tun. Dazu müssen die Projektoren Q_j, und damit die Funktionen in S_j, einige wenige, uns von der Approximationstheorie her wohlvertraute und fundamentale Eigenschaften besitzen.

Annahme: *Wir wollen an dieser Stelle annehmen,*

- $S_j \in \mathcal{M}_{i,d}$, *mit* $i = 0$ *oder* $i = 1$. *Damit sind die Räume* $S_j \subset H^s(\Gamma)$ *mit* $s < \gamma$ *und* $\gamma = \frac{1}{2}$ *bzw.* $\gamma = \frac{3}{2}$.

- *Die Funktionen* ψ_k^j, $j \in \mathbb{N}$, $k \in \nabla_j$, *besitzen verschwindende Momente bis zur Ordnung* d^*.

- *Die Projektoren* Q_j *sind in den folgenden Sobolevräumen gleichmäßig beschränkt*

$$Q_j : H^s(\Gamma) \to S_j \ , \ -\gamma^* < s < \gamma \ . \tag{6.1.1}$$

bzw.

$$\tilde{S}_j \subset H^s(\Gamma) \ , \ s < \gamma^* \ ,$$

gilt für $j \in \mathbb{N}_0$.

- *Dabei gelte stets*

$$\gamma < d + 1 \ , \ \gamma^* < d^* + 1 \ .$$

- *Die Basis* $\{\psi^j\}$ *ist stabil in dem Raum* W^j.

- *Die Komplementbasen* $\{\psi^j\}$ *seien alle lokal im Sinne von* (5.2.3).

In den letzten Abschnitten haben wir aufgezeigt, wie wir diese Voraussetzung erfüllen können. Lediglich der Parameter γ^* ist definiert durch

$$-\gamma^* := \inf\{s \in \mathbb{R} : Q_j \text{ sind gleichmäßig beschränkt in } H^s(\Gamma)\} \ ,$$

und wir forderten daher $\gamma^* < d^* + 1$.

Für die in der lokalen Parametrisierung stückweise polynomialen Funktionen in S_j aus den Klassen $\mathcal{M}_{0,d}$ gilt aufgrund der Exaktheit $d + 1$ die Approximations-Eigenschaft.

Theorem 6.1.1 *Die Räume S_j besitzen die folgende Approximations-Eigenschaft*

$$\inf_{u_j \in S_j} \|u - u_j\|_s \le c\, 2^{j(s-t)} \|u\|_t \, , \quad u \in H^t(\Gamma) \, , \tag{6.1.2}$$

für $s < \gamma$, $s \le t$, $t \le d+1$. Hierbei ist $\gamma = \frac{1}{2}$ für die unstetige Funktionen in $\mathcal{M}_{0,d}$ und $\gamma = \frac{3}{2}$ für die stetigen in $\mathcal{M}_{1,d}$.

Darüberhinaus wissen wir auch bereits, daß die inverse Eigenschaft gilt.

Theorem 6.1.2 *Die Räume S_j besitzen die folgende inverse Eigenschaft*

$$\|u_j\|_t \le c\, 2^{j(t-s)} \|u_j\|_s \tag{6.1.3}$$

für $t < \gamma$, $s < t$. Hierbei ist $\gamma = \frac{1}{2}$ für die Funktionen in $\mathcal{M}_{0,d}$ und $\gamma = \frac{3}{2}$ für die in $\mathcal{M}_{1,d}$.

Bemerkung 6.1.1 Die Beweise der Approximationseigenschaft in den jeweiligen lokalen Parametrisierungen sind aufgrund der vorausgesetzten Exaktheit (5.2.5) klassisch und folgen mit Hilfe des Bramble-Hilbert-Lemmas [CIA, SU]. Die Approximationseigenschaft gilt für viele andere Funktionenräume. Im allgemeinen ist (5.2.5) für ein geeignetes $d \in \mathbb{N}$ erfüllt, falls der Raum S_j alle Polynome vom Grad kleiner als $d+1$ enthält und von lokalen Basisfunktionen, deren Träger einen Durchmesser proportional zu 2^{-j} haben, aufgespannt wird. Bekanntlich sind obige inverse Abschätzungen (6.1.3) erfüllt für alle Finite Element Räume [CIA], Splineräume [SU] und Multiresolutionsanalysen [M1, DAU] mit gewissem $d+1 \in \mathbb{N}$ und $\gamma > 0$. Man zeigt diese Abschätzungen üblicherweise zuerst für die Basiselemente und verallgemeinert die Aussage dann auf alle Funktionen in S_j mit Hilfe der Stabilität.

Die beiden Eigenschaften (6.1.2) und (6.1.3) sind für die Funktionen in $\mathcal{M}_{i,d}$, $d = 0, 1$ hinreichend bekannt [CIA, JOHN, O], und daher wollen wir an dieser Stelle nicht näher auf die Beweise eingehen. Die Approximations-Eigenschaft und Inverse Eigenschaft sind aber für die biorthogonalen Basen $\{\tilde{\varphi}^j\}$ bzw. für die Räume $\tilde{S}_j$ nicht offensichtlich, weshalb wir u.a. diese Eigenschaften des dualen System hier beweisen wollen.

Es erweist sich zur Untersuchung der komprimierten Matrizen als vorteilhaft, Operatoren einzuführen, welche die Korrespondenz zwischen den diskreten Koeffizienten und den zugehörigen Funktionen herstellen. Ein solcher Operator

$$F_{j,\psi} : \tilde{S}_j \to l_2(\mathcal{J}^j)$$

ist durch

$$(F_{j,\psi} u)_{(l,k)} := \langle u, \psi_k^l \rangle \, , \quad (l,k) \in \mathcal{J}^j \tag{6.1.4}$$

definiert, wobei die Indexmenge durch

$$\mathcal{J}^j = \{(l,k) : k \in \nabla_l \, , \, l \ge -1 \, \}$$

gegeben ist.

Der adjungierte Operator

$$F_{j,\psi}^* : l_2(\mathcal{J}^j) \to S_j$$

zu $F_{j,\psi}$ besitzt die Darstellung

$$F_{j,\psi}^*(\mathbf{d}) = \mathbf{d}^\top(\psi_j) = \sum_{(l,k)\in\mathcal{J}^j} d_k^l \psi_k^l , \quad \mathbf{d} \in l_2(\mathcal{J}^j). \tag{6.1.5}$$

Auf jeder einzelnen Skala $-1 \le l < j$ definieren wir analoge Operatoren

$$E_{l,\psi} : \tilde{W}_l \to l_2(\nabla_l) ,$$

durch

$$(E_{l,\psi}u)_k := \langle u, \psi_k^l \rangle , \quad k \in \nabla_l . \tag{6.1.6}$$

Der zu $E_{l,\psi}$ adjungierte Operator

$$E_{l,\psi}^* : l_2(\nabla_l) \to W_l$$

läßt sich durch

$$E_{l,\psi}^*(\mathbf{d}) = \mathbf{d}^\top(\psi^l) = \sum_{k\in\nabla_l} d_k^l \psi_k^l, \quad \mathbf{d} \in l_2(\nabla_l). \tag{6.1.7}$$

darstellen.

Zu den beiden Operatoren $F_{j,\psi}$, $F_{j,\psi}^*$, existieren aufgrund der Biorthogonalität die zugehörigen inversen Operatoren

$$F_{j,\psi}^{-1}(\mathbf{d}) \;=\; \mathbf{d}^\top(\tilde{\psi}_j) = \sum_{(l,k)\in\mathcal{J}^j} d_k^l \tilde{\psi}_k^l = \sum_{l=-1}^{j-1} \sum_{k\in\nabla_l} d_k^l \tilde{\psi}_k^l , \tag{6.1.8}$$

$$((F_{j,\psi}^*)^{-1}f)_{(l,k)} \;=\; \langle f,(\tilde{\psi}_j)\rangle_{(l,k)} = \langle f, \tilde{\psi}_k^l \rangle , \quad (l,k) \in \mathcal{J}^j. \tag{6.1.9}$$

Entsprechendes gilt für die Operatoren $E_{l,\psi}$, $E_{l,\psi}^*$,

$$E_{l,\psi}^{-1}(\mathbf{d}) \;=\; \mathbf{d}^\top(\tilde{\psi}^l) = \sum_{k\in\nabla_l} d_k^l \tilde{\psi}_k^l , \tag{6.1.10}$$

$$((E_{l,\psi}^*)^{-1}f)_k \;=\; \langle f,(\tilde{\psi}^l)\rangle_k = \langle f, \tilde{\psi}_k^l \rangle , \quad k \in \nabla_l . \tag{6.1.11}$$

Wir konzentrieren uns zuerst auf eine einzelne Skala l.

Lemma 6.1.1 *Sei $0 \le s \le d^*+1$, dann lassen sich die Operatoren $E_{l,\psi}$ auf die Sobolev-Räume $H^s(\Gamma)$ fortsetzen, und es gilt für die Norm der Operatoren*

$$E_{l,\psi} : H^s(\Gamma) \to l_2(\nabla_l)$$

die Abschätzung

$$\|E_{l,\psi}\|_{H^s \to l_2} \le c\, 2^{-ls} . \tag{6.1.12}$$

Beweis: Sei $u \in H^s(\Gamma)$, dann gilt wegen der Lokalität der Basisfunktionen ψ_k^l die Ungleichung

$$\sum_{k \in \nabla_l} |\langle u, \psi_k^l \rangle|^2 \le c \, \|u\|_0^2 \; . \tag{6.1.13}$$

Für $u \in H^{d^*+1}(\Gamma)$ approximieren wir $\kappa_m^* u$ auf dem Träger supp $\kappa_m^* \psi_k^l$ durch ein Polynom vom Grad kleiner als $d^* + 1$,

$$p(x) = \sum_{|\alpha| \le d^*} c_\alpha (x - x_0)^\alpha \; , \quad x_0 \in \text{supp } \kappa_m^* \psi_k^l \; ,$$

und wenden die Momentenbedingung (5.5.1) an. Dadurch können wir das Skalarprodukt

$$|\langle u, \psi_k^l \rangle|^2 \;\le\; c \, \Big(\int_{\mathbb{R}^n} \kappa_m^* u(x) \overline{\kappa_m^* \psi_k^l(x)} dx \Big)^2 \tag{6.1.14}$$

$$\le\; c \, \Big| \int_{\text{supp} \psi_k^l} \kappa_m^* u(x) \overline{\kappa_m^* \psi_k^l(x)} dx \Big|^2 \tag{6.1.15}$$

$$\tag{6.1.16}$$

mittels der Cauchy-Schwarz-Ungleichung durch den Fehler der besten lokalen Polynomapproximation abschätzen

$$|\langle u, \psi_k^l \rangle|^2 \;\le\; c \Big(\inf_{deg\, p \le d^*} \|p - \kappa_m^* u\|_{L_2(\text{supp } \psi_k^l)} \Big)^2 \|\psi_k^l\|_0^2$$

$$\le\; c \, 2^{-2l(d^*+1)} \sum_{|\alpha| = d^*+1} \int_{\text{supp } \psi_k^l} |D^\alpha u(x)|^2 dx \; .$$

Wir beachten, daß aufgrund der Lokalität der Funktionen ψ_k^l jedes Teilsimplex Σ_ν^l nur mit endlich vielen Trägern der Funktionen $\kappa_m^* \psi_k^l$ eine nichtleere Schnittmenge besitzt. Daher können wir (6.1.14) über $k \in \nabla_l$ aufsummieren und erhalten das Ergebnis für $s = d^* + 1$,

$$\sum_{k \in \nabla_l} |\langle u, \psi_k^l \rangle|^2 \le c \, 2^{-2l(d^*+1)} \|u\|_{d^*+1}^2 \; .$$

Die restlichen Fälle ergeben sich daraus durch Interpolation [BELO, T]. ∎

Wir erhalten eine fundamentale Eigenschaft der Multiskalenbasen, die wir in Anlehnung an [TEM] die *verschärfte Poincaré-Friedrich-Ungleichung* oder kurz *verschärfte Poincaré-Ungleichung* nennen wollen. Sie ist eigentlich eine Normäquivalenz, deren eine Richtung durch die inverse Eigenschaft gegeben ist, und deren andere Richtung im Typ der bekannten Poincaré-Friedrich-Ungleichung ähnelt.

Theorem 6.1.3 *Für $-d^* - 1 \le s < \gamma$, $t < \gamma$, $l \in \mathbb{N}_0$ und $u \in H^{\max\{s,t\}}(\Gamma)$ gilt die Abschätzung,*

$$\|(Q_l - Q_{l-1})u\|_s \le c \, 2^{l(s-t)} \|(Q_l - Q_{l-1})u\|_t \; , \tag{6.1.17}$$

bzw. für $s \le t$, $-d^* - 1 \le s < \gamma$ und $-\gamma^* < t \le d + 1$ gilt

$$\|(Q_l - Q_{l-1})u\|_s \le c \, 2^{l(s-t)} \|u\|_t \; . \tag{6.1.18}$$

Beweis: Falls $t \leq s < \gamma$ ist, kann man die inverse Ungleichung unmittelbar anwenden, und wir brauchen nichts weiter zu beweisen. Aufgrund unserer Voraussetzung der gleichmäßigen Beschränktheit der Projektoren Q_l gilt die Ungleichung

$$\|(Q_l - Q_{l-1})u\|_s \leq c \, \|u\|_s$$

für $-\gamma^* < s < \gamma$. Womit für diese Werte s die Ungleichung (6.1.18) bewiesen wäre.

Falls $s < t$ ist, beachten wir, daß nach Voraussetzung $(Q_l - Q_{l-1})$ selbst ein Projektor ist, und zerlegen

$$\|(Q_l - Q_{l-1})u\|_s \leq \|(I - Q_{l-1})(Q_l - Q_{l-1})u\|_s + \|(I - Q_l)(Q_l - Q_{l-1})u\|_s \ . \quad (6.1.19)$$

Im Falle, daß $s \geq 0$ und $\max\{s, -\gamma^*\} < t < \gamma$ ist, wenden wir die Approximationseigenschaft (6.1.2) an, und erhalten aus (6.1.19)

$$\|(Q_l - Q_{l-1})u\|_s \leq c \, 2^{l(s-t)}\|(Q_l - Q_{l-1})u\|_t \ .$$

Für $t \leq \max\{s, -\gamma^*\}$ erhalten wir aus dieser Beziehung mit Hilfe der Inversen Ungleichung die beiden Behauptungen.

Im Falle $-d^* - 1 \leq s < 0$ benutzen wir ein Dualitätsargument

$$
\begin{aligned}
\|(Q_l - Q_{l-1})u_l\|_s &= \sup_{v \in H^{-s}(\Gamma)} \frac{|\langle(Q_l - Q_{l-1})u, v\rangle|}{\|v\|_{-s}} \\
&= \sup_{v \in H^{-s}(\Gamma)} \frac{1}{\|v\|_{-s}} |\sum_{k \in \nabla_l} \langle u_l, \tilde{\psi}_k^l\rangle\langle \psi_k^l, v\rangle| \ .
\end{aligned}
\quad (6.1.20)
$$

Dabei haben wir $u_l := (Q_l - Q_{l-1})u$ gesetzt. Nun folgern wir mit der Cauchyschen Ungleichung

$$|\sum_{k \in \nabla_l} \langle u_l, \tilde{\psi}_k^l\rangle\langle \psi_k^l, v\rangle| \ \leq \ (\sum_{k \in \nabla_l} |\langle u_l, \tilde{\psi}_k^l\rangle|^2)^{1/2} \, (\sum_{k \in \nabla_l} |\langle \psi_k^l, v\rangle|^2)^{1/2} \ . $$

Aufgrund der Beziehung (5.2.23) und der Stabilität (5.2.1) gilt

$$
\begin{aligned}
(\sum_{k \in \nabla_l} |\langle u_l, \tilde{\psi}_k^l\rangle|^2)^{1/2} &\leq \ c \, \| \sum_{k \in \nabla_l} \langle u_l, \tilde{\psi}_k^l\rangle \, \psi_k^l\|_0 \\
&= \ c \, \|u_l\|_0 = c \, \|(Q_l - Q_{l-1})u\|_0 \ .
\end{aligned}
\quad (6.1.21)
$$

Den restlichen Ausdruck schätzen wir wegen $s < 0$ mit Hilfe des Lemmas 6.1.1 ab,

$$(\sum_{k \in \nabla_l} |\langle \psi_k^l, v\rangle|^2)^{1/2} \ \leq \ c \, 2^{ls}\|v\|_{-s} \ .$$

Gemeinsam mit (6.1.21) erhalten wir für $-d^* - 1 \leq s < 0$ die Abschätzung,

$$\sum_{k \in \nabla_l} |\langle u_l, \tilde{\psi}_k^l\rangle\langle \psi_k^l, v\rangle| \leq c \, \|u_l\|_0 2^{ls}\|v\|_{-s} \ .$$

Setzen wir dieses Resultat in (6.1.20) ein, so ergibt die Aussage (6.1.17) mit $t = 0$,

$$\|(Q_l - Q_{l-1})u\|_s \;\leq\; c \sup_{v \in H^{-s}(\Gamma)} \frac{1}{\|v\|_{-s}} \|(Q_l - Q_{l-1})u\|_0 \, 2^{ls} \, \|v\|_{-s}$$

$$\leq\; c \, 2^{ls} \|(Q_l - Q_{l-1})u\|_0 \;.$$

Aus der Approximationseigenschaft folgt aus diesen Überlegungen die Behauptung (6.1.18).

Aus den bis jetzt bewiesenen Aussagen schließt man mittels eines Interpolationsargumentes [BELO] die Gültigkeit der Behauptung (6.1.17) für beliebiges $t < \gamma$. ∎

Bemerkung 6.1.2 Für $-\gamma^* \leq s, t < \gamma$ gilt demzufolge

$$\|(Q_l - Q_{l-1})u\|_s \sim 2^{l(s-t)} \|(Q_l - Q_{l-1})u\|_t \;. \tag{6.1.22}$$

Bemerkung 6.1.3 Die verschärfte Poincaré-Ungleichung stellt in dieser Arbeit ein fundamentales Lemma dar, in das die Forderung, daß $Q_l - Q_{l-1}$ ein Projektor sein soll, entscheidend einging.

Mit einem Dualitätsargument erhält man hieraus die analoge Aussage für die adjungierten Projektoren.

Theorem 6.1.4 *Für* $-d-1 \leq s < \gamma^*$, $t < \gamma^*$ *und* $u \in H^{\max\{s,t\}}(\Gamma)$ *gilt die Abschätzung*

$$\|(Q_l^* - Q_{l-1}^*)u\|_s \leq c \, 2^{l(s-t)} \|(Q_l^* - Q_{l-1}^*)u\|_t \;, \tag{6.1.23}$$

und für $s \leq t$, $-d-1 \leq s < \gamma^*$ *und* $-\gamma < t \leq d^* + 1$ *gilt*

$$\|(Q_l^* - Q_{l-1}^*)u\|_s \leq c \, 2^{l(s-t)} \|u\|_t \;. \tag{6.1.24}$$

Beweis: Für $-d-1 \leq s < \gamma^*$, $0 \leq t < \gamma^*$, untersuchen wir

$$\|(Q_l^* - Q_{l-1}^*)u\|_s \;=\; \sup_{v \in H^{-s}(\Gamma)} \frac{|\langle (Q_l - Q_{l-1})^* u, v \rangle|}{\|v\|_{-s}}$$

$$=\; \sup_{v \in H^{-s}(\Gamma)} \frac{|\langle (Q_l^* - Q_{l-1}^*)u, (Q_l - Q_{l-1})v \rangle|}{\|v\|_{-s}}$$

Schreiben wir $u_l := (Q_l^* - Q_{j-1}^*)u$, dann erhalten wir

$$\|(Q_l^* - Q_{l-1}^*)u\|_s \;\leq\; \sup_{v \in H^{-s}(\Gamma)} \frac{1}{\|v\|_{-s}} \Big(\sum_{k \in \nabla_l} |\langle u_l, \psi_k^l \rangle|^2 \Big)^{1/2} \Big(\sum_{k \in \nabla_l} |\langle \tilde{\psi}_k^l, v \rangle|^2 \Big)^{1/2} \,.. \tag{6.1.25}$$

Für $0 \leq t < \gamma^*$, gilt nun aufgrund von Lemma 6.1.1 die Abschätzung

$$\Big(\sum_{k \in \nabla_l} |\langle u_l, \psi_k^l \rangle|^2 \Big)^{1/2} \;\leq\; c \, 2^{-lt} \|u_l\|_t \leq c \, 2^{-lt} \|(Q_l^* - Q_{l-1}^*)u\|_t \;. \tag{6.1.26}$$

und für $0 \leq t < d^* + 1$ gilt

$$\left(\sum_{k \in \nabla_l} |\langle u_l, \psi_k^l \rangle|^2 \right)^{1/2} \leq c \, 2^{-lt} \|u\|_t \ . \tag{6.1.27}$$

Den zweiten Ausdruck in (6.1.25) schätzen wir für z.B. $-d-1 < s \leq \gamma^*$ mit Hilfe der Stabilität der $\{\psi_k^l : k \in \nabla_l\}$ und der Eigenschaft (6.1.17) ab,

$$\begin{aligned}
\left(\sum_{k \in \nabla_l} |\langle \tilde{\psi}_k^l, v \rangle|^2 \right)^{1/2} &\leq c \, \|(\sum_{k \in \nabla_l} \langle \tilde{\psi}_k^l, v \rangle \psi_k^l \|_0 \\
&= c \, \|(Q_l - Q_{l-1})v\|_0 \\
&= c \, 2^{ls} \|v\|_{-s} \ .
\end{aligned}$$

Gemeinsam mit der Abschätzung (6.1.26) erhalten wir für $-d^* - 1 \leq s < \gamma^*$ die Ungleichung

$$\sum_{k \in \nabla_l} |\langle u_l, \tilde{\psi}_k^l \rangle \langle \psi_k^l, v \rangle| \leq c \, \|u_l\|_0 2^{ls} \|v\|_{-s} \ .$$

Setzen wir dieses Resultat in (6.1.25) ein, so ergibt die Aussage (6.1.17) mit $0 \leq t < \gamma^*$

$$\|(Q_l^* - Q_{l-1}^*)u\|_s \leq c \sup_{v \in H^{-s}(\Gamma)} \frac{1}{\|v\|_{-s}} 2^{-lt} \|(Q_l^* - Q_{l-1}^*)u\|_t \, 2^{ls} \|(Q_l - Q_{l-1})v\|_{-s} \ ,$$

und aufgrund von Dualitätsargumenten sowie der Stetigkeit der Projektoren Q_l in $H^t(\Gamma)$ mit $-\gamma < t < \gamma^*$ folgt daraus

$$\|(Q_l^* - Q_{l-1}^*)u\|_s \leq c \, 2^{l(s-t)} \|(Q_l^* - Q_{l-1}^*)u\|_t \ ,$$

bzw. für $-\gamma < t \leq d^* + 1$

$$\|(Q_l^* - Q_{l-1}^*)u\|_s \leq c \, 2^{l(s-t)} \|u\|_t \ .$$

Womit wir schon die Beziehung (6.1.24) vollständig gezeigt hätten.

Aus den bis jetzt bewiesenen Aussagen folgern wir die Gültigkeit der Behauptung (6.1.23) für allgemeines $t < \gamma^*$. Da wir bislang für Q_j^* respektive $\tilde{S}_j$ weder eine Inverse noch eine Approximations-Eigenschaft zur Verfügung haben, benützen wir Dualitätsargumente.

Für $-d - 1 \leq s < \gamma^*$, $-\gamma < t < \gamma^*$, untersuchen wir

$$\begin{aligned}
\|(Q_l^* - Q_{l-1}^*)u\|_s &= \sup_{v \in H^{-s}(\Gamma)} \frac{|\langle (Q_l - Q_{l-1})^* u, v \rangle|}{\|v\|_{-s}} \\
&= \sup_{v \in H^{-s}(\Gamma)} \frac{|\langle (Q_l^* - Q_{l-1}^*)u, (Q_l - Q_{l-1})v \rangle|}{\|v\|_{-s}}
\end{aligned}$$

Mit (6.1.17) bzw. der Approximationseigenschaft (6.1.2) läßt sich dieser Ausdruck für $-d - 1 < s < \gamma^*$ weiter abschätzen durch

$$\begin{aligned}
&\leq c \, \|(Q_l^* - Q_{l-1}^*)u\|_0 \|(Q_l - Q_{l-1})v\|_0 \frac{1}{\|v\|_{-s}} \\
&\leq c \, \|(Q_l^* - Q_{l-1}^*)u\|_0 \, 2^{-ls} \\
&\leq c 2^{l(t-s)} \|(Q_l^* - Q_{l-1}^*)u\|_t \ .
\end{aligned}$$

Jetzt bleibt noch zu zeigen, daß die Beziehung für alle $t < \gamma^*$ gilt. Dies geschieht genauso, wie man die inverse Eigenschaft zu immer kleineren Sobolev-Indizes $s \to -\infty$ fortsetzt. Zu diesem Zweck nehmen wir uns mit $\langle \cdot, \cdot \rangle_s$ ein zur $H^s(\Gamma)$-Norm äquivalentes Skalarprodukt

$$\|u\|_s^2 = \langle u, u \rangle_s$$

zur Hilfe. Aus der bewiesenen Abschätzung für ein festes t, hier zuerst $-\gamma < t$, und $-\gamma < s \leq t < \gamma^*$, folgern wir für $\tau < -\gamma$, $s - \tau < \gamma^* - s$, die Abschätzung

$$\|(Q_l^* - Q_{l-1}^*)u\|_\tau = \sup_{v \in H^{2s-\tau}(\Gamma)} \frac{|\langle (Q_l^* - Q_{l-1}^*)u, v \rangle_s|}{\|v\|_{2s-\tau}} \geq \sup_{v_l \in \tilde{W}_l} \frac{|\langle (Q_l^* - Q_{l-1}^*)u, v_l \rangle_s|}{\|v_l\|_{2s-\tau}} .$$

Benutzen wir jetzt die schon für festes $t < 0$ bewiesene Abschätzung (6.1.23), so erhalten wir

$$\|(Q_l^* - Q_{l-1}^*)u\|_\tau \geq c \sup_{v_l \in \tilde{W}_j} \frac{|\langle (Q_l^* - Q_{l-1}^*)u, v_l \rangle_s|}{\|v_l\|_s \, 2^{l(s-\tau)}} \geq c \, 2^{l(\tau-s)} \, \|(Q_l^* - Q_{l+1}^*)u\|_s ,$$

womit wir die Behauptung für jedes $\tau < s$, $s - \tau < \gamma^* - s$ bewiesen hätten. Nun setzen wir $\tau = t$ und wiederholen die ganze Prozedur. So erhalten wir das behauptete Resultat.
∎

Wir können jetzt die Aussage des Lemmas 6.1.1 erweitern.

Lemma 6.1.2 *Sei $-d^* - 1 \leq s < \gamma$, dann gilt für die Norm der Operatoren*

$$E_{l,\psi}^* : l_2(\Delta_l) \to H^s(\Gamma)$$

die Beziehung

$$\|E_{j,\psi}^*\|_{l_2 \to H^s} \leq c \, 2^{ls} , \tag{6.1.28}$$

bzw. für $-d - 1 \leq s < \gamma^*$ ist die Norm des Operators

$$E_{l,\psi}^{-1} : l_2(\Delta_l) \to H^s(\Gamma)$$

beschränkt durch

$$\|E_{j,\psi}^{-1}\|_{l_2 \to H^s} \leq c \, 2^{ls} . \tag{6.1.29}$$

Sei $-\gamma^* < s \leq d + 1$, dann gilt für die Norm der Operatoren

$$(E_{l,\psi}^*)^{-1} : H^s(\Gamma) \to l_2(\Delta_l)$$

die Abschätzung

$$\|(E_{j,\psi}^*)^{-1}\|_{H^s \to l_2} \leq c \, 2^{ls} . \tag{6.1.30}$$

Beweis : Die erste Behauptung folgt für $s \geq 0$ per Dualität aus Lemma 6.1.1. Falls $s \leq 0$ ist, bemerken wir

$$E_{l,\psi}^* f = \sum_{k \in \nabla_l} f_k^l \psi_k^l = (Q_l - Q_{l-1})f \ ,$$

mit $f_k^l := \langle f, \tilde{\psi}_k^l \rangle$, woraus wir mittels Lemma 6.1.1 auf

$$\|(Q_l - Q_{l-1})f\|_0^2 = \|E_{l,\psi}^* f\|_0^2 \leq \sum_{k \in \nabla_l} |f_k^l|^2$$

schließen. Die behauptete Aussage folgt jetzt hieraus mit Lemma 6.1.4

$$\|(Q_l - Q_{l-1})f\|_s^2 \leq c \, 2^{2ls} \|(Q_l - Q_{l-1})f\|_0^2 \leq c \, 2^{2ls} \sum_{k \in \nabla_l} |f_k^l|^2 \ .$$

Um die Aussagen für den inversen Operator zu zeigen, erinnern wir daran, daß für jede Funktion $f \in S_l$ der Vektor

$$(E_{l,\psi}^*)^{-1} f = (f_k^l)$$

durch die Gleichung

$$(Q_l - Q_{l-1})f = \sum_{k \in \nabla_l} f_k^l \psi_k^l$$

gegeben ist. Aufgrund der Stabilität der Basis $\{\psi_k^l : k \in \nabla_l\}$ ist

$$\sum_{k \in \nabla_l} |f_k^l|^2 \leq \|(Q_l - Q_{l-1})f\|_0^2 \ .$$

Hierauf wenden wir Theorem 6.1.3 an, womit für $-\gamma^* < s \leq d + 1$ die Beziehung

$$\sum_{k \in \nabla_l} |f_k^l|^2 \leq \|(Q_l - Q_{l-1})f\|_0^2 \leq c 2^{ls} \|f\|_s^2$$

folgt. Daraus erhalten wir direkt die Behauptung.   ∎

Aus der verschärften Poincaré-Ungleichung für $\tilde{S}$ (6.1.23) können wir leicht die Inverse Eigenschaft und die Approximationseigenschaft des dualen Systems folgern.

Theorem 6.1.5 *Die Räume $\tilde{S}_j$ besitzen sowohl die Approximationseigenschaft*

$$\inf_{u_j \in \tilde{S}_j} \|u - u_j\|_s \leq c \, 2^{j(s-t)} \|u\|_t \tag{6.1.31}$$

für $s < \gamma^*$, $s < t$, $t \leq d^* + 1$, als auch die inverse Eigenschaft

$$\|u_j\|_t \leq c \, 2^{j(t-s)} \|u_j\|_s \ , \quad u_j \in \tilde{S}_j \ , \tag{6.1.32}$$

für $t < \gamma^*$, $s < t$.

Beweis: Sei $-\gamma < s < \gamma^*$ und $-\gamma < t \leq d^* + 1$, dann gilt wegen Theorem 6.1.4

$$\|Q_l^* u - Q_{l-1}^* u\|_s \leq c \, 2^{l(s-t)} \|u\|_t \, .$$

Wir setzen $u_j = Q_j^* u$, und zerlegen nun $u - u_j$ in die Teleskopsumme $u - u_j = \sum_{l=j}^{\infty}(u_{l+1} - u_l)$, und schätzen mit Hilfe von Theorem 6.1.4 und Lemma 6.1.1 unter der Voraussetzung $s \leq t$ ab,

$$
\begin{aligned}
\|u - u_j\|_s &\leq \sum_{l=j}^{\infty} \|u_{l+1} - u_l\|_s \\
&= \sum_{l=j}^{\infty} 2^{l(s-t)} \|(Q_{l+1}^* - Q_l^*)u\|_t \\
&\leq c \sum_{l=j}^{\infty} 2^{l(s-t)} \|u\|_t \\
&\leq c \, 2^{j(s-t)} \|u\|_t \, .
\end{aligned}
$$

Da

$$\inf_{v_j \in \tilde{S}_j} \|u - v_j\|_s \leq \|u - Q_j^* u\|_s$$

gilt, folgt die Behauptung zuerst für alle $-\gamma < s < \gamma^*$. Um die Ungleichung (6.1.2) für kleinere s zu zeigen, benutzen wir die Orthogonalprojektoren $P_{j,\tau} : H^\tau(\Gamma) \to \tilde{S}_j$. Diese sind definiert durch

$$\langle P_{j,\tau} u, v \rangle_\tau = \langle u, P_{j,\tau} v \rangle_\tau \quad \text{mit} \quad \langle u, u \rangle_\tau = \|u\|_\tau^2 \, .$$

Nehmen wir nun τ im Bereich $-d - 1 < \tau < \gamma^*$, dann erhalten wir

$$
\begin{aligned}
\|u - P_{j,\tau} u\|_\tau &\leq \|(I - P_{j,\tau})(I - Q_j^*)u\|_\tau \\
&\leq c \, \|(I - Q_j^*)u\|_\tau \\
&\leq c \, 2^{j(\tau - t)} \|u\|_t \, .
\end{aligned}
$$

Mittels des Aubin-Nitsche-Tricks erreichen wir die Abschätzung für $-(d+1) = \tau \leq s$ und $-d^* - 1 + \tau \leq s$

$$
\begin{aligned}
\|u - P_{j,\tau} u\|_s &\leq \sup_{\|v\|_{2\tau - s}=1} |\langle (I - P_{j,\tau})u, v \rangle_\tau| \\
&\leq c \sup_{\|v\|_{2\tau - s}=1} \|u\|_\tau \|(I - P_{j,\tau})v\|_\tau \\
&\leq c 2^{j(s-\tau)} \|u\|_\tau \, ,
\end{aligned}
$$

wodurch wir unter Verwendung der Projektoren $I - P_{j,\tau}$ zusammen mit der Beziehung

$$(I - P_{j,s})u = (I - P_{j,s})(I - Q_j^*)u$$

das allgemeine Resultat für $-(d^* + 1 - \tau) \leq s$ folgern. Durch diese Argumentation ist es uns gelungen, die Gültigkeit der Aussage auf kleinere s auszudehnen. Um die

Behauptung für alle s zu zeigen, wiederholen wir die obige Prozedur immer wieder. Wir wählen $\tau' = -(d^* + 1 - \tau) \leq s$ und mit der gleichen Schlußweise wie im Beweis von Lemma 6.1.4 gelangen wir zu wieder kleineren s usw.. Der Nachweis der Beziehung für allgemeines t erfolgt dann einfach durch Interpolation.

Umgekehrt gilt für $u_j \in S_j$ und $-\gamma < t \leq s < \gamma^*$ die Abschätzung

$$\|u_j\|_s \ \leq \ \sum_{l=0}^{j} \|(Q_l^* - Q_{l-1}^*)u_j\|_s$$

$$\leq \ c \sum_{l=0}^{j} 2^{l(s-t)} \|(Q_l^* - Q_{l-1}^*)u_j\|_t \ ,$$

und aufgrund der gleichmäßigen Beschränktheit von $Q_l^* : H^t(\Gamma) \to \tilde{S}_j$, $-\gamma < t$, gilt für $t < s$

$$\|u_j\|_s \ \leq \ c \sum_{l=0}^{j} 2^{l(s-t)} \|u_j\|_t$$

$$\leq \ c 2^{j(t-s)} \|u_j\|_t \ .$$

Für kleinere t zeigen wir die Ungleichung (6.1.32) mit Hilfe des Skalarproduktes $\langle \cdot, \cdot \rangle_s$, welches eine zur $H^s(\Gamma)$-Norm äquivalente Norm liefert

$$\|u\|_s^2 = \langle u, u \rangle_s \ .$$

Aus der bewiesenen Abschätzung für ein festes t, hier zuerst $-\gamma < t$, und $-\gamma < s \leq t < \gamma^*$, folgern wir für $\tau < -\gamma$, $s - \tau < \gamma^* - s$, die Abschätzung

$$\|u_j\|_\tau = \sup_{v \in H^{2s-\tau}(\Gamma)} \frac{|\langle u_j, v \rangle_s|}{\|v\|_{2s-\tau}} \geq \sup_{v_j \in \tilde{S}_j} \frac{|\langle u_l, v_j \rangle_s|}{\|v_j\|_{2s-\tau}} \ .$$

Verwenden wir jetzt die schon für festes t bewiesene Abschätzung, so erhalten wir

$$\|u_j\|_\tau \geq c \sup_{v_j \in \tilde{S}_j} \frac{|\langle u_j, v_j \rangle_s|}{\|v_j\|_s \ 2^{j(s-\tau)}} \geq c \ 2^{j(\tau-s)} \ \|u_j\|_s \ ,$$

womit wir die Behauptung für jedes $\tau < s$, $s - \tau < \gamma^* - s$ bewiesen hätten. Nun setzen wir $\tau = t$ und wiederholen diese Prozedur wie vorher, solange, bis für jedes t die Behauptung gezeigt ist. ∎

6.2   Diskrete Normcharakterisierungen

Das wesentliche Resultat dieses Abschnittes ist, daß sich eine Normäquivalenz zwischen diskreten Normen der Entwicklungen in die Multiskalenbasen bzw. einer Multiskalenzerlegung und den Sobolevnormen zeigen läßt. Diese Normäquivalenz läßt sich auf eine breite Palette von Funktionenräume, wie *Besovräume*, verallgemeinern [DK, DJP]. Wir wollen uns hier auf den Fall der Sobolevräume beschränken. Dieses Resultat wurde in

[DK] mit Hilfe einer *diskreten Hardy-Ungleichung* bewiesen. Aufgrund unserer bisherigen Vorarbeiten wollen wir hier ausnahmsweise einmal auf diese Ungleichung verzichten und verweisen in diesem Zusammenhang auf die Arbeiten [DK, OS, KU, BY, D, DD]. Die hier vorgestellte Vorgehensweise findet sich in ähnlicher Form z.B. in [X, DD]. Sie basiert auf einer *asymptotischen verschärften Cauchy-Ungleichung*, die wir aus den verschärften Poincaré-Friedrich-Ungleichungen (6.1.17) und (6.1.23) folgern.

Lemma 6.2.1 *Sei $\langle \cdot, \cdot \rangle_s$ ein Skalarprodukt, das $H^s(\Gamma)$ zu einem Hilbertraum macht, $\langle u, u \rangle_s = \|u\|_s^2$. Zu $-\gamma^* < s < \gamma$ existiert ein $\rho > 0$, so daß für beliebige Funktionen $w_l \in W_l$ und $w_j \in W_j$ und $l, j = -1, 0, \cdots$, die Ungleichung*

$$|\langle w_l, w_j \rangle_s| \le c \, 2^{-\rho|l-j|} \|w_l\|_s \|w_j\|_s \tag{6.2.1}$$

gilt.

Beweis: Sei ohne Beschränkung der Allgemeinheit $l \le j$ und sei $\rho > 0$ und $-d*-1 < s - \rho < s + \rho < \gamma$. Dann gilt

$$\begin{aligned}|\langle w_l, w_j \rangle_s| &\le c \, \|w_l\|_{s+\rho} \|w_j\|_{s-\rho} \\ &= c \, \|(Q_l - Q_{l-1})w_l\|_{s+\rho} \|(Q_j - Q_{j-1})w_j\|_{s-\rho} \, .\end{aligned}$$

Wenden wir jetzt Theorem 6.1.4 auf die obigen Normen an, so erhalten wir wegen $l \le j$

$$\begin{aligned}|\langle w_l, w_j \rangle_s| &\le c \, 2^{\rho l} \, \|(Q_l - Q_{l-1})w_l\|_s \, 2^{-\rho j} \|(Q_j - Q_{j-1})w_j\|_s \\ &\le c \, 2^{-\rho|l-j|} \|w_l\|_s \|w_j\|_s \, .\end{aligned}$$

$\blacksquare$

Analog folgt das duale Gegenstück des Lemmas 6.2.1.

Lemma 6.2.2 *Zu $-d-1 < s < \gamma^*$ existiert ein $\rho > 0$, so daß für beliebige Funktionen $\tilde{w}_l \in \tilde{W}_l$ und $\tilde{w}_j \in \tilde{W}_j$ und $l, j = -1, 0, \cdots$, die Ungleichung*

$$|\langle \tilde{w}_l, \tilde{w}_j \rangle_s| \le c \, 2^{-\rho|l-j|} \|\tilde{w}_l\|_s \|\tilde{w}_j\|_s \tag{6.2.2}$$

gilt.

An vielen Stellen dieser Arbeit ist das Schur-Lemma sehr hilfreich, dies benötigen wir zum Abschätzen spektraler Matrixnormen.

Lemma 6.2.3 (Lemma von Schur) *Sei $\mathbf{T} = (T_{l,l'})_{l,l' \in \mathcal{I}}$ eine Matrix und $\mathcal{I}$ eine abzählbare Indexmenge. Dann gilt für jede Folge $\mathbf{u} \in l_2(\mathcal{I})$ oder jeden Vektor $\mathbf{u} = (u_l)_{l \in \mathcal{I}}$ und beliebiges $s \in \mathbb{R}$ die Ungleichung*

$$\|\mathbf{T}u\| \le c \, [\sup_{l \in \mathcal{I}} \sum_{l' \in \mathcal{I}} |T_{l,l'}| 2^{s(l-l')}]^{1/2} [\sup_{l' \in \mathcal{I}} \sum_{l \in \mathcal{I}} |T_{l,l'}| 2^{s(l'-l)}]^{1/2} \|\mathbf{u}\| \, , \tag{6.2.3}$$

dabei schreiben wir $\|\mathbf{u}\| := \|\mathbf{u}\|_{l_2(\mathcal{I})}$.

Beweis: Wegen seiner Bedeutung beweisen wir dieses Lemma hier. Wir betrachten zuerst

$$h_l = \sum_{l' \in \mathcal{I}} T_{l,l'} u_{l'} \; .$$

Es gilt aufgrund der Cauchy-Ungleichung

$$
\begin{aligned}
|h_l| &\leq \sum_{l' \in \mathcal{I}} |T_{l,l'}| 2^{\frac{s}{2}l'} 2^{\frac{-s}{2}l'} |u_{l'}| \\
&\leq \Big(\sum_{l' \in \mathcal{I}} |T_{l,l'}| 2^{sl'} \Big)^{1/2} \Big(\sum_{l' \in \mathcal{I}} |T_{l,l'}| 2^{-sl'} |u_{l'}|^2 \Big)^{1/2} \\
&\leq \Big(2^{-ls} \sum_{l' \in \mathcal{I}} |T_{l,l'}| 2^{sl'} \Big)^{1/2} \Big(2^{ls} \sum_{l' \in \mathcal{I}} |T_{l,l'}| 2^{-sl'} |u_{l'}|^2 \Big)^{1/2}
\end{aligned}
$$

Nun quadrieren wir $|h_l|$ und summieren über alle $l \in \mathcal{I}$. Damit erhalten wir

$$\sum_{l \in \mathcal{I}} |h_l|^2 \leq c \, [\sup_{l \in \mathcal{I}} \sum_{l' \in \mathcal{I}} |T_{l,l'}| 2^{s(l-l')}]^{1/2} [\sup_{l' \in \mathcal{I}} \sum_{l \in \mathcal{I}} |T_{l,l'}| 2^{s(l'-l)}]^{1/2} \|\mathbf{u}\| \; .$$

Wir erhalten nun folgende Aussage.

Lemma 6.2.4 *Sei* $-d^* - 1 < s < \gamma$ *und* $u \in H^s(\Gamma)$ *beliebig, dann gilt*

$$\|u\|_s^2 \leq c \sum_{l=-1}^{\infty} \|(Q_l - Q_{l-1})u\|_s^2 \; , \tag{6.2.4}$$

und sei $-d - 1 < s < \gamma^*$, *so erhalten wir die Abschätzung*

$$\|u\|_s^2 \leq c \sum_{l=-1}^{\infty} \|(Q_l^* - Q_{l-1}^*)u\|_s^2 \; . \tag{6.2.5}$$

Beweis: Wir zerlegen $u \in H^s(\Gamma)$ in eine teleskopische Summe

$$u = \sum_{l=-1}^{\infty} (Q_l - Q_{l-1})u = \sum_{l=-1}^{\infty} w_l \; , \quad w_l \in W_l \; ,$$

und setzen diese in das H^s-Skalarprodukt ein

$$
\begin{aligned}
\|u\|_s^2 &= |\langle \sum_{l=-1}^{\infty} w_l, \sum_{l'=-1}^{\infty} w_{l'} \rangle_s| \\
&\leq c \sum_{l=-1}^{\infty} \sum_{l'=-1}^{\infty} |\langle w_l, w_{l'} \rangle_s| \; .
\end{aligned}
$$

Diesen Ausdruck schätzen wir mit Hilfe der asymptotischen, verschärften Cauchy-Ungleichung (6.2.1) ab,

$$|\langle \sum_{l=-1}^{\infty} w_l, \sum_{l'=-1}^{\infty} w_{l'} \rangle_s| \leq c \sum_{l=-1}^{\infty} \sum_{l'=-1}^{\infty} 2^{-\rho|l-l'|} \|w_l\|_s \|w_{l'}\|_s \; .$$

Mit dem Schur-Lemma 6.2.3 angewandt auf die Matrix $(2^{-\rho|l-l'|})$ und den offensichtlichen Beziehungen

$$\sup_{l'\geq-1}\sum_{l=-1}^{\infty}2^{-\rho|l-l'|}\leq c \ , \quad \sup_{l\geq-1}\sum_{l'=-1}^{\infty}2^{-\rho|l-l'|}\leq c \ ,$$

folgt

$$|\langle\sum_{l=-1}^{\infty}w_l,\sum_{l'=-1}^{\infty}w_{l'}\rangle_s|\leq c\sum_{l=-1}^{\infty}\|w_l\|_s^2 \ .$$

Die gleiche Argumentation mit Q_l^* anstatt Q_l führt zum Beweis der zweiten Ungleichung des Lemmas. ∎

Mit einem Dualitätsargument folgt hieraus die Äquivalenz der Normen [KU, DD]. Wir werden diese Äquivalenz etwas später formulieren. Wir kommen nun zurück auf die Beziehungen zwischen den Sobolevnormen und den Normen der diskreten Koeffizientenfolgen einer Entwicklung bezüglich einer Multiskalenbasis. Diese Beziehungen werden sowohl zur Vorkonditionierung als auch zur Konsistenzbetrachtung der komprimierten Matrizen eine wichtige Rolle spielen. Die Kenntnis der Normäquivalenzen ist hierfür nicht ausreichend. Wir benötigen zudem später die einseitigen Abschätzungen bis zu den Grenzen ihrer jeweiligen Gültigkeit.

Theorem 6.2.1 *Seien $u \in C^\infty(\Gamma)$ und $w_k^l := ((F_{\infty,\psi}^*)^{-1}u)_k^l = \langle u,\tilde{\psi}_k^l\rangle$, dies bedeutet $u = \sum_{l=-1}^{\infty}\sum_{k\in\nabla_l}w_k^l\psi_k^l$. Dann gilt für $-d^*-1 < s < \gamma$ mit geeigneter Konstanten $c = c(s) > 0$ die Abschätzung*

$$\|u\|_s^2 \leq c\sum_{l=-1}^{\infty}\sum_{k\in\nabla_l}|2^{ls}w_k^l|^2 \ , \tag{6.2.6}$$

bzw. für $s = -d^*-1$ gilt

$$\|u\|_{-d^*-1} \leq c\sum_{l=-1}^{\infty}(\sum_{k\in\nabla_l}|2^{-l(d^*+1)}w_k^l|^2)^{1/2} \ . \tag{6.2.7}$$

erfüllt.

Seien $u \in C^\infty(\Gamma)$ und $\tilde{w}_k^l = (F_{\infty,\psi}u)_k^l = \langle u,\psi_k^l\rangle$, $l \geq -1$. Dann gilt für $-d-1 < s < \gamma^*$, mit geeigneter Konstanten $c = c(s) > 0$ die Abschätzung

$$\|u\|_s^2 \leq c\sum_{l=-1}^{\infty}\sum_{k\in\nabla_l}|2^{ls}\langle u,\psi_k^l\rangle|^2 \ , \tag{6.2.8}$$

bzw. für $s = -d-1$ ist

$$\|u\|_{-d-1} \leq c\sum_{l=-1}^{\infty}(\sum_{k\in\nabla_l}|2^{-l(d+1)}\langle u,\psi_k^l\rangle|^2)^{1/2} \tag{6.2.9}$$

erfüllt.

Beweis: Die Ungleichungen (6.2.7) und (6.2.9) folgen aus der Dreiecksungleichung zusammen mit den skalenweisen Abschätzungen in Lemma 6.1.2.

Die Beziehungen (6.2.6) und (6.2.8) folgen aus dem Lemma 6.2.4, z.B.

$$\|u\|_s^2 \le c \sum_{l=-1}^{\infty} \sum_{k \in \nabla_l} \|2^{ls}(Q_l - Q_{l-1})u\|_0^2 \,,$$

und den Ungleichungen in Lemma 6.1.2,

$$\|u\|_s^2 \le c \sum_{l=-1}^{\infty} \sum_{k \in \nabla_l} 2^{ls}\|(Q_l - Q_{l-1})u\|_0^2 \le c \sum_{l=-1}^{\infty} \sum_{k \in \nabla_l} |2^{ls}w_k^l|^2 \,.$$

∎

Dieses Theorem besitzt ebenfalls noch ein duales Gegenstück.

Theorem 6.2.2 *Unter den Voraussetzungen des Theorems 6.2.1 gelten auch die umgekehrten Abschätzungen*

$$\sum_{l=-1}^{\infty} \sum_{k \in \nabla_l} |2^{ls}w_k^l|^2 \le c\|u\|_s^2 \,, \tag{6.2.10}$$

mit geeigneter Konstanten $c = c(\gamma^*) > 0$, falls $-\gamma^* < s < d+1$ ist. Für $s = d+1$ folgt die Beziehung

$$\sum_{l=-1}^{j} \sum_{k \in \nabla_l} |2^{l(d+1)}w_k^l|^2 \le cj\|u\|_s^2 \tag{6.2.11}$$

für alle $j \in \mathbb{N}$.

Desweiteren gilt

$$\sum_{l=-1}^{\infty} \sum_{k \in \nabla_l} |2^{ls}\langle u, \psi_k^l \rangle|^2 \le c\|u\|_s^2 \tag{6.2.12}$$

mit geeigneter Konstanten $c = c(\gamma) > 0$, falls $-\gamma < s < d^* + 1$, und falls $s = d^* + 1$, gilt die Beziehung

$$\sum_{l=-1}^{j} \sum_{k \in \nabla_l} |2^{l(d^*+1)}\langle u, \psi_k^l \rangle|^2 \le cj\|u\|_s^2 \tag{6.2.13}$$

für alle $j \in \mathbb{N}$.

Beweis: Bezeichnen wir mit $l_{2,s}(\mathcal{J})$, $s \in \mathbb{R}$, die diskreten Räume

$$l_{2,s}(\mathcal{J}) := \{\mathbf{u} = (u_k^l)_{(l,k)\in\mathcal{J}} : |\mathbf{u}|_{2,s}^2 := \sum_{l=0}^{\infty} \sum_{k \in \nabla_l} 2^{2ls}|u_k^l|^2 < \infty\} \,, \tag{6.2.14}$$

dann bedeuten die Aussagen (6.2.6) und (6.2.8) gerade die Stetigkeit der Operatoren

$$F_{\infty,\psi}^* : l_{2,s} \to H^s(\Gamma) \,, \quad -d^* - 1 < s < \gamma \,,$$

bzw.

$$F_{\infty,\psi}^{-1} : l_{2,s} \to H^s(\Gamma) \ , \quad -d-1 < s < \gamma^* \ .$$

Wegen der Dualität im Sinne des Skalarproduktes in $l_2(\mathcal{J})$ ist der Dualraum

$$[l_{2,s}(\mathcal{J})]' = l_{2,-s}(\mathcal{J}) \ .$$

Auf Grund dieser Dualität sind die adjungierten Operatoren jeweils in den Dualräumen

$$F_{\infty,\psi} : H^s(\Gamma) \to l_{2,s} \ , \quad -\gamma < s < d^* + 1 \ ,$$

und

$$(F_{\infty,\psi}^*)^{-1} : H^s(\Gamma) \to l_{2,s} \ , \quad \gamma^* < s < d+1 \ ,$$

stetig. Woraus sich dann die Aussagen (6.2.12) und (6.2.10) ergeben. ∎

Wir führen in Kapitel 5.1.8 nochmals einen ausführlichen Beweis anhand des Interpolationsprojektors durch.

Als Konsequenzen erhalten wir die Normäquivalenz der Zerlegungen.

Theorem 6.2.3 *Sei* $-\gamma^* < s < \gamma$ *und* $u \in H^s(\Gamma)$ *beliebig, dann gilt die Normäquivalenz*

$$\|u\|_s^2 \sim c \sum_{l=-1}^{\infty} 2^{2ls} \|(Q_l - Q_{l-1})u\|_0^2 \ , \tag{6.2.15}$$

und sei $-\gamma < s < \gamma^*$, *so erhalten wir das duale Gegenstück zu* (6.2.15),

$$\|u\|_s^2 \sim c \sum_{l=-1}^{\infty} 2^{2ls} \|(Q_l^* - Q_{l-1}^*)u\|_0^2 \ . \tag{6.2.16}$$

Beweis: Die Abschätzungen nach oben

$$\|u\|_s^2 \le c \sum_{l=-1}^{\infty} 2^{2ls} \|(Q_l - Q_{l-1})u\|_0^2$$

und

$$\|u\|_s^2 \le c \sum_{l=-1}^{\infty} 2^{2ls} \|(Q_l^* - Q_{l-1}^*)u\|_0^2$$

finden sich in Lemma 6.2.4. Die Abschätzungen nach unten folgen direkt aus den Aussagen des Theorems 6.2.2 und des Lemmas 6.1.2. ∎

Führen wir nun die *Shift-Operatoren*

$$\Upsilon^s u := \sum_{j \in \mathbb{N}_0} 2^{js}(Q_j - Q_{j-1})u \tag{6.2.17}$$

ein, so lässt sich bemerken, daß wegen (5.1.25) die Gleichheit

$$\sum_{j \in \mathbb{N}_0} 2^{js}(Q_j - Q_{j-1})\Upsilon^t u = \sum_{j \in \mathbb{N}_0} 2^{j(s+t)}(Q_j - Q_{j-1})u$$

gilt. Damit kann man auch die folgende Beziehung beweisen.

Lemma 6.2.5 *Für* $-\gamma^* < t$ *und* $t + s < \gamma$ *gilt*

$$\|\Upsilon^s u\|_t \sim \|u\|_{t+s}, \qquad -\gamma^* < t + s < \gamma, \tag{6.2.18}$$

Bemerkung 6.2.1 Ein wichtiger Sonderfall liegt vor, wenn

$$W_l \perp S_l \ , \quad W_l \perp W_j \ , \quad j \neq l \ ,$$

gilt. Hierfür ist offensichtlich $\gamma = \gamma^*$. Dies ist für die *Prewavelets* der Fall [CHUI, CHWA, JM]. Stückweise lineare Prewavelets in $\mathcal{M}_{1,1}$ auf stückweise glatten Oberflächen im $\mathbb{R}^3$ wurden erstmals in [JU] konstruiert.

Falls wir die Momentenbedingung (5.5.1) fallenlassen, kann man noch folgendes Resultat in $L_2(\Gamma)$ zeigen. Dabei wollen wir den Beweis des ganz allgemeinen Falles bloß ganz kurz skizzieren. Für detaillierte Untersuchungen dieses Falles müßten wir eine Reihe von Hilfsmitteln aus der Calderón-Zygmund-Theorie bereitstellen. Da wir im Zusammenhang mit der Matrixkompression die verschwindenden Momente generell voraussetzen, wollen wir hierauf verzichten.

Theorem 6.2.4 *Die Basis* $\{\psi_j\}$ *erfülle für jede Skala* $-1 \leq l$ *die inverse Dreiecksungleichung* (5.2.22). *Sei* $u = \sum_{l=1}^{\infty} \sum_{k \in \nabla_l} w_k^l \kappa_m^* \psi_k^l$ *mit* $\mathrm{supp}\, u \subset \Sigma$, *dann gilt die Abschätzung*

$$\|u\|_0^2 \ \leq \ c \sum_{l=-1}^{\infty} \sum_{k \in \nabla_l} |w_k^l|^2 \ ,$$

falls

$$\sum_{l=-1}^{\infty} \sum_{k \in \nabla_l} \left(\int_{\Sigma} \kappa_m^* \psi_k^l(x) dx \right) \psi_k^l \in BMO.$$

Hierbei ist BMO der Raum der Funktionen mit bounded mean oscillation [DAVID].

Beweisidee: Man braucht lediglich die Stetigkeit des Operators S definiert durch

$$Su(x) = \sum_{l=-1}^{\infty} \sum_{k \in \nabla_l} \left(\int_{\Sigma} \overline{\kappa_m^* \psi_k^l(y)} u(y) dy \, \psi_k^l(x) \right) \tag{6.2.19}$$

zeigen. Man kann zeigen, daß dieser Operator (6.2.19) einen Calderón-Zygmund-Kern besitzt. Damit ist die Aussage eine Konsequenz des $T1-$Theorems [M2, DAVID]. ∎

Der Satz 6.2.4 wurde in [SFM] formuliert, es gibt aber mittlerweile weitere Arbeiten, die ein entsprechendes Ergebnis in Termen des *Carlesson-Lemmas* formuliert haben [PL].

6.3 Besovnormen

Im Zusammenhang mit Multilevel-Vorkonditionierung [BPX, DK, XU, X, O] erwies sich eine Charakterisierung von Sobolevnormen durch *Besovnormen* als bedeutend. Aufgrund dieser Ergebnisse sowie im Hinblick auf die Arbeiten [DJP, OS] der nichtlinearen Approximation wollen wir diese Normen in einem Anhang an das Kapitel mit aufführen. Wir beschränken uns einfachheitshalber auf den Fall $p = 2$. Ein grundlegender Begriff ist in diesem Zusammenhang der Begriff des *Stetigkeitsmoduls*, mit dem wir die lokale Glattheit von Funktionen messen. In einem Raum $\mathcal{F}$ können wir einen *Stetigkeitsmodul* einführen

$$\omega_{\mathcal{F}}(\cdot, t) \ , \ t \geq 0 \ ,$$

von dem wir die folgenden Eigenschaften verlangen.

Die einparametrige Familie $\omega_{\mathcal{F}}(\cdot, t)$, $t \geq 0$, von nichtnegativen subadditiven Funktionalen heißt *Stetigkeitsmodul*, falls sie die folgenden Eigenschaften besitzt:

$$\omega_{\mathcal{F}}(f, t) \ \leq \ c \, \|f\|_{\mathcal{F}}, \ \text{für alle} \ f \in \mathcal{F}. \tag{6.3.1}$$

$$\lim_{t \to 0^+} \omega_{\mathcal{F}}(f, t) \ = \ 0 \ \text{für alle} \ f \in \mathcal{F}. \tag{6.3.2}$$

$$\omega_{\mathcal{F}}(f_1 + f_2, t) \ \leq \ \omega_{\mathcal{F}}(f_1, t) + \omega_{\mathcal{F}}(f_2, t), \quad f_1, f_2 \in \mathcal{F}. \tag{6.3.3}$$

Zusätzlich soll zu jedem $\lambda > 0$ eine weitere positive Zahl $\lambda' > 0$ existieren, so daß für alle $t > 0$, $f \in \mathcal{F}$, die Beziehung

$$\omega_{\mathcal{F}}(f, \lambda t) \leq \lambda' \, \omega_{\mathcal{F}}(f, t) \tag{6.3.4}$$

gilt.

Beispiel: Sei Ω ein Gebiet im $\mathbb{R}^n$, $1 < p < \infty$ und

$$\mathcal{F} = L_2(\Omega) \tag{6.3.5}$$

Bezeichne

$$(\Delta_h^{d+1} f)(x) := \sum_{j=0}^{d+1} \binom{d+1}{j} (-1)^{d+1-j} f(x + jh)$$

den Vorwärts-Differenzenoperator $d + 1$-ter Ordnung in Richtung des Vektors h und sei

$$\Omega_{h,d+1} := \{x \in \Omega : x + jh \in \Omega, \ j = 0, \ldots, d + 1\},$$

dann sei der L_p-Stetigkeitsmodul $d + 1$-ter Ordnung von f durch

$$\omega_{d+1}(f, t, \Omega)_p := \sup_{|h| \leq t} \|\Delta_h^{d+1} f\|_{L_p(\Omega_{h,d+1})},$$

definiert, hierbei bezeichnet $| \cdot |$ die Euklidische Norm im $\mathbb{R}^n$. Hierfür ist nun bekannt [JS], daß

$$\omega_{L_p(\Omega)}(f, t) := \omega_{d+1}(f, t, \Omega)_p \tag{6.3.6}$$

die Beziehungen (6.3.1), (6.3.2), als auch (6.3.3) erfüllt und somit eine mögliche Wahl für ein Gebiet Ω darstellt.

Wir wollen nun einen Stetigkeitsmodul global auf der Mannigfaltigkeit Γ einführen, der in lokalen Karten jeweils dem Stetigkeitsmodul $\omega_{d+1}(f,t,\Omega)_p$ äquivalent ist. Zu diesem Zweck erinnern wir an die bekannte Äquivalenz zwischen dem Stetigkeitsmodul auf Ω und dem *K-Funktional* [DDS, JS]. Der Begriff des K-Funktionals ist vielleicht weniger anschaulich, läßt sich dafür relativ einfach auf Mannigfaltigkeiten übertragen. Aus diesem Grund wollen wir ein K-Funktional zur Definition eines Stetigkeitsmoduls $\omega_{\mathcal{F}}$ auf der Mannigfaltigkeit Γ verwenden.

Für ein beschränktes Gebiet $\Omega \subset \mathbb{R}^n$ ist das K-Funktional $K_{d+1}(f,t,\Omega)_p$ einer Funktion f folgendermaßen definiert

$$K_{d+1}(f,t,\Omega)_p := \inf_{v \in W^s(\Omega)} \{ \|f-v\|_{L_p(\Omega)} + t^{d+1} |v|_{d+1,p} \} , \tag{6.3.7}$$

mit der Halbnorm

$$|v|_{d+1,p} := \{ \sum_{|\alpha|=d+1} \int_\Omega |D^\alpha f(x)|^p dx \}^{1/p} ,$$

hierbei ist

$$W^{d+1,p}(\Omega) = \{ v : \|v\|_{W^{d+1,p}(\Omega)} = \|v\|_{L_p(\Omega)} + |v|_{d+1,p} < \infty \}$$

die bekannte Sobolevnorm auf Ω der Ordnung $d+1 \in \mathbb{N}$. Es ist bekannt [DDS, JS], daß für $t \to 0$ das K-Funktional äquivalent zum Stetigkeitsmodul ist

$$K_{d+1}(f,t,\Omega)_p \sim \omega_{d+1}(f,t,\Omega)_p \tag{6.3.8}$$

Durch *reelle Interpolation* [T, BELO] gelangen wir zu folgender Definition der *Besovnormen*, wobei wir hier lediglich den Spezialfall $p = q$ aufführen. Für $0 < s < d+1$ ist diese Norm auf Ω für $1 < p < \infty$ durch

$$\|f\|_{B_{p,p}^s(\Omega)} = \|f\|_{L_p(\Omega)} + \{ \sum_{l=0}^\infty 2^{pls}(K_{d+1}(f,2^{-l},\Omega)_p)^p \}^{1/p} \tag{6.3.9}$$

definiert.

Da wir für unsere Untersuchungen in dieser Arbeit den allgemeinen Fall nicht benötigen, beschränken wir uns hier auf $p = 2$.

Definition 6.3.1 *Auf der kompakten Mannigfaltigkeit Γ definieren wir ein K-Funktional durch*

$$K_{d+1}(f,t,\Gamma)_2 = \inf_{v \in H^{d+1}(\Gamma)} \{ \|f-v\|_{L_2(\Gamma)} + t^{d+1} \|v\|_{H^{d+1}(\Gamma)} \} . \tag{6.3.10}$$

Mittels dieses K-Funktionals sei dann der Stetigkeitsmodul durch

$$\omega_{L^2(\Gamma)}(f,t) := \omega_{d+1}(f,t) := K_{d+1}(f,t,\Gamma)_2 \tag{6.3.11}$$

gegeben.

Diese Überlegungen führen uns zu der Definition der Besovnormen $(p = q = 2)$, für $0 < s < d + 1$ auf Γ definieren wir

$$\|f\|_{B_{2,2}^s(\Gamma)} = \|f\|_{B^s(L_2(\Gamma))} = \|f\|_0 + \{\sum_{l=0}^{\infty} 2^{2ls}\omega_{d+1}(f, 2^{-l})_2^2\}^{1/2} . \tag{6.3.12}$$

Wesentlich für uns ist in diesem Zusammenhang, daß im Fall $p = 2$ die Besovnormen äquivalent zu den Sobolevnormen sind. Da der Stetigkeitsmodul, wie wir sehen werden, mit dem Approximationsverhalten durch eine Multiresolutionsanalyse in enger Beziehung steht (diese wird durch die eine *direkte* und eine *inverse Abschätzung* hergestellt), drücken die Besovnormen von f *global* die *lokale Approximierbarkeit* einer Funktion f aus. In L_2 ist dieser Ausdruck durch die Differenzierbarkeit in Termen von Sobolevnormen charakterisiert. Darin spiegelt sich eine Doppelbedeutung der Sobolevnormen wieder, die wir öfter in der numerischen Analysis finden: zum einen charakterisieren sie quadratische Funktionale und zugehörige Galerkinverfahren, und heißen in diesem Zusammenhang auch *Energieräume*, hierdurch sind sie fundamental für den variationellen Zugang, zum anderen drücken sie die Differenzierbarkeit und infolge dessen die polynomiale Approximierbarkeit ihrer Funktionen aus. Dieser Dualismus ist wesentlich für die Konvergenztheorie z.B. Finiter Elemente, und ist für die Multiskalenzerlegung von besonderer Bedeutung [DJP, SAD].

In dem vorliegenden Fall kompakter Mannigfaltigkeiten gilt nun eine entsprechende Äquivalenz.

Proposition 6.3.1 *Für $0 < s < d+1$ sind die Besovnormen (6.3.12) äquivalent zu den Sobolevnormen in $H^s(\Gamma)$,*

$$\|f\|_{B^s(L_2(\Gamma))} \sim \|f\|_s . \tag{6.3.13}$$

Beweis: Wir betrachten eine Zerlegung der Einheit χ_m , $m = 1, \cdots, m_\Gamma < \infty$, und bemerken, daß es hierfür genügt, die Normäquivalenz

$$\|\chi_m f\|_{B^s(L_2(\Gamma))} \sim \|\chi_m f\|_s ,$$

für alle $m = 1, \cdots, m_\Gamma$ zu zeigen. Es gilt nun für ein beschränktes Gebiet $\Omega \subset \mathbb{R}^n$ mit supp $\kappa_m^*(\chi_m f) \subset \Omega$, $m = 1, \ldots, m_\Gamma$, die Äquivalenz

$$\|\chi_m f\|_{B^s(L_2(\Gamma))} \sim \|\kappa_m^*(\chi_m f)\|_0 + \tag{6.3.14}$$

$$+ \{\sum_{l=0}^{\infty} 2^{2ls}(\inf_{v \in H^{d+1}(\Omega)}\{\|\kappa_m^*(\chi_m f) - v\|_{L_2(\Omega)} + 2^{-l(d+1)}|v|_{d+1,2}\})^2\}^{1/2} .$$

Da der Träger von $\kappa_m^*(\chi_m f)$ kompakt ist, können wir die Poincaré-Friedrich-Ungleichung anwenden. Daraus folgt die Äquivalenz zwischen der Halbnorm $|\cdot|_{d+1,2}$ und den Sobolevnormen

$$|\kappa_m^*(\chi_m f)|_{d+1,2} \sim \|\kappa_m^*(\chi_m f)\|_{H^{d+1}(\Omega)} ,$$

und somit gilt

$$K_{d+1}(\kappa_m^*(\chi_m f), 2^{-l}, \Omega)_2^2 \sim \inf_{v \in H^{d+1}(\Omega)} \{\|\kappa_m^*(\chi_m f) - v\|_{L_2(\Omega)} + 2^{-l(d+1)}\|v\|_{H^{d+1}(\Omega)}\} \; .$$

Setzen wir dieses Ergebnis in (6.3.14) ein, so erhalten wir wegen $0 < s < d + 1$

$$\begin{aligned}
\|\chi_m f\|_{B^s(L_2(\Gamma))} \;\sim\;& \|\kappa_m^*(\chi_m f)\|_0 + \\
&+ \{\sum_{l=0}^{\infty} 2^{2ls}(\inf_{v \in H^{d+1}(\Omega)} \{\|\kappa_m^*(\chi_m f) - v\|_{L_2(\Omega)} + 2^{l(d+1)}|v|_{d+1,2}\})^2\}^{1/2} \\
\sim\;& \|\kappa_m^*(\chi_m f)\|_0 + \{\sum_{l=0}^{\infty} 2^{2ls} K_{d+1}(\kappa_m^*(\chi_m f), 2^{-l}, \Omega)_2^2\}^{1/2} \\
\sim\;& \|\kappa_m^* \chi_m f\|_{B_{2,2}^s(\Omega)} \\
\sim\;& \|\chi_m f\|_{H^s(\Omega)} \; ,
\end{aligned}$$

und damit das behauptete Resultat.   ∎

Damit ist unter Ausnutzung der bekannten Eigenschaften des K-Funktionals durch Rückführung auf den $\mathbb{R}^n$ auch bewiesen, daß der hier eingeführte Stetigkeitsmodul den Bedingungen (6.3.1) bis (6.3.4) genügt.

Nun kann man aus der Approximationseigenschaft (6.1.2) der Folge $\mathcal{S} = \{\cdots \subset S_j \subset \cdots\}$ Abschätzungen vom *Whitney-Typ* charakterisieren, und die Regularität der Funktionen in S_j in Form einer *inversen* oder *Bernstein-Ungleichung* charakterisieren [DK].

Theorem 6.3.1 *Für $f_j \in S_j$, $j \in \mathbb{N}$, die Abschätzung*

$$\inf_{f_j \in S_j} \|f - f_j\|_0 \le c\, \omega_{d+1}(f, 2^{-j}) \tag{6.3.15}$$

gleichmäßig bzgl. j.

Es existiert ein geeignetes $\rho > 0$, so daß für alle Funktionen $f_j \in S_j$ die Abschätzung

$$\omega_{d+1}(f_j, t) \le c\left(\min\{1, t2^j\}\right)^\rho \|f_j\|_0 \tag{6.3.16}$$

gleichmäßig in $j \in \mathbb{N}_0$ gilt.

Beweis: Sei $P_j : L_2(\Gamma) \to S_j$ der in $L_2(\Gamma)$ orthogonale Projektor, dann gilt für beliebiges $v \in H^{d+1}(\Gamma)$ die Lebesgue-artige Abschätzung

$$\begin{aligned}
\|f - P_j f\|_0 \;\le\;& \|f - v\|_0 + \|P_j f - v\|_0 \\
\le\;& \|f - v\|_0 + \|P_j v - v\|_0 + \|P_j(f - v)\|_0 \\
\le\;& 2\|f - v\|_0 + \|P_j v - v\|_0 \; .
\end{aligned}$$

Verwenden wir an dieser Stelle die Approximationseigenschaft (6.1.2), so erhalten wir

$$\|f - P_j f\|_0 \;\le\; c\,(\|f - v\|_0 + 2^{-j(d+1)}\|v\|_{d+1}) \; ,$$

und bilden wir nun das Infimum über alle $v \in H^{d+1}(\Gamma)$, so ergibt sich die direkte Ungleichung (6.3.15)

$$\inf_{f_j \in S_j} \|f - f_j\|_0 \leq c\, \omega_{d+1}(f, 2^{-j})\,.$$

Wegen $\inf_{f_j \in S_j} \|f - f_j\|_0 = \|f - P_j f\|_0$ folgt (6.3.15). Unter der Voraussetzung $\gamma > 0$ gilt für $0 < \rho < \gamma$ und $f_j \in S_j$ aufgrund der Definition der Besovnormen (6.3.12)

$$\begin{aligned}
2^{m\rho}\omega_{d+1}(f_j, 2^{-m}) &\leq \|f_j\|_{B^\rho(L_2(\Gamma))} \\
&\leq c\, \|f_j\|_\rho\,,
\end{aligned}$$

wobei wir die in Proposition 6.3.1 formulierte Äquivalenz zu Sobolevnormen verwendet haben. An dieser Stelle setzen wird die Inverse Eigenschaft ein und erhalten

$$\begin{aligned}
2^{m\rho}\omega_{d+1}(f_j, 2^{-m}) &\leq c\, \|f_j\|_\rho \\
&\leq c\, 2^{j\rho}\|f_j\|_0\,.
\end{aligned}$$

Falls $m > j$ ist, folgt hieraus unmittelbar die Behauptung. Anderenfalls benutzen wir die Eigenschaft $\omega_{d+1}(f, 2^{-m}) \leq c\, \|f\|_0$, womit wir die behauptete Bernstein-Ungleichung gezeigt hätten [DD]. ∎

Wir erhalten mit den gleichen Argumenten auch für das duale System Ungleichungen vom Whitney-Typ und vom Bernstein-Typ.

Theorem 6.3.2 *Für* $f_j \in \tilde{S}_j$, $j \in \mathbb{N}$, *die Abschätzung*

$$\inf_{f_j \in \tilde{S}_j} \|f - f_j\|_0 \leq c\, \omega_{d+1}(f, 2^{-j}) \tag{6.3.17}$$

gleichmäßig bzgl. j.

Falls $\gamma^* > 0$ *existiert ein geeignetes* $\rho > 0$, *so daß für alle Funktionen* $f_j \in \tilde{S}_j$ *die Abschätzung*

$$\omega_{d+1}(f_j, t) \leq c\, \big(\min\{1, t2^j\}\big)^\rho \|f_j\|_0 \tag{6.3.18}$$

gleichmäßig in $j \in \mathbb{N}_0$ *gilt*.

Beweis der Beweis folgt analog zu Lemma 6.1.1 und Lemma 6.1.2. ∎

Es gilt jetzt die folgende wichtige Normäquivalenz [DK, KU, DD, D], die wir hier aus Theorem 6.2.3 und Proposition 6.3.1 zeigen.

Theorem 6.3.3 *Es gelten die Voraussetzungen des Theorems 6.2.3, dann gilt für* $-\gamma^* < t < \gamma$ *die Normäquivalenz*

$$\|v\|_{B^t(L_2(\Gamma))} \sim \|v\|_t \sim \left(\sum_{j \in \mathbb{N}_0} 2^{2jt}\|(Q_j - Q_{j-1})f\|_0^2\right)^{1/2}\,. \tag{6.3.19}$$

Für $-\gamma < t < \gamma^*$ gilt entsprechend

$$\|v\|_{B^t(L_2(\Gamma))} \sim \|v\|_t \sim \left(\sum_{j \in \mathbb{N}_0} 2^{2jt} \|(Q_j^* - Q_{j-1}^*)f\|_0^2 \right)^{1/2}. \tag{6.3.20}$$

Eine zweite Möglichkeit, einen Stetigkeitsmodul zu definieren, ist die folgende: Zu einem Punkt $x \in \Gamma$ und $t > 0$ (hinreichend klein), $d+1 \in \mathbb{N}$, betrachten wir alle Punkte $y \in B_{x,t,d+1} := \{y \in \Gamma : \mathrm{dist}(x,y) = (d+1)t\}$ und ihre Geodäten $h = h(x,y)$ zwischen x und y parametrisiert mit der Bogenlänge $s \in [0,l]$. Dann bezeichnet $f(x,jh)$ den Wert der Funktion f an der Stelle, die auf dieser Geodäten durch den Bogenlängenparameter $s = j$ gegeben ist. Mit dieser Definition können wir den Vorwärts-Differenzenoperator $d+1$-ter Ordnung in Richtung der Geodäten $h = h(x,y)$ auf Riemannschen Mannigfaltigkeiten als

$$(\Delta_h^{d+1} f)(x) := \sum_{j=0}^{d+1} \binom{d+1}{j} (-1)^{d+1-j} f(x,jh)$$

definieren. Dann ist der L_p-Stetigkeitsmodul $d+1$-ter Ordnung von f durch

$$\omega_{d+1}(f,t,\Gamma)_p := \sup_{\mathrm{dist}(x,y) \leq (d+1)t} \|\Delta_h^{d+1} f\|_{L_p(\Gamma)}$$

gegeben.

Aufgrund der Glattheit der Mannigfaltigkeit läßt sich dann mit gewissem technischen Aufwand zeigen, daß für hinreichend kleines $t > 0$ die Äquivalenz

$$\omega_{d+1}(f,t,\Gamma)_p \sim \sum_{m=1}^{m_\Gamma} \omega_{d+1}(\kappa^*(\chi_m f), t, \mathbb{R}^n)_p \tag{6.3.21}$$

gilt.

6.4 Zusammenfassung

Wir wollen die für unsere Untersuchungen wesentlichen Eigenschaften der Multiskalenbasen (Wavelets), auf deren Grundlage wir unsere Resultate vollständig verifizieren können, hier kurz zusammenfassen. Wir benutzen hierbei die Schreibweise $\langle v, \tilde{\varphi}_k^l \rangle := \tilde{\varphi}_k^l(v)$

Projektoren: Wir betrachten die Spaltenvektoren

$$(\varphi^j) = ((\varphi_k^j))_{k \in \Delta_j} \quad , \quad (\tilde{\varphi}^j) = ((\tilde{\varphi}_k^j))_{k \in \Delta_j} \ ,$$

bestehend aus den Basisfunktionen $\varphi_k^j, \tilde{\varphi}_k^j$, sowie die Koeffizientenvektoren

$$v^j = \langle v, (\tilde{\varphi}^j) \rangle \quad \tilde{v}^j = \langle (\varphi^j), v \rangle \ ,$$

bestehend aus den Koeffizienten

$$v_k^j = \langle v, \tilde{\varphi}_k^j \rangle \ , \ \ \tilde{v}_k^j = \langle \varphi_k^j, v \rangle \ , \ \ k \in \Delta_j \ .$$

So definieren wir die Projektoren in der Kurzschreibweise

$$Q_j := \langle \cdot, (\tilde{\varphi}^j) \rangle^\mathsf{T} (\varphi^j) \ , \quad Q_j^* := \langle \cdot, (\varphi^j) \rangle^\mathsf{T} (\tilde{\varphi}^j) \ . \tag{6.4.1}$$

Unter den Voraussetzungen des Kapitels (6) sind dies gleichmäßig beschränkte Projektoren von Sobolevräumen $H^s(\Gamma)$ in $S_j, \tilde{S}_j$, mit geeigneten Parametern s, und beide Projektoren sind zudem adjungiert zueinander.

Multiskalenbasen, Stabilität, und Normäquivalenz : Die Mengen

$$\{\psi^j\} := \{\psi_k^j : (j,k) \in \mathcal{J}\}, \quad \{\tilde{\psi}^j\} = \{\tilde{\psi}_k^j : (j,k) \in \mathcal{J}\}$$

seien zueinander biorthogonale Basen, so daß die Operatoren

$$Q_{j+1} - Q_j = \langle \cdot, (\tilde{\psi}^j) \rangle (\psi^j), \quad Q_{j+1}^* - Q_j^* = \langle \cdot, (\psi^j) \rangle (\tilde{\psi}^j) \ . \tag{6.4.2}$$

in $H^s(\Gamma)$ für $-\gamma^* < s < \gamma$ bzw. $-\gamma < s < \gamma^*$ gleichmäßig beschränkte Projektoren sind.

Desweiteren setzen wir stets voraus, daß

$$\gamma \leq d + 1 \ , \ \gamma^* \leq d^* + 1 \tag{6.4.3}$$

gelten soll.

Unter den Voraussetzungen eingangs von Kapitel 6.1 für die Räume $S_j, \tilde{S}_j$ folgen aus Theorem 6.3.3 die folgenden Normabschätzungen

$$\|v\|_t^2 \ \leq \ \sum_{(j,k) \in \mathcal{J}} 2^{2jt} |\langle v, \tilde{\psi}_k^j \rangle|^2 \tag{6.4.4}$$

$$\|v\|_t^2 \ \leq \ \sum_{(j,k) \in \mathcal{J}} 2^{2jt} |\langle v, \psi_k^j \rangle|^2, \tag{6.4.5}$$

falls

$$\begin{aligned} -d^* - 1 \ &< t < \ \gamma \ , \\ -d - 1 \ &< t < \ \gamma^* \ , \end{aligned} \tag{6.4.6}$$

gilt. Und umgekehrt gelten

$$\|v\|_t^2 \ \geq \ \sum_{(j,k) \in \mathcal{J}} 2^{2jt} |\langle v, \tilde{\psi}_k^j \rangle|^2 \tag{6.4.7}$$

$$\|v\|_t^2 \ \geq \ \sum_{(j,k) \in \mathcal{J}} 2^{2jt} |\langle v, \psi_k^j \rangle|^2, \tag{6.4.8}$$

falls

$$\begin{aligned} -\gamma^* \ &< t < \ d + 1 \ , \\ -\gamma \ &< t < \ d^* + 1 \ , \end{aligned} \tag{6.4.9}$$

ist.

Daraus erhält man die Normäqivalenzen

$$\|v\|_t^2 \ \sim \ \sum_{(j,k)\in\mathcal{J}} 2^{2jt}|\langle v,\tilde{\psi}_k^j\rangle|^2 \tag{6.4.10}$$

$$\|v\|_t^2 \ \sim \ \sum_{(j,k)\in\mathcal{J}} 2^{2jt}|\langle v,\psi_k^j\rangle|^2, \tag{6.4.11}$$

falls

$$\begin{aligned} -\gamma^* &\ < t < \ \gamma\,, \\ -\gamma \ &< t < \ \gamma^*\,, \end{aligned} \tag{6.4.12}$$

gilt.

Approximationseigenschaft und inverse Abschätzungen:

Die beiden Familien endlichdimensionaler Räume $\{S_j : j \in \mathbb{N}_0\}$ und $\{\tilde{S}_j : j \in \mathbb{N}_0\}$ besitzen die *Approximationseigenschaft*:

$$\|v - Q_j v\|_\tau \le c\, 2^{j(\tau-t)}\|v\|_t, \quad v \in H^t(\Gamma), \tag{6.4.13}$$

falls $-d^* - 1 < \tau < \gamma,\ \tau \le t,\ -\gamma^* < t \le d + 1$, sowie

$$\|v - Q_j^* v\|_\tau \le c\, 2^{j(\tau-t)}\|v\|_t, \quad v \in H^t(\Gamma), \tag{6.4.14}$$

für $-d - 1 < \tau < \gamma^*,\ \tau \le t,\ -\gamma < t \le d^* + 1$.

Es gilt außerdem die *inverse Eigenschaft*:

$$\|v_j\|_t \le c\, 2^{j(t-\tau)}\|v_j\|_\tau, \quad v_j \in S_j, \tag{6.4.15}$$

für $-\infty < \tau \le t < \gamma^*$, und

$$\|v_j\|_t \le c\, 2^{j(t-\tau)}\|v_j\|_\tau, \quad v_j \in \tilde{S}_j, \tag{6.4.16}$$

falls $-\infty < \tau \le t < \gamma$ gilt

Momentenbedingung: Die Funktionen ψ_k^j erfüllen eine *Momentenbedingung*, d.h. in einer geeigneten lokalen Karte verschwinden die ersten $d^* + 1$ Momente

$$\int_{\mathbb{R}^n} x^\alpha \overline{(\kappa_m^* \psi_k^j)(x)}\, dx = 0, \quad |\alpha| \le d^*, k \in \nabla_j,\ m = 0,\dots,m_\Gamma. \tag{6.4.17}$$

Kapitel 7

Multiskalendarstellung des Galerkin- und Kollokationsverfahrens

In diesem Abschnitt wollen wir die beiden häufigsten Methoden, nämlich Galerkin-
und Kollokationsmethoden zur Lösung von Pseudodifferentialgleichungen (3.0.2) auf der
Grundlage der in Kapitel 5 entwickelten Multiskalenbasen beschreiben und deren wesentlichen Eigenschaften charakterisieren. Beide Verfahren sind Spezialfälle von Petrov-
Galerkin-Verfahren und können für unsere Untersuchungen vorteilhaft als Projektionsmethoden behandelt werden.

Diese Petrov-Galerkin-Verfahren sind Standardmethoden zur Lösung von Operatorgleichungen der Art (3.0.2). Für den n-dimensionalen Torus haben wir solche Methoden
in einem recht allgemeinen Rahmen einer Multiresolutionsanalysis eingehend untersucht
[DPS1, DPS2, DPS3]. Wir wollen uns hier von diesem periodischen Rahmen weitgehend
lösen.

Der Sinn solcher Projektionsmethoden besteht darin, die Operatorgleichung (3.0.2)
durch eine Operatorgleichung mit endlichdimensionalen Operatoren im Sinne der starken Operatortopologie zu approximieren. Dies geschieht dadurch, daß man geeignete
Approximationen des identischen Operators in Form von Projektoren verwendet, dabei
approximiert man den Operator A durch

$$A_j u = \Pi_j A Q_j u \;\; \to \;\; Au \;\; , \; u \in C^\infty(\Gamma) \; , \tag{7.0.1}$$

bzw. man ersetzt die ursprüngliche Gleichung (3.0.2) durch die angenäherte Gleichung

$$A_j u = \Pi_j A Q_j u = \Pi_j B Q_j g \; , \tag{7.0.2}$$

oder im einfachen Fall $Au = f$ durch

$$A_j u = \Pi_j A Q_j u = \Pi_j f \; , \tag{7.0.3}$$

wobei wir Voraussetzungen definieren müssen, damit die Anwendung der Projektoren
ohne weiteres möglich ist.

Eine sehr populäre Methode ist das Galerkin-Verfahren, das wir zuerst beschreiben wollen. Dazu setzen wir, um ein konformes Verfahren zu definieren, voraus, daß

$$\gamma > \max\{0, \frac{r}{2}\} \ , \tag{7.0.4}$$

und

$$\gamma^* > -\frac{r}{2}. \tag{7.0.5}$$

gilt.

Wir suchen eine Lösung in der Form $u_j \in S_j$ des variationellen Problems

$$\langle Au_j, v_j \rangle = \langle f, v_j \rangle \quad \text{für alle} \ v_j \in S_j \ . \tag{7.0.6}$$

Wählen wir einen Projektor $\Pi_j = Q_j^*$, als den zu Q_j adjungierten Projektor (6.4.1), so können wir das Galerkin-Verfahren als Projektionsverfahren interpretieren, für das wir eine Lösung $u_j \in S_j$ der Gleichung

$$Q_j^* Au_j = Q_j^* f \ , \tag{7.0.7}$$

suchen.

Genaugenommen ist die Interpretation des Galerkinverfahrens als Projektionsverfahren willkürlich, da durch die Bedingung (7.0.6) kein Projektor festgelegt wird, denn an keiner Stelle wird eine duale Basis oder ein Raum $\tilde{S}_j$ benötigt. Diese Freiheit erlaubt uns sozusagen die Komplementbasen (ψ^l) geeignet zu wählen. Wir möchten an dieser Stelle daraufhinweisen, daß, wie wir im vorangegangenen Kapitel gesehen haben, durch diese Wahl in der Tat die Projektoren Q_j eindeutig festgelegt werden, weswegen wir auf diese Darstellung Wert legen.

Aufgrund der Sätze 3.0.5 und 3.0.6 sowie eines bekannten Resultates von Hildebrandt and Wienholtz [HI] ist das Galerkin-Verfahren $(\frac{r}{2}, -\frac{r}{2})$-stabil (s.u.), falls der Operator A in Gleichung (3.0.2) die Bedingungen (3.0.21) und (3.0.22) erfüllt. In diesem Fall erhalten wir zudem noch die Stabilität des Galerkin-Verfahrens zum adjungierten Operator A^*.

Wir wissen jetzt, daß das Verfahren (7.0.7) mit optimaler Ordnung in $H^{\frac{r}{2}}(\Gamma)$ konvergiert (z.B. [CIA]). Mit Hilfe des Aubin- Nitsche-Tricks läßt sich schließlich auch die (s, r) Stabilität in einer weiten Skala von Sobolevräumen zeigen. Wir wollen das im Prinzip bekannte Ergebnis in der von uns benötigten Form formulieren und kurz beweisen.

Lemma 7.0.1 *Vorausgesetzt A genüge den Bedingungen (3.0.21) und (3.0.22). Für $r - d - 1 \leq s \leq \frac{r}{2}$ existieren Konstanten $c_s > 0$ derart, daß das Galerkin-Verfahren $(s, s - r)$-stabil ist, d.h.*

$$\|Q_j^* Au_j\|_{s-r} \geq c_s \|u_j\|_s \ , \ u_j \in S_j \ . \tag{7.0.8}$$

Die Differenz $u - u_j$ zwischen der Lösung u der Gleichung $Au = f$ und der Näherungslösung u_j von (5.1.6) genügt der Fehlerabschätzung

$$\|u - u_j\|_t \leq c \, 2^{j(t-\tau)} \|u\|_\tau \ , \tag{7.0.9}$$

falls $-d - 1 + r \leq t < \gamma, \ t \leq \tau, \ \frac{r}{2} \leq \tau \leq d + 1$ ist.

141

Beweis: Wir bezeichnen mit $u \in H^s(\Gamma)$ die Lösung der Gleichung $Au = f$, $f \in H^{s-r}(\Gamma)$, und mit u_j die Lösung des Galerkin-Verfahrens (5.1.6). Es ist vollkommen ausreichend, lediglich den Extremfall $s = r - d - 1$ zu betrachten. Aufgrund des bekannten Aubin-Nitsche-Tricks (z.B. [CIA]) erhalten wir die optimale Konvergenzordnung in $H^{r-d-1}(\Gamma)$. Genauer ausgedrückt erhalten wir

$$\|u - u_j\|_{r-d-1} \;\leq\; c\,2^{j(r-d-1-t)}\|u\|_t \,, \tag{7.0.10}$$

für $\frac{r}{2} \leq t \leq d + 1$. Nun wählen wir $t = \frac{r}{2}$ und erhalten damit die Abschätzung

$$\|u - u_j\|_{r-d-1} \leq c\,2^{-j(d+1-\frac{r}{2})}\|u\|_{\frac{r}{2}},$$

woraus wir wiederum für die Operatoren A^{-1},

$$A_j := Q_j^* A Q_j \;:\; S_j \to \tilde{S}_j$$

und

$$A_j^{-1} := (Q_j^* A^{-1} Q_j)^{-1} :\, : \tilde{S}_j \to S_j$$

die Beziehung

$$\|(A^{-1} - A_j^{-1})f\|_{r-d-1} \leq c\,2^{-j(d+1-\frac{r}{2})}\|f\|_{\frac{-r}{2}} \tag{7.0.11}$$

folgt, vorausgesetzt es ist $f \in H^{\frac{-r}{2}}(\Gamma)$.

Wählen wir nun $f = f_j = A_j v_j \in Q_j^* H^{\frac{-r}{2}}(\Gamma) = \tilde{S}_j$, und wenden die inverse Abschätzung (6.4.16) auf die rechte Seite von (7.0.11) an, so schließen wir damit auf die Abschätzung

$$\|(A^{-1} - A_j^{-1})f_j\|_{r-d-1} \leq c\,2^{-j(d+1-\frac{r}{2})}\|f_j\|_{\frac{-r}{2}} \leq c\,\|f_j\|_{-d-1} \,. \tag{7.0.12}$$

Da $A^{-1} : H^{-d-1}(\Gamma) \to H^{r-d-1}(\Gamma)$ ein beschränkter Operator ist, haben wir die Beziehung

$$\|A_j^{-1} f_j\|_{r-d-1} \leq c\,\|f_j\|_{-d-1} \,, \quad f_j \in \tilde{S}_j \tag{7.0.13}$$

gezeigt. Jetzt brauchen wir nur $f_j = A_j v_j = Q_j^* A v_j$, $v_j \in S_j$, in (7.0.13) einzusetzen, und haben hiermit die behauptete Stabilität bewiesen

$$\|A_j v_j\|_{-d-1} \geq c\,\|v_j\|_{r-d-1} \,, \quad v_j \in S_j \,. \tag{7.0.14}$$

Vorausgesetzt $r - d - 1 \leq s \leq \frac{r}{2}$, dann können wir mit den gleichen Argumenten auch die (r, s)-Stabilität zeigen. $\blacksquare$

Um die Gleichungen (5.1.6) bzw. (7.0.7) numerisch zu lösen, benötigen wir eine Basis von S_j, womit sich (5.1.6) darstellt als ein lineares Gleichungssystem, in diesem Sinne stellen wir den Operator A_j durch eine Matrix $\mathbf{A}_j$ dar. Letztlich ist ausschließlich diese Form dem numerischen Rechnen des Computers zugänglich. Die Operatoren sind lediglich mathematische Begriffe mit denen wir die Qualität des Verfahrens analysieren.

Aufgrund von (5.1.15) und (5.1.23), hat diese Galerkin-Matrix bezüglich einer Multiskalenbasis $\{\psi_j\}$ die Form

$$\mathbf{A}_j = (\langle A\psi_k^l, \psi_{k'}^{l'}\rangle)_{(l,k),(l',k')\in\mathcal{J}^j}. \tag{7.0.15}$$

Diese Matrix $\mathbf{A}_j$ wollen wir kurz als *Waveletdarstellung* des Operators $A_j := Q_j^* A Q_j$ [DPS2, DPS3, DPS6] bezeichnen. Wie wir schon angedeutet haben, liegt der Vorteil dieser Darstellung zur numerischen Lösung von (5.1.6) in zwei Dingen, zum einen der *Vorkonditionierung* und zum anderen in der *Kompression*.

Ein zweites und in der Praxis wohl das am häufigsten eingesetzte Verfahren zur Lösung von Integralgleichungen ist das Kollokationsverfahren. Wegen seiner einfachen Implementierbarkeit wird es dem Galerkin- Verfahren meist vorgezogen, allerdings ist die bestmögliche Konvergenzrate im Falle der (r, s)-Stabilität in der Regel niedriger. Der Nachweis der (r, s)-Stabilität gestaltet sich selbst für stark elliptische Operatoren wesentlich schwieriger als im Falle des Galerkin-Verfahrens. Um die Stabilität des Kollokationsverfahrens zu gewährleisten, müssen wir aber noch zusätzliche Bedingungen stellen. Wir verweisen in dieser Frage auf die Arbeiten [AW1, AW2, DPS1] und im Besonderen auf die Monographie [PS] und den Übersichtsartikel [SL], in denen man weitere Zitate findet. An dieser Stelle möchten wir darauf hinweisen, daß die Frage der (r, s)—Stabilität in höheren Dimensionen noch in weiten Bereichen vollkommen offen ist. Dennoch, und wohl aufgrund seiner Einfachheit und seines geringeren Implementationsaufwandes ist das Kollokationsverfahren das in der Praxis wohl vorherrschende und beliebteste Verfahren. Die mittlerweile umfangreichen praktischen Erfahrungen weisen daraufhin, daß das Kollokationsverfahren wohl nur in äußerst seltenen Fällen wirklich instabil sein kann. Für unsere Betrachtungen wollen wir stets davon ausgehen, daß das Kollokationsverfahren (r, s)-stabil ist.

Dies kann in einigen wichtigen Fällen auch gezeigt werden [AW1, PS, CPPS]. Auf nähere Einzelheiten möchten wir nicht eingehen und verweisen auf die Monographie [PS] und die Arbeiten [DPS1, AW2].

Wir wollen in diesem Kapitel die wichtigsten Fakten zur Kollokationsmethode kurz zusammenfassen, und einen Multiskalenrahmen für die Kollokationsmethode in Analogie zu den behandelten Galerkin-Verfahren entwickeln.

Zu $k \in \Delta_j$, $j \in \mathbb{N}_0$, definieren wir uns eine Menge von Kollokationspunkten

$$\Box_j := \{x_k^j \in \Gamma : k \in \Delta_j\} \ .$$

Somit gilt $\dim S_j = \#\Box_j = N_j$, und wir haben damit gewährleistet, daß die Anzahl der Freiheitsgrade mit denen der jeweiligen Ansatzfunktionen übereinstimmt.

Das Kollokationsverfahren besteht nun darin, eine Näherungslösung $u_j \in S_j$ derart zu finden, daß die folgende Bedingung

$$Au_j(x_k) = f(x_k) \quad \text{für alle} \quad x_k \in \Box_j \tag{7.0.16}$$

erfüllt ist. Damit die rechte Seite wohldefiniert ist, setzen wir im folgenden stets voraus, daß $f \in H^m(\Gamma)$ und $Au_j \in H^s(\Gamma)$, $s > \frac{n}{2}$ gilt. Diese Bedingung kann noch etwas abgeschwächt werden, worauf wir aber hier nicht eingehen wollen.

Das Kollokationsverfahren können wir als ein spezielles Petrov-Galerkin-Verfahren verstehen,

$$v_j(Au_j) = v_j(f) \quad \text{für alle} \ , v_j \in X_j \tag{7.0.17}$$

mit Testfunktionalen v_j aus dem Raum

$$X_j = \text{span}\{\delta_k^j = \delta_{x_k^j} : x_k^j \in \square_l : k \in \Delta_l\} \, , \tag{7.0.18}$$

wobei $\delta_{x_k^j}$ das im Kollokationspunkt $x_k^j \in \square_l$ konzentrierte Diracsche Deltafunktional bezeichnet, gegeben durch $\delta_k^j = \delta_{x_k^j}(\phi) = \phi(x_k^j)$ für $\phi \in C^0(\Gamma)$.

Wir benötigen für die Untersuchungen einen weiteren Raum

$$\tilde{X}_j := \text{span}\{\tilde{\delta}_k^j : k \in \Delta_j\} \, , \tag{7.0.19}$$

welcher von einer geeigneten Interpolationsbasis

$$\tilde{\delta}_k^j(x_{k'}^j) = \delta_{k,k'} \, , \quad k, k' \in \Delta_j \, ,$$

aufgespannt wird. Hierfür ist der Interpolationsprojektor $\Pi_j : H^s(\Gamma) \to \tilde{X}_j$, $s > \frac{n}{2}$, gegeben durch

$$\Pi_j f(x) = \sum_{k \in \Delta_j} \delta_{x_k} \tilde{\delta}_k^j(x) \, , \quad x \in \Gamma \, . \tag{7.0.20}$$

Das Supremum aller Parameter $s \in \mathbb{R}$, für die $\tilde{X}_j \subset H^s(\Gamma)$, $j \in \mathbb{N}_0$, bezeichnen wir wiederum mit γ^*.

Die Kollokationsmethode kann nun folgendermaßen als ein Projektionsverfahren definiert werden

$$\Pi_j A u_j = \Pi_j f \, , \tag{7.0.21}$$

wobei Π_j den Interpolationsprojektor (7.0.20) auf den Raum $\tilde{X}_j$ darstellt. Im folgenden werden wir durchgängig

$$\gamma^* \geq 0 \, , \quad \gamma \geq r \tag{7.0.22}$$

und

$$Au_j \in H^s(\Gamma) \, , \text{ mit } s > \frac{n}{2} \, , \tag{7.0.23}$$

voraussetzen.

Von den Räumen $\underline{S}_j$ fordern wir die Verfeinerbarkeit in der Form

$$\tilde{X}_j \subset \tilde{X}_{j+1}, \text{ bzw. } \square_j \subset \square_{j+1} \, . \tag{7.0.24}$$

In der Praxis einfach zu realisierende Kandidaten für die Räume $\tilde{X}_j$ sind z.B. *Lagrangesche C^0-* Finite-Elemente, siehe z.B. [CIA]. In diesem Falle ist i.a. $\gamma^* = \frac{3}{2}$. Die Basisfunktionen in den Räumen $\tilde{X}_j$ können aber durch eine Interpolationsvorschrift gegebenenes *subdivision*-Verfahren definiert sein, z.B. *dyadische Interpolation*. In diesen Fällen ist γ^* schwer bestimmbar. Lediglich im *stationären shift-invarianten Fall* kann die Theorie von [VI, EI, CDF] herangezogen werden. Siehe hierzu Beispiel in Kapitel 5.7.

In den folgenden Fällen ist folgendes bekannt [PS, DPS1, AW1].

Theorem 7.0.1 *Sei* $r \leq s < \gamma$, $\Gamma = \mathcal{T}^n$ *ein* n-*dimensionaler Torus, und sei das* numerische Symbol zu dem Kollokationsverfahren (7.0.16) *und dem Operator* $A \in \Psi^r(\Gamma)$ *elliptisch (siehe [CPPS, DPS1]), oder sei* $n = 1$, *der Operator* $A \in \Psi^r(\Gamma)$ *erfülle die Voraussetzungen (3.0.21) und (3.0.22), und bestehen die Räume* S_j *aus Splines ungerader Ordnung, dann existiert eine Konstante* $c_s > 0$, *so daß das Kollokationsverfahren* (r, s)-*stabil ist, d.h.*

$$\|\Pi_j A u_j\|_{s-r} \geq c_s \|u_j\|_s \ , \quad u_j \in S_j \ . \tag{7.0.25}$$

Die Differenz $u - u_j$ *zwischen der Lösung* u *der Pseudodifferentialgleichung* $Au = f$ *und der Näherungslösung* $u^j \in S_j$ *von (7.0.16) genügt der Fehlerabschätzung*

$$\|u - u_j\|_t \leq c \, 2^{j(t-s)} \|u\|_s \ , \tag{7.0.26}$$

für $r \leq t < \gamma$, $t \leq s$, $-\gamma \leq s \leq d + 1$.

Hierbei stellt die durch (7.0.26) induzierte Konvergenzordnung $2^{-j(d+1-r)}$ die bestmögliche Konvergenzordnung des Kollokationsverfahrens dar, (wenn man von evtl. Superkonvergenzphänomen absieht).

In [AW1] wurde gezeigt, daß die angegebenen Grenzen für die Knotenpunktkollokation scharf sind. Für die Mittelpunktkollokation wurde in [AW2] ein Superkonvergenzverhalten nachgewiesen. Solche Effekte sollen hier nicht berücksichtigt werden. Zudem erfüllen die Testfunktionale der Mittelpunktkollokation **nicht** die Refinementbeziehung.

In den Fällen, in denen die (r, s)—Stabilität nicht bekannt ist, wollen wir (7.0.25) voraussetzen und das obige Konvergenzverhalten (7.0.26) zugrundelegen.

Als Testfunktionale benutzt das Kollokationsverfahren δ-Distributionen. Diese interpretieren wir als ein (etwas verallgemeinertes) biorthogonales System zu einer Interpolationsbasis $\tilde{\delta}_k^j$. Ein solches System erlaubt natürlich auch eine Multiskalenzerlegung, die durch die zugrundeliegenden Projektoren $\Pi_j - \Pi_{j-1}$ mit den Interpolationsprojektoren Π_j definiert werden, (siehe hierzu Beispiel in Kapitel 5.8). Allerdings sind die Projektoren Π_j im Raum $L^2(\Gamma)$ nicht beschränkt, sondern erst in Sobolevräumen $H^s(\Gamma)$ mit $s > \frac{n}{2}$: Infolgedessen ist diese Zerlegung und die zugehörige Multiskalentransformation (5.2.36) **nicht stabil**. Dennoch kann, wie wir sehen werden, die entsprechende Multiskalendarstellung stabilisiert werden. In dem folgenden Kapitel werden wir dann aufzeigen, daß diese Zerlegung trotzdem mit Erfolg zur Kompression benutzt werden kann. Allerdings müssen wir als Preis eine geringere optimale Konsistenzrate der Kompression im Vergleich zum Galerkin-Verfahren in Kauf nehmen. Die erreichbare Konsistenzrate stimmt dennoch mit der maximal erreichbaren Konvergenzrate des Kollokationsverfahrens überein, so daß wir keinen prinzipiellen Verlust der gesamten Konvergenzrate hinnehmen müssen.

Betrachten wir die hierarchische Basis

$$\{\tilde{\eta}_k^l = \tilde{\delta}_k^l : k \in \nabla_l \ , \ l \geq -1\}$$

von $\tilde{X}_j$, so existiert gemäß (5.8.1) eine zugehörige duale Basis

$$\{\eta_k^l : k \in \nabla_l \ , \ l \geq -1\} \ ,$$

d.h.

$$\eta_k^l(\tilde{\eta}_{k'}^{l'}) = \delta_{l,l'}\delta_{k,k'} \ .$$

Wir können den Projektor $\Pi_{l+1} - \Pi_l$ mittels den Funktionalen η_k^l, $k \in \nabla_l$, darstellen,

$$(\Pi_{l+1} - \Pi_l)\, u(x) = \sum_{l \in \nabla_l} \eta_k^l(u)\tilde{\eta}_k^l(x) \ .$$

Wir setzen

$$Y_j := \operatorname{span}\{\eta_k^l : k \in \nabla_l \} \ ,$$

und

$$\tilde{Y}_j := \operatorname{span}\{\tilde{\eta}_k^l : k \in \nabla_l \} \ ,$$

und setzen $\tilde{\gamma}^* := \sup\{s, \tilde{X}_j \subset H^s(\Gamma) \ , \ j \in \mathbb{N}_0 \}$. Dann gelten $\tilde{X}_{j+1} = \tilde{X}_j + \tilde{Y}_j$ und $X_{j+1} = X_j + Y_j$. Dadurch sind wir in der Lage, das Kollokationsverfahren in einer der Waveletdarstellung analogen Multiskalendarstellung darzustellen

$$\mathbf{A}^j = ((\eta_{k'}^{l'}(A\psi_k^l))_{(l,k),(l',k')}, \quad (l,k),(l',k') \in \mathcal{J}^j \ , \tag{7.0.27}$$

die wir auch als eine *Waveletdarstellung des Kollokationsverfahrens* [DPS2] bezeichnen wollen.

Verallgemeinerung des Arnold-Wendland-Lemmas

Lemma 7.0.2 *Sei* $s = \frac{1}{2}(\tilde{\gamma} - \frac{n}{2})$ *dann liefert*

$$(u,v)_s := \sum_{l=-1}^{\infty} 2^{2ls} \sum_{k \in \nabla_l} \eta_k^l(u)\overline{\eta_k^l(v)} \tag{7.0.28}$$

ein zu $\langle \cdot, \cdot \rangle_s$ *äquivalentes Skalarprodukt, d.h.*

$$(u,u)_s \sim \|u\|_s^2 \ .$$

Beweis: Die Form (7.0.28) ist offensichtlich hermitesch, und liefert aufgrund der Normäquivalenz (6.3.20) für den Interpolationsprojektor und der Beziehung (5.8.1) ein äquivalentes Skalarprodukt. ∎

Lemma 7.0.3 *Die nodalen Funktionen* $\tilde{\delta}_k^l$, $k \in \nabla_l$, *der hierarchischen Basis* $\{\tilde{\delta}_j\}$ *sind bezüglich des Skalarproduktes alle paarweise orthogonal*

$$(\eta_k^l, \tilde{\eta}_{k'}^l)_s \ = \ 2^{2ls}\delta_{k,k'} \ .$$

Beweis: Da die Basen $\{\eta_j\}$ und $\{\tilde{\eta}_j\}$ alle biorthogonal zueinander sind, folgt die Aussage des Lemmas unmittelbar aus der Definition des Skalarproduktes $(\cdot, \cdot)_s$. ∎

Theorem 7.0.2 *Das Kollokationsverfahren* (5.1.8) *besteht in der Lösung des folgenden variationellen Problems:*
Gesucht ist diejenige Funktion $u_j = \sum_{l=-1}^{j} \sum_{k \in \nabla_j} w_k^l \psi_k^l$, *die der Bedingung*

$$(Au_j, \eta_{k'}^{l'})_s = (f, \eta_{k'}^{l'})_s \quad \textit{für alle} \ -1 \leq l' < j \ , \ k' \in \nabla_l \ , \tag{7.0.29}$$

genügt.

Beweis: Dies folgt unmittelbar aus der Darstellung (7.0.28) und Lemma 7.0.3. ∎

Kapitel 8

Galerkin-Verfahren

8.1 Vorkonditionierung des Galerkin-Verfahrens

Eine wesentliche Grundlage für unsere Untersuchungen ist die Beziehung zwischen den Sobolevnormen und den diskreten Normen. Daher haben wir Operatoren eingeführt, welche die Korrespondenz zwischen den diskreten Koeffizienten und den zugehörigen Funktionen herstellen. Dies geschieht durch die Operatoren

$$F_{j,\psi} : \tilde{S}_j \to l_2(\mathcal{J}^j),$$

definiert durch

$$(F_{j,\psi}u)_{(l,k)} := \langle u, \psi_k^l \rangle = ((\langle u, (\psi^j) \rangle))_k, \quad (l,k) \in \mathcal{J}^j . \tag{8.1.1}$$

Der adjungierte Operator $F_{j,\psi}^* : l_2(\mathcal{J}^j) \to S_j$ zu $F_{j,\psi}$ besitzt die Darstellung

$$F_{j,\psi}^*(\mathbf{d}) = \mathbf{d}^\mathsf{T}(\psi^j) = \sum_{(l,k)\in\mathcal{J}^j} d_k^l \psi_k^l, \quad \mathbf{d} \in l_2(\mathcal{J}^j). \tag{8.1.2}$$

Zu diesen beiden Operatoren gibt es noch die zugehörigen inversen Operatoren

$$F_{j,\psi}^{-1}(\mathbf{d}) = \mathbf{d}^\mathsf{T}(\tilde{\psi}^j) = \sum_{(l,k)\in\mathcal{J}^j} d_k^l \tilde{\psi}_k^l , \tag{8.1.3}$$

$$((F_{j,\psi}^*)^{-1}f)_{(l,k)} = \langle f, (\tilde{\psi}^j) \rangle = \langle f, \tilde{\psi}_{(l,k)} \rangle , \quad (l,k) \in \mathcal{J}^j. \tag{8.1.4}$$

Diese Operatoren vermitteln eine prägnante Darstellung der Projektionsverfahren mittels der zugehörigen Matrix der Waveletdarstellung. Offensichtlich gilt

$$\mathbf{A}_j = F_{j,\psi} A F_{j,\psi}^* = F_{j,\psi} Q_j^* A Q_j F_{j,\psi}^* , \quad Q_j^* A Q_j = F_{j,\psi}^{-1} \mathbf{A}_j (F_{j,\psi}^*)^{-1} . \tag{8.1.5}$$

Der für uns entscheidende Zweck dieser Operatoren liegt darin, eine direkte Korrespondenz zwischen den diskreten Vektoren und Matrizen und den Funktionen bzw. den Operatoren herzustellen, denn wir müssen die Fehler der gewonnenen Lösungen in den jeweiligen Sobolevnormen abschätzen.

Die Operatoren

$$\Upsilon_j^s u = \sum_{l=-1}^{j-1} 2^{ls}(Q_{l+1} - Q_l)u \ , \quad s \in \mathbb{R} \ , \tag{8.1.6}$$

und

$$\Upsilon^s u = \sum_{l=-1}^{\infty} 2^{ls}(Q_{l+1} - Q_l)u \tag{8.1.7}$$

stellen einen Isomorphismus zwischen verschiedenen Sobolevräumen (6.2.18) her, ähnlich wie die bekannten Besselpotentialoperatoren [SB]. Dadurch ist es theoretisch möglich, die Betrachtungen auf den Fall $s = 0$ und $r = 0$ zu reduzieren. Wie wir sehen werden, entspricht das für Matrizen sogar einer gewissen Vorkonditionierung.

Zu einer gegebenen Matrix $\mathbf{A}_j = (a_{(l,k),(l',k')})$ erhalten wir

$$(\Upsilon_j^t)^* F_{j,\psi}^{-1} \mathbf{A}_j (F_{j,\psi}^*)^{-1} \Upsilon_j^s = F_{j,\psi}^{-1} \mathbf{D}_j^t \mathbf{A}_j \mathbf{D}_j^s (F_{j,\psi}^*)^{-1} \ , \tag{8.1.8}$$

wobei $\mathbf{D}_s^j$ die Diagonalmatrix

$$(\mathbf{D}_j^s)_{(l,k),(l',k')} = 2^{ls} \delta_{(l,k),(l',k')}$$

bezeichnet.

Ein wesentlicher Vorteil einer Multiskalenbasis besteht in der folgenden Vorkonditionierung der Matrix $\mathbf{A}_j$ (vergl. [DK, DPS2, DPS3, DO, DD, DPS6]).

Theorem 8.1.1 *Sei $A \in \Psi^r(\Gamma)$ und $\gamma^* > \frac{-r}{2}$. Falls das Galerkin-Verfahren stabil ist, haben die Matrizen*

$$\mathbf{B}_j := \mathbf{D}_j^{-r/2} \mathbf{A}_j \mathbf{D}_j^{-r/2} \tag{8.1.9}$$

für $j \geq N_0$ gleichmäßig beschränkte spektrale Kondition.

Beweis: Aufgrund der Stabilität und der gleichmäßigen Beschränktheit der Projektoren $Q_j : H^{\frac{r}{2}}(\Gamma) \to S_j$ und $Q_j^* : H^{\frac{-r}{2}}(\Gamma) \to \tilde{S}_j$ gilt

$$\|v_j\|_{\frac{r}{2}} \sim \|Q_j^* A v_j\|_{-\frac{r}{2}}, \quad v_j \in S_j,$$

somit erhalten wir unter der Berücksichtigung von (6.2.18) für Funktionen $w_j := \Upsilon_j^{\frac{r}{2}} v_j$ die Beziehung

$$\|w_j\| \sim \|(\Upsilon_j^{-\frac{r}{2}})^* Q_j^* A Q_j \Upsilon_j^{-\frac{r}{2}} w_j\|_0.$$

Mit Hilfe der Operatoren $F_{j,\psi}$ und Wechseln zu den diskreten Normen folgt

$$\|(F_{j,\psi}^*)^{-1} w_j\|_{l_2(\mathcal{J}^j)} \sim \|F_{j,\psi}(\Upsilon_j^{-\frac{r}{2}})^* Q_j^* A Q_j \Upsilon_j^{-\frac{r}{2}} F_{j,\psi}^* (F_{j,\psi}^*)^{-1} w_j\|_{l_2(\mathcal{J}^j)}.$$

Zusammen mit (8.1.5) und (8.1.8) folgt hieraus die Behauptung.   ∎

Diese Vorkonditionierung über eine direkte Zerlegung steht in Zusammenhang mit der Vorkonditionierung mittels einer redundanten Zerlegung [DK, OS, BY, BPX, BPV, BP, BPW, XU, X, ZH]

8.2 Optimale Konvergenzordnung des Multiskalen-Galerkinverfahrens

8.2.1 Einige grundlegende Abschätzungen

Die Galerkinmatrizen $\mathbf{A}_j$ bezüglich einer Wavelet- oder Multiskalenbasis ([DPS6]), auch *Waveletdarstellungen* genannt, sind nicht unmittelbar vollkommen schwach besetzt. Der wesentliche Vorteil dieser Matrixdarstellung besteht jedoch darin, daß sich die Matrix $\mathbf{A}_j$ durch eine schwach besetzte Matrix $\mathbf{A}_j^\varepsilon$ ausreichend genau approximieren läßt. Eine solche Approximation durch schwach besetzte Matrizen nennen wir *Matrixkompression*, da nur noch ein Bruchteil der ursprünglichen Matrixelemente zu Berechnungen benötigt wird. Diese Approximation kann, wie wir in [DPS2, DKPS] gezeigt haben, so gewählt werden, daß man stets eine beliebige *fest vorgegebene Genauigkeit*, z.B. bzgl. der Energienorm, erreicht. In praktischen Anwendungen kann dies beispielsweise die Maschinengenauigkeit sein. Eine bedeutsame Fragestellung besteht darin, die Matrixkompression so zu wählen, daß man die Konvergenzordnung bzw. die Konsistenzordnung des (Petrov-) Galerkin-Verfahrens beibehält. Dadurch erreicht man, daß die Lösung der komprimierten Gleichung im Vergleich zur exakten Lösung keine größeren Fehler als die Lösung der unkomprimierten Gleichung aufweist.

Um die Approximation der Matrizen entsprechend diesen Anforderungen vorzunehmen, müssen wir die Koeffizienten

$$a_{(l,k),(l',k')} := \langle A\psi_k^l, \psi_{k'}^{l'} \rangle \quad \text{mit} \quad (l,k),(l',k') \in \mathcal{J}^j \tag{8.2.1}$$

in geeigneter Art und Weise abschätzen. Diese Abschätzungen erlauben uns später, mit Hilfe des Schurschen Lemmas und ähnlicher Hilfsmittel die entsprechenden Normen für den durch die Kompression eingeschleppten Fehler abzuschätzen [DPS2, DPS3].

Mit $\Omega_{(l,k)}$ bezeichnen wir die abgeschlossene konvexe Hülle

$$\Omega_{(l,k)} := \text{conv hull} \left\{ x \in \Gamma : \psi_k^l(x) \neq 0 \right\}, \tag{8.2.2}$$

wobei $(l,k) \in \mathcal{J}^j$ sein soll.

Zuerst werden wir die Koeffizienten $\langle A\psi_k^l, \psi_{k'}^{l'} \rangle$ untersuchen, deren Funktionen $\psi_k^l, \psi_{k'}^{l'}$, disjunkten Träger haben.

Lemma 8.2.1 *Sei* $n + 2(d^* + 1) + r > 0$ *und*

$$dist(\Omega_{(l,k)}, \Omega_{(l',k')}) > 0, \tag{8.2.3}$$

und seien die Koeffizienten der Matrizen $\mathbf{A}_j$, $j \in \mathbb{N}$, *durch die Beziehung (8.2.1) definiert. Dann existiert eine Konstante* c, *die lediglich von* r, n, d^* *abhängt, derart, daß die Koeffizienten der Matrizen* $\mathbf{A}_j$, $j \in \mathbb{N}$, *der Ungleichung*

$$|a_{(l',k'),(l,k)}| = |\langle A\psi_k^l, \psi_{k'}^{l'} \rangle| \leq c \frac{2^{l(-\frac{n}{2}-d^*-1)}2^{l'(-\frac{n}{2}-d^*-1)}}{[dist(\Omega_{(l,k)}, \Omega_{(l',k')})]^{n+r+2(d^*+1)}} \tag{8.2.4}$$

gleichmäßig bezüglich $j \in \mathbb{N}$, $(k,l),(k',l') \in \mathcal{J}$, *genügen.*

Beweis: Wir untersuchen zunächst den transportierten Operator

$$\mathcal{A} = \kappa_{m'}^* \circ A \circ (\kappa_m^*)^{-1}$$

in den entsprechenden lokalen Karten für $m, m' = 0, \ldots, m_\Gamma$. Dies bedeutet, daß wir die Terme

$$\langle A\psi_k^l, \psi_{k'}^{l'}\rangle = \int\limits_{\mathbb{R}^n} (\mathcal{A})(\kappa_m^*\psi_k^l))(x)\overline{(\kappa_{m'}^*\psi_{k'}^{l'})}(x)dx \tag{8.2.5}$$

einer eingehenden Untersuchung unterwerfen werden. Den Schwartz-Kern des Operators $\mathcal{A}$ bezeichnen wir mit $K_\mathcal{A}(x,y)$, und er erfüllt die Voraussetzungen des Lemmas 3.0.3. Wegen

$$\text{dist}(\Omega_{(l,k)}, \Omega_{(l',k')}) > 0$$

können wir aufgrund von Lemma 3.0.2 und Lemma 3.0.3 den Taylorschen Satz benutzen, um das Integral

$$\int\limits_{\mathbb{R}^n} [\mathcal{A}(\kappa_m^*\psi_k^l)(x)]\overline{(\kappa_{m'}^*\psi_{k'}^{l'})(x)}dx = \int\limits_{\mathbb{R}^{2n}} K_\mathcal{A}(x,y)(\kappa_m^*\psi_k^l)(y)\overline{(\kappa_{m'}^*\psi_{k'}^{l'})(x)}dxdy \tag{8.2.6}$$

abzuschätzen.

Wir entwickeln den Kern $K_\mathcal{A}(x,y)$ sukzessive in Taylor-Polynome in x und y. Zuerst entwickeln wir für $y \in \text{supp } \kappa_m^*\psi_k^l$ die Funktion $x \mapsto K_\mathcal{A}(x,y)$ in eine Taylorreihe,

$$\sum_\alpha c_\alpha(x_0,y)(x-x_0)^\alpha \,,$$

um den Entwicklungspunkt $x_0 \in \kappa_{m'}\Omega_{(l',k')}$ bis zur Ordnung d^*. Dabei bleibt ein Restglied, das wir weiter studieren müssen. Das bedeutet, für $y \in \text{supp } \kappa_m^*\psi_k^l$ erhalten wir aufgrund der Bedingung (8.2.3) die Entwicklung

$$K_\mathcal{A}(x,y) = \sum_{|\alpha|<d^*+1} c_\alpha(x_0,y)(x-x_0)^\alpha + R_{d^*+1}(x,x_0,y) \,, \tag{8.2.7}$$

wobei wir für unsere Zwecke das Restglied am günstigsten in integraler Form darstellen

$$R_{d^*+1}(x,x_0,y) = \sum_{|\alpha|=d^*+1} \frac{(d^*+1)}{\alpha!}(x-x_0)^\alpha \cdot \tag{8.2.8}$$

$$\cdot \int\limits_0^1 (1-t)^{d^*} \partial_x^\alpha K_\mathcal{A}(x_0+t(x-x_0),y)\,dt. \tag{8.2.9}$$

Infolge der Momentenbedingung (6.4.17) verschwinden nun beim Einsetzen der Entwicklung (8.2.7) in das Integral (8.2.6) alle Polynome in x vom Grade kleiner als d^*+1, dies sind die Polynome

$$\sum_{|\alpha|<d^*+1} c_\alpha(x_0,y)(x-x_0)^\alpha \,.$$

Somit werden alle Taylor-Polynome in x vom Grade kleiner als $d^* + 1$ durch die Wavelets bzw. Multiskalenbasen annihiliert, und es bleibt nur noch das Restglied $R_{d^*+1}(x, x_0, y)$.

Da in (8.2.6) auch über y zu integrieren ist, entwickeln wir jetzt dieses Restglied seinerseits für $x \in \operatorname{supp} \kappa^*_{m'} \psi^{k'}_{l'}$ als Funktion $y \mapsto R_{d^*+1}(x, x_0, y)$ in ein Taylorpolynom

$$\sum_\beta c_\beta(x, y_0)(y - y_0)^\beta$$

um den Entwicklungspunkt $y_0 \in \kappa_m \Omega_{(l,k)}$ bis zur Ordnung d^*,

$$R_{d^*+1}(x, x_0, y) = \sum_{|\beta| < d^*+1} c_\beta(x, x_0, y_0)(y - y_0)^\alpha + R_{d^*+1}(x, x_0, y, y_0) \ .$$

Das zweite Restglied $R_{d^*+1}(x, x_0, y, y_0)$ ist in integraler Form gegeben durch

$$R_{d^*+1}(x, x_0, y, y_0) = \sum_{|\beta| = d^*+1} \frac{(d^*+1)}{\beta!}(y - y_0)^\beta \cdot \tag{8.2.10}$$

$$\cdot \int_0^1 (1 - t)^{d^*} \partial_y^\beta R(x, x_0, y_0 + t(y - y_0), y_0)\, dt.$$

Nun können wir aufgrund von (8.2.3) das Integral in (8.2.10) abschätzen durch

$$\left| \int_0^1 (1 - t)^{d^*} \partial_y^\beta R(x, x_0, y_0 + t(y - y_0), y_0)\, dt \right|$$

$$\leq c \left| \sum_{|\alpha| = d^*+1} \frac{(d^*+1)}{\alpha!}(x - x_0)^\alpha \right. \tag{8.2.11}$$

$$\left. \cdot \int_0^1 \int_0^1 (1 - t_1)^{d^*}(1 - t_2)^{d^*} \partial_x^\alpha \partial_y^\beta K(x_0 + t_1(x - x_0), y_0 + t_2(y - y_0), y_0)\, dt_1\, dt_2 \right|$$

$$\leq c \sum_{|\alpha| = d^*+1} \frac{(d^*+1)}{\alpha!}|x - x_0|^{d^*+1} \sum_{|\beta| = d^*+1} \sup_{\{x \in \kappa_m \Omega_{(l,k)}, y \in \kappa_{m'} \Omega_{(l',k')}\}} |\partial_x^\alpha \partial_y^\beta K_{\mathcal{A}}(x, y)| \ .$$

Setzen wir diese Taylorentwicklungen in das Integral (8.2.6) ein, so verschwinden infolge der Momentenbedingung (6.4.17) alle Glieder, die ein Polynom vom Grade kleiner als $d^* + 1$ in x oder ein Polynom vom Grade kleiner als $d^* + 1$ in y enthalten. Somit bleibt das letzte Restglied $R_{d^*+1}(x, x_0, y, y_0)$ abzuschätzen und diese Abschätzung in (8.2.5) einzusetzen. Mit $|\beta| = d^* + 1$ schließen wir auf die folgende Abschätzung

$$\left| \int_{\mathbb{R}^{2n}} K_{\mathcal{A}}(x, y)(\kappa^*_m \psi^l_k(y))(\overline{\kappa^*_{m'} \psi^{l'}_{k'}(x)})\, dx\, dy \right|$$

$$\leq c \left| \int_{\mathbb{R}^{2n}} R_{d^*+1}(x, x_0, y, y_0)(\kappa^*_m \psi^l_k(y))(\overline{\kappa^*_{m'} \psi^{l'}_{k'}(x)})\, dx\, dy \right|$$

$$\leq c \sum_{|\alpha| = d^*+1} \sum_{|\beta| = d^*+1} \sup_{\{y \in \kappa_m \Omega_{(l,k)}, x \in \kappa_{m'} \Omega_{(l',k')}\}} |\partial_x^\alpha \partial_y^\beta K_{\mathcal{A}}(x, y)|$$

$$\int_{\mathbb{R}^{2n}} |x-x_0|^{d^*+1}|y-y_0|^{d^*+1}|(\kappa_m^*\psi_k^l(y))\overline{\kappa_{m'}^*\psi_{k'}^{l'}(x)}|dxdy \quad .$$

$$(8.2.12)$$

Die Ableitung des Kernes $K_{\mathcal{A}}(x,y)$ schätzen wir mit Hilfe des Lemmas 3.0.2 ab,

$$|\partial_x^\alpha\partial_y^\beta K_{\mathcal{A}}(x,y)| \le c\ \mathrm{dist}(\kappa_m^{-1}y,\kappa_{m'}^{-1}x)^{-n-r-2(d^*+1)} \quad . \tag{8.2.13}$$

Ferner gilt aufgrund der Lokalität (5.2.3) und der gewählten Normierung (5.2.2) die Abschätzung

$$\int_{\mathbb{R}^{2n}} |x-x_0|^{d^*+1}|y-y_0|^{d^*+1}|(\kappa_m^*\psi_k^l(y))\overline{\kappa_{m'}^*\psi_{k'}^{l'}(x)}|dxdy \le c\ 2^{(l+l')(-\frac{n}{2}-d^*-1)} \quad . \tag{8.2.14}$$

Da Γ eine kompakte orientierbare Riemann-Mannigfaltigkeit ist, können wir mit Hilfe der auf Riemannschen Mannigfaltigkeiten definierten Distanz $\mathrm{dist}(\cdot,\cdot)$ (2.0.3)

$$sup_{\{y\in\kappa_m\Omega_{(l,k)},x\in\kappa_{m'}\Omega_{(l',k')}\}}|\partial_x^\alpha\partial_y^\beta K_{\mathcal{A}}(x,y)| \le c\ (\mathrm{dist}\ (\Omega_{(l,k)},\Omega_{(l',k')}))^{-n-r-2(d^*+1)} \quad ,$$

und damit dann den letzten Ausdruck durch

$$\langle A\psi_k^l,\psi_{k'}^{l'}\rangle \le c\ 2^{(l+l')(-\frac{n}{2}-d^*-1)}(\mathrm{dist}\ (\Omega_{(l,k)},\Omega_{(l',k')}))^{-n-r-2(d^*+1)} \tag{8.2.15}$$

abschätzen. $\blacksquare$

Wir wollen jetzt noch die residualen Operatoren $A_\infty \in \Psi^\infty(\Gamma)$ untersuchen. Diese Operatoren besitzen einen glatten Schwartz-Kern $K_{A_\infty} \in C^\infty(\Gamma \times \Gamma)$. Eine Störung durch einen C^∞-Operator $A+A_\infty$ ändert jedoch an diesen Abschätzung nichts, wie das folgende Lemma 8.2.2 zeigt.

Lemma 8.2.2 *Sei $A_\infty \in \Psi^\infty(\Gamma)$, dann gilt*

$$|\langle A_\infty\psi_k^l,\psi_{k'}^{l'}\rangle| \le c2^{-(l+l')(d^*+1+\frac{n}{2})} \tag{8.2.16}$$

für alle $(l,k),(l',k') \in \mathcal{J}^j$.

Beweis: Hierfür argumentieren wir ganz analog wie im Beweis des vorigen Lemmas 8.2.1. Dazu definieren wir $\mathcal{A} := \kappa_{m'} \circ A \circ \kappa_m$ mit dem Schwartzkern $K_{\mathcal{A}}$ und schätzen die Terme $|\langle A_\infty\psi_k^l,\psi_{k'}^{l'}\rangle|$ analog ab,

$$|\langle A_\infty\psi_k^l,\psi_{k'}^{l'}\rangle|$$

$$= |\int_{\mathbb{R}^{2n}} K_{A_\infty}(x,y)(\kappa_m^*\psi_k^l(y))(\overline{\kappa_{m'}^*\psi_{k'}^{l'}(x)})dxdy|$$

$$\le c\ |\int_{\mathbb{R}^{2n}} \tilde{R}_{d^*+1}(x,x_0,y,y_0)(\kappa_m^*\psi_k^l(y))(\overline{\kappa_{m'}^*\psi_{k'}^{l'}(x)})dxdy|$$

$$\le c \sum_{|\alpha|=d^*+1}\sum_{|\beta|=d^*+1} sup_{y\in\kappa_m\Omega_{(l,k)},x\in\kappa_{m'}\Omega_{(l',k')}}|\partial_x^\alpha\partial_y^\beta K_{A_\infty}(x,y)|$$

$$\int_{\mathbb{R}^{2n}} |(x-x_0)^\alpha(y-y_0)^\beta||(\kappa_m^*\psi_k^l(x))\overline{\kappa_{m'}^*\psi_{k'}^{l'}(y)}|dxdy \quad .$$

Infolge der Eigenschaft

$$|\partial_x^\alpha \partial_y^\beta K_{A_\infty}(x,y)| \le c_{\alpha,\beta} \qquad (8.2.17)$$

und der Abschätzung (8.2.14) erhalten wir unmittelbar das Resultat

$$|\langle A_\infty \psi_k^l, \psi_{k'}^{l'}\rangle| \le c\, 2^{-(l+l')(d^*+1+\frac{n}{2})} \qquad (8.2.18)$$

für alle $(l,k),(l',k') \in \mathcal{J}^j$. ∎

Bemerkung 8.2.1 In der Arbeit [DPS2] sind wir von einer etwas anderen Abschätzung ausgegangen, die sich für diese Zwecke als schwächer erwiesen hat. Die Abschätzung (8.2.4) wurde für Randintegraloperatoren erster Art erstmals in [PS] verwendet, um die Kompression der Konvergenzordnung anzupassen. Die in [DPS2] erzielten Resultate wurden dadurch auf eine maximale Skala von Sobolevnormen ausgedehnt. Um allerdings wirklich optimale Kompression zu erhalten, greifen wir teilweise wieder auf diese Techniken zurück.

Analog zu den Arbeiten [DPS2, PS, PSS, DPS6] verwenden wir einen Abschneideparameter $\mathcal{B}_{l,l'}$, der von den jeweiligen Skalen l, l' abhängt und der a priori so gewählt wird, daß wir die gewünschten Abschätzungen erzielen. Dieser Parameter steuert, welche der Matrixkoeffizienten beibehalten und welche zu Null gesetzt werden. Die so komprimierte Matrix bezeichnen wir mit $\mathbf{A}_j^\epsilon$.

Definition 8.2.1 *Wir definieren* $\mathbf{A}_j^\epsilon$ *durch die Koeffizienten*

$$(a_{(l,k),(l',k')})_j^\epsilon := \begin{cases} a_{(l,k),(l',k')}\,, & \text{falls} \qquad \text{dist}(\Omega_{(l,k)},\Omega_{(l',k')}) \le \mathcal{B}_{l,l'}\,, \\ 0\,, & \text{anderenfalls.} \end{cases} \qquad (8.2.19)$$

Wir setzen im folgenden stets voraus, daß $d^* + 1 > \gamma > \frac{r}{2}$ *gilt.*

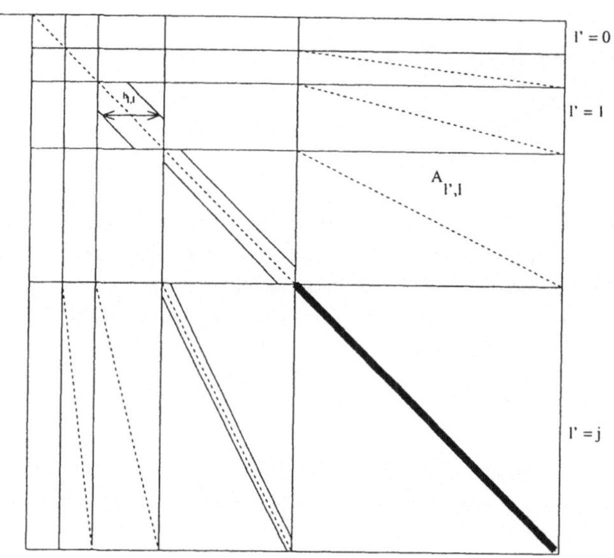

Abbildung 8.1: Struktur der Matrix und Bandbreitenwahl

Zu weiteren Untersuchungen benötigen wir jetzt eine Reihe von etwas technischen Abschätzungen, welche wir in den folgenden Lemmata formulieren wollen. Je nachdem, ob $d < d^* + r$ oder $d = d^* + r$ gilt, werden wir etwas unterschiedliche Kompressionsstrategien wählen. In dem Fall $d < d^* + r$ erreichen wir eine optimale Kompression. Dazu gehen wir in zwei Schritten vor. Den ersten Schritt behandeln wir dabei zusammen mit dem Fall $d = d^* + r$. Diese Kompression führt lediglich zu fast optimalen Ergebnissen, d.h. wir müssen zusätzliche logarithmische Terme in den Aufwandsbetrachtungen in Kauf nehmen. Im zweiten Schritt werden wir aus der schon komprimierten Matrix weitere Einträge entfernen, (siehe Kapitel 8.2.2).

Um die Konvergenz des Verfahrens zu studieren, untersuchen wir die Störung, welche durch die Kompression verursacht wird, und zu diesem Zweck betrachten wir Störmatrizen der Art

$$\mathbf{R} = \left(r_{(l,k),(l',k')} \right)_{(l,k),(l',k') \in \mathcal{J}^j} = \left(\{ (a_{(l,k),(l',k')})_j - (a_{(l,k),(l',k')})_j^\epsilon \} \right)_{(l,k),(l',k') \in \mathcal{J}^j} ,$$

die den Kompressionsfehler verursachen.

Lemma 8.2.3 *Sei*

$$r_{(l,k),(l',k')} = \left((a_{(l,k),(l',k')})_j - (a_{(l,k),(l',k')})_j^\epsilon \right) . \tag{8.2.20}$$

Unter der Voraussetzung

$$\mathcal{B}_{l,l'} \geq a \max\{2^{-l}, 2^{-l'}\} \tag{8.2.21}$$

gelten die Abschätzungen

$$\sum_{k \in \nabla_l} |r_{(l,k),(l',k')}| \leq c\, 2^{-(l+l')(d^*+1+\frac{n}{2})} \mathcal{B}_{l,l'}^{-2(d^*+1)-r} 2^{ln} , \tag{8.2.22}$$

und

$$\sum_{k' \in \nabla_l} |r_{(l,k),(l',k')}| \leq c\, 2^{-(l+l')(d^*+1+\frac{n}{2})} \mathcal{B}_{l,l'}^{-2(d^*+1)-r} 2^{ln} . \tag{8.2.23}$$

Beweis: Wir suchen eine obere Schranke für die Summe

$$\sum_{k \in \nabla_l} |r_{(l,k),(l',k')}| = \sum_{\{k \in \nabla_l : \mathrm{dist}(\Omega_{(l,k)}, \Omega_{(l',k')}) > \mathcal{B}_{l,l'}\}} |a_{(l,k),(l',k')}| \tag{8.2.24}$$

durch Anwendung des Integralvergleichskriteriums. Aufgrund von Lemma 8.2.1 gilt die Ungleichung

$$\sum_{k \in \nabla_l} |r_{(l,k),(l',k')}|$$
$$\leq\ c\, 2^{-(l+l')(d^*+1+\frac{n}{2})} \sum_{\{k \in \nabla_l : \mathrm{dist}(\Omega_{(l,k)}, \Omega_{(l',k')}) > \mathcal{B}_{l,l'}\}} [\mathrm{dist}(\Omega_{(l,k)}, \Omega_{(l',k')})]^{-n-2(d^*+1)-r} . \tag{8.2.25}$$

Falls nun die Bedingung

$$\mathcal{B}_{l,l'} \geq \max\{2^{-l}, 2^{-l'}\}$$

erfüllt ist, ist die Reihe (8.2.25) gerade eine Untersumme eines Integrals über eine radiale Funktion, welches sich ganz elementar abschätzen läßt

$$\sum_{k \in \nabla_l} |r_{(l,k),(l',k')}|$$
$$\leq\ c\, 2^{-(l+l')(d^*+1+\frac{n}{2})} \sum_{\{k \in \nabla_l : \mathrm{dist}(\Omega_{(l,k)}, \Omega_{(l',k')}) > \mathcal{B}_{l,l'}\}} [\mathrm{dist}(\Omega_{(l,k)}, \Omega_{(l',k')})]^{-n-2(d^*+1)-r}$$
$$\leq\ c\, 2^{-(l+l')(d^*+1+\frac{n}{2})} 2^{ln} \int_{|x| > \mathcal{B}_{l,l'}} |x|^{-n-2(d^*+1)-r} dx$$
$$\leq\ c\, 2^{-(l+l')(d^*+1+\frac{n}{2})} 2^{ln} \mathcal{B}_{l,l'}^{-2(d^*+1)-r} , \tag{8.2.26}$$

womit die Behauptung bewiesen wäre. ∎

Je nach unseren Anforderungen müssen wir die Parameter $\mathcal{B}_{l,l'}$ ganz unterschiedlich wählen.

Wir betrachten zunächst den Fall, daß $d^* + r = d$ ist. Allerdings können wir in diesem Fall lediglich eine *fastoptimale Kompression* zeigen, d.h. wir müssen zusätzliches logarithmisches Anwachsen in den Aufwandsbetrachtungen zulassen.

Lemma 8.2.4 *Sei* $d^* + r = d$, $a > 1$ *und* $r_{(l,k),(l',k')}$ *gemäß (8.2.20) definiert. Die Parameter* $\mathcal{B}_{l,l'}$ *seien so gewählt, daß die Ungleichung*

$$\mathcal{B}_{l,l'} \geq a\, j^{\frac{2}{2(d^*+1)+r}}\, 2^{\frac{j(2(d+1)-r)-l(d^*+d+2)-l'(d^*+d+2)}{2(d^*+1)+r}} \tag{8.2.27}$$

erfüllt ist. Dann gilt die Abschätzung

$$\sum_{l=0}^{j} \sum_{k \in \nabla_l} 2^{\frac{-ln}{2}} 2^{-l'(d+1)} 2^{-l(d+1)} |r_{(l,k),(l',k')}| \leq c\, 2^{\frac{-l'n}{2}} a^{-r-2(d^*+1)} j^{-1} 2^{-j(2(d+1)-r)} . \tag{8.2.28}$$

Beweis: Um die behauptete Abschätzung zu zeigen, benützen wir Lemma 8.2.3 in Verbindung mit (8.2.27),

$$\sum_{l=0}^{j} \sum_{k \in \nabla_l} 2^{\frac{-ln}{2}} 2^{-l'(d+1)} 2^{-l(d+1)} |r_{(l,k),(l',k')}|$$

$$\leq c \sum_{l=0}^{j} 2^{\frac{-l'n}{2}} 2^{-l(d^*+d+2)} 2^{-l'(d^*+d+2)} \mathcal{B}_{l,l'}^{-r-2(d^*+1)}$$

$$\leq c\, 2^{\frac{-l'n}{2}} a^{-r-2(d^*+1)} j^{-1} 2^{-j(2(d+1)-r)} , \tag{8.2.29}$$

welches unmittelbar die gewünschte Abschätzung darstellt.   ∎

Im Fall $d^* + r = d$ definieren wir die komprimierte Matrix $\mathbf{A}_j^c$ durch (8.2.19), wobei wir die Parameter $\mathcal{B}_{l,l'}$ als

$$\mathcal{B}_{l,l'} \geq \max\left\{ a\, 2^{-l}, a\, 2^{-l'}, a\, j^{\frac{1}{2(d^*+1)+r}}\, 2^{\frac{j(2(d+1)-r)-l'(d^*+d+2)-l(d^*+d+2)}{2(d^*+1)+r}} \right\} \tag{8.2.30}$$

wählen.

Mit $\|\mathbf{A}\|$ bezeichnen wir die Spektralnorm der Matrix $\mathbf{A}$.

Theorem 8.2.1 *Für* $d^* + r = d$ *sei* $r_{(l,k),(l',k')}$ *definiert durch Lemma 8.2.3 in Verbindung mit (8.2.30). Mit* $\mathbf{R}_d$ *bezeichnen wir die Matrix mit den Koeffizienten*

$$2^{-l'(d+1)} 2^{-l(d+1)} |r_{(l,k),(l',k')}| . \tag{8.2.31}$$

Dann gilt

$$\|\mathbf{R}_d\| \leq c\, a^{-r-2(d^*+1)} 2^{-j(2(d+1)-r)} j^{-1} . \tag{8.2.32}$$

Beweis: Die Aussage folgt aus dem Schur-Lemma 6.2.3 ähnlich wie in [DPS2], wobei wir die Koeffizienten der Matrix mit den Faktoren $2^{ln/2}$ gewichten, (siehe Lemma 6.2.3,)

$$\|\mathbf{R}_d\| \leq \max_{\{0 \leq l' < j, k' \in \nabla_{l'}\}} \sum_{l=0}^{j} \sum_{k \in \nabla_l} 2^{\frac{(l'-l)n}{2}} 2^{-l'(d+1)} 2^{-l(d+1)} |r_{(l,k),(l',k')}| \tag{8.2.33}$$

$$+ \max_{\{0 \leq l < j, k \in \nabla_l\}} \sum_{l'=0}^{j} \sum_{k' \in \nabla_{l'}} 2^{\frac{(l-l')n}{2}} 2^{-l'(d+1)} 2^{-l(d+1)} |r_{(l,k),(l',k')}| .$$

Verwenden wir nun das Resultat aus Lemma 8.2.4, so erhalten wir damit über

$$\|\mathbf{R}_d\| \;\leq\; c\, a^{-r-2(d^*+1)} 2^{-j(2(d+1)-r)} j^{-1}\;, \tag{8.2.34}$$

das zu beweisende Ergebnis. ∎

Falls $d^*+r > d$ gilt, können wir, wie schon zuvor erwähnt, eine optimale Kompression erzielen. Wir behandeln zunächst die einfache Kompression.

Lemma 8.2.5 *Seien $d^* + r > d$ und d' so gewählt, daß $d' \in (d, d^* + r)$ und $a > 1$. Falls die Parameter $\mathcal{B}_{l,l'}$ der Bedingung*

$$\mathcal{B}_{l,l'} \geq a \max\{2^{-l}, 2^{-l'}, 2^{\frac{j(2d'+2-r)-l(d^*+d+2)-l'(d^*+d'+2)}{2(d^*+1)+r}}\} \tag{8.2.35}$$

genügen, gilt die Abschätzung

$$\sum_{k \in \nabla_l} 2^{\frac{-ln}{2}} 2^{-(l+l')(d+1)} |r_{(l,k),(l',k')}|$$
$$\leq\; c\, 2^{\frac{-l'n}{2}} a^{-r-2(d^*+1)} 2^{-j(2(d+1)-r)} 2^{(l-j)(d'-d)} 2^{(l'-j)(d'-d)} \tag{8.2.36}$$

gleichmäßig für alle $0 \leq l, l' \leq j$.

Beweis : Die Abschätzung folgt ganz analog zum Beweis von Lemma 8.2.4 aus der Aussage von Lemma 8.2.3,

$$\sum_{k \in \nabla_l} 2^{\frac{-ln}{2}} 2^{-(l'+l)(d+1)} |r_{(l,k),(l',k')}|$$
$$\leq\; c\, 2^{\frac{-l'n}{2}} 2^{-l(d+1+d^*+1)} 2^{-l'(d+1+d^*+1)} \mathcal{B}_{l,l'}^{-r-2(d^*+1)}\;,$$

so daß sich unter Verwendung der Voraussetzung (8.2.35)

$$\sum_{k \in \nabla_l} 2^{\frac{-ln}{2}} 2^{-(l'+l)(d+1)} |r_{(l,k),(l',k')}|$$
$$\leq\; c\, 2^{\frac{-l'n}{2}} a^{-r-2(d^*+1)} 2^{-j(2d'+2-r)} 2^{l(d'-d)} 2^{l'(d'-d)}$$
$$\leq\; c\, 2^{\frac{-l'n}{2}} a^{-r-2(d^*+1)} 2^{-j(2(d+1)-r)} 2^{(l-j)(d'-d)} 2^{(l'-j)(d'-d)} \tag{8.2.37}$$

ergibt. ∎

Definition 8.2.2 *Wir treffen im weiteren die Voraussetzung $s, \tilde{s} > \frac{r}{2}$ und definieren eine komprimierte Matrix $\mathbf{A}_j^\epsilon$ vermöge (8.2.19) mit*

$$\mathcal{B}_{l,l'} \geq \max\{a\, 2^{-l}, a\, 2^{-l'}, a\, 2^{\frac{j(2d'+2-r)-l'(d^*+d'+2)-l(d^*+d'+2)}{2(d^*+1)+r}}\}\;. \tag{8.2.38}$$

Theorem 8.2.2 *Sei $d' \in (d+1, d^*+1+r)$, und seien die Koeffizienten $r_{(l,k),(l',k')}$ gegeben durch Lemma 8.2.3 und (8.2.38). Für $0 \leq l, l' \leq j$ definieren wir Blockmatrizen $\mathbf{R}_{(l,l')}$ durch ihre Koeffizienten $2^{-l'(d+1)}2^{-l(d+1)}|r_{(l,k),(l',k')}|$. Dann ist die Norm der Matrizen $\mathbf{R}_{(l,l')}$ als lineare Operatoren $\mathbf{R}_{(l,l')} : l_2(\nabla^{l'}) \to l_2(\nabla^{l})$, $\|\mathbf{R}_{(l,l')}\|$, gleichmäßig beschränkt durch*

$$\|\mathbf{R}_{(l,l')}\| \;\leq\; c\, a^{-r-2(d^*+1)}2^{-j(2(d+1)-r)}2^{(l-j)(s-d-1)}2^{(l'-j)(\tilde{s}-d-1)} \; . \tag{8.2.39}$$

Beweis: Zum Beweis dieser Aussage verwenden wir erneut das Schur-Lemma 6.2.3,

$$\|\mathbf{R}_{(l,l')}\| \;\leq\; \max_{k'\in\nabla_{l'}} \sum_{k\in\nabla_l} 2^{\frac{(l'-l)n}{2}}2^{-(l+l')(d+1)}|r_{(l,k),(l',k')}| \tag{8.2.40}$$

$$+ \max_{\{k\in\nabla_l\}} \sum_{k'\in\nabla_{l'}} 2^{\frac{(l-l')n}{2}}2^{-(l+l')(d+1)}|r_{(l,k),(l',k')}| \; . \tag{8.2.41}$$

Fügen wir nun unser Ergebnis aus Lemma 8.2.5 hinzu, so erhalten wir damit

$$\|\mathbf{R}_{(l,l')}\| \;\leq\; c\, a^{-r-2(d^*+1)}2^{-j(2(d+1)-r)}2^{(l-j)(d'-d)}2^{(l'-j)(d'-d)} \; . \tag{8.2.42}$$

■

In den Beweisen zu Lemma 8.2.5 und Theorem 8.2.2 läßt sich, die Größe $d+1$ durch kleinere nichtnegative Parameter $0 \leq t, \tilde{t} \leq d+1$ ersetzen.

Theorem 8.2.3 *Seien $d < d' < d^* + r$, $0 \leq t, \tilde{t} < d+1$ und $r_{(l,k),(l',k')}$ gegeben durch Lemma 8.2.3 und (8.2.38). Für $0 \leq l, l' \leq j$ definieren wir Blockmatrizen $\mathbf{R}_{(l,l')}^{t,\tilde{t}}$ bestehend aus den Koeffizienten $2^{-l'\tilde{t}}2^{-lt}|r_{(l,k),(l',k')}|$. Dann ist die Norm der Matrizen $\mathbf{R}_{(l,l')}^{t,\tilde{t}}$ als lineare Operatoren $\mathbf{R}_{(l,l')}^{t,\tilde{t}} : l_2(\nabla_{l'}) \to l_2(\nabla_l)$ gleichmäßig beschränkt durch*

$$\|\mathbf{R}_{(l,l')}^{t,\tilde{t}}\| \;\leq\; c\, a^{-r-2(d^*+1)}2^{-j(t+\tilde{t}-r)}2^{(l-j)(d'+1-t)}2^{(l'-j)(d'+1-\tilde{t})} \; . \tag{8.2.43}$$

8.2.2   Zweite Kompression

Die vorangegangenen Abschätzungen genügen allerdings noch nicht, um eine asymptotisch optimale Kompressionsrate, d.h. lineare Komplexität zu zeigen. Wir müssen unter den noch verbleibenden Koeffizienten auch solche zu Null setzen, für die

$$\mathrm{dist}\{\Omega_k^l, \Omega_{k'}^{l'}\} < c$$

gilt, wobei sich die Träger der Funktionen ψ_k^l und $\psi_{k'}^{l'}$ überlappen können. Die bisherigen Argumente können daher nicht unmittelbar eingesetzt werden, da wir nun auch die Eigenschaften des Schwartz-Kernes auf der Diagonalen $\{x = y\}$ berücksichtigen müssen. Zu diesem Zweck benötigen wir eine Reihe weiterer Abschätzungen. In [DPS2, DPS6] haben wir bereits ähnliche Abschätzungen unter Verwendung von Techniken der modernen Theorie der Calderón-Zygmund-Operatoren [M2] vorgenommen. Bislang haben wir für unsere Abschätzungen der Koeffizienten $\langle A\psi_k^l, \psi_{k'}^{l'}\rangle$ immer das Wavelet $\psi_{k'}^{l'}$ dazu benutzt, die Funktion $A\psi_k^l$ zu analysieren, d.h. wir haben mittels lokaler Taylorentwicklung die lokale Regularität von $A\psi_k^l$ ausgenutzt. Der Trick besteht jetzt darin, daß wir den Spieß umdrehen. Wir analysieren die Funktion $\psi_{k'}^{l'}$ mittels $A\psi_k^l$. Damit das funktioniert, modifizieren wir zuerst den Operator A. Leider ist diese Methode allein nicht ausreichend, um uns die optimale Konsistenzordnung zu gewährleisten. Da stets $\gamma < d+1$ gilt, können unsere Funktionen $\psi_{k'}^{l'}$ nicht über eine globale Regularität von der Ordnung $d+1$ verfügen, die wir für unsere Abschätzungen benötigen. Als Ersatz dafür fordern wir, daß eine ausreichende lokale Regularität auf einer hinreichend großen Teilmenge gewährleistet ist. Dies ist für die Funktionen in $\mathcal{M}_{0,d}$ und $\mathcal{M}_{1,d}$ gerade der Fall. Unter diesen Voraussetzungen an die Funktionen in S_j finden wir, wie wir zeigen werden, noch hinreichend viele Matrixkoeffizienten in der bisher komprimierten Matrix, die wir ohne Verlust der maximal erreichbaren Konvergenzordnung, vernachlässigen können. Wir zeigen zuerst das folgende Lemma.

Lemma 8.2.6 *Seien $\gamma > \frac{r}{2}$, $n + d^* + 1 + r > 0$, $0 \le d \le d^* + r$, und sei $A \in \Psi^r(\Gamma)$ ein Pseudodifferentialoperator. Dann existiert eine Konstante c, die lediglich von r, n, d^* abhängt, so daß die Koeffizienten der Matrizen $\mathbf{B}^j$, $j \in \mathbb{N}$, welche durch (8.1.9) definiert sind, der folgenden Abschätzung*

$$|\langle A\psi_{k'}^l, \varphi_k^l\rangle| \le c\, \frac{2^{lr}}{(1 + 2^l\, dist(\Omega_{(l,k')}, supp\, \varphi_k^l))^{n+r+d^*+1}} \tag{8.2.44}$$

gleichmäßig bezüglich $l \in \mathbb{N}$ genügen.

Beweis : Ganz analog zu Lemma 8.2.1 schätzen wir wieder unter der Voraussetzung

$$dist(\Omega_{(l,k')}, supp\varphi_k^l) > c\, 2^{-l}$$

die Ausdrücke

$$\langle A\psi_{k'}^l, \varphi_k^l\rangle = \int\limits_{\mathbb{R}^{2n}} (A\kappa_m^* \psi_{k'}^l)(x)\overline{(\kappa_{m'}^* \varphi_k^l)(x)} J(x)dx \tag{8.2.45}$$

mit $\mathcal{A} := \kappa_{m'}^* \circ A \circ (\kappa_m^*)^{-1}$ ab.

Unter der Voraussetzung

$$dist(\Omega_{(l,k')}, supp\, \varphi_k^l) > 0$$

können wir mit Hilfe des Taylorschen Satzes das Integral

$$\int\limits_{\mathbb{R}^n} [\mathcal{A}(\kappa_m^* \psi_{k'}^l)(x)]\overline{(\kappa_{m'}^* \varphi_k^l)(x)}dx = \int\limits_{\mathbb{R}^{2n}} K_{\mathcal{A}}(y,x)(\kappa_m^* \psi_{k'}^l)(x)\overline{(\kappa_{m'}^* \varphi_k^l)(y)}dxdy \tag{8.2.46}$$

abschätzen. Wegen der Momenteneigenschaft (6.4.17) verschwindet das Taylorpolynom

$$\sum_{|\alpha|\le d^*} c_\alpha(y, x_0)(x - x_0)^\alpha$$

von $K_{\mathcal{A}}(y, \cdot)$ um den Entwicklungspunkt $x_0 \in \kappa_m \Omega_{(l,k')}$. Dies bedeutet, daß die Taylorpolynome vom Grade $\leq d^*$ wegfallen. Zur Abschätzung des Restgliedes verwenden wir Lemma 3.0.2,

$$
\begin{aligned}
|\langle A\psi_{k'}^l, \varphi_k^l \rangle| &= \Big| \int\limits_{\mathbb{R}^{2n}} K_{\mathcal{A}}(y,x)(\kappa_m^* \psi_{k'}^l(x))(\overline{\kappa_{m'}^* \varphi_k^l(y)})dxdy \Big| \\
&\leq c \sum_{|\alpha|=d^*+1} sup_{x \in \kappa_m \Omega_{(l,k')}, y \in \text{supp}\, \varphi_k^l} |\partial_x^\alpha K_{\mathcal{A}}(x,y)| \\
&\qquad \cdot \int\limits_{\mathbb{R}^{2n}} |(x-x_0)^\alpha| |(\kappa_m^* \psi_{k'}^l(x))\overline{\kappa_{m'}^* \varphi_k^l(y)}|dxdy \\
&\leq c \frac{2^{-ln/2}2^{-l(d^*+1+n/2)}}{(\text{dist}(\Omega_{(l,k')}, \text{supp}\varphi_k^l))^{n+r+d^*+1}} \\
&\leq c \frac{2^{lr}}{(1+2^l \text{dist}(\Omega_{(l,k')}, \text{supp}\varphi_k^l))^{n+r+d^*+1}} .
\end{aligned}
\tag{8.2.47}
$$

Falls nun

$$
\text{dist}(\Omega_{(l,k')}, \text{supp}\varphi_k^l) \leq c\, 2^{-l}
$$

ist, verwenden wir die Stetigkeit des Operators $A : H^s(\Gamma) \to H^{s-r}(\Gamma)$. Zuerst zeigen wir für ein geeignetes $s \leq 0$ mit Hilfe der Inversen Eigenschaft

$$
\begin{aligned}
|\langle A\psi_{k'}^l, \varphi_k^l \rangle| &\leq \|A\psi_{k'}^l\|_s \|\varphi_k^l\|_{-s} \\
&\leq c\, 2^{-ls} \|A\psi_{k'}^l\|_s \\
&\leq c\, 2^{-ls} \|\psi_{k'}^l\|_{s+r} \\
&\leq c\, 2^{l(r-s)} \|\psi_{k'}^l\|_s .
\end{aligned}
\tag{8.2.48}
$$

Hierbei wählen wir $s = \min\{0, -\frac{r}{2}\}$, damit gewährleistet ist, daß sowohl $\psi_{k'}^l \in H^{s+r}(\Gamma)$ als auch im Sinne der verschärften Poincaré-Ungleichung $\|\psi_l^k\|_s \sim 2^{ls}$ (6.1.18) gilt. Aufgrund von $0 \leq d^* + r$ können wir Letztere anwenden. Diese liefert im Falle (8.2.48) dann

$$
\begin{aligned}
|\langle A\psi_{k'}^l, \varphi_k^l \rangle| &\leq c\, 2^{l(r-s)} \|\psi_{k'}^l\|_s \\
&\leq c\, 2^{lr} \|\psi_{k'}^l\|_0 = c\, 2^{lr} .
\end{aligned}
$$

An dieser Stelle sei bemerkt, daß im Fall $r < 0$ die Voraussetzung $0 \leq d^* + r$ dazu benutzt wurde, um (6.1.18) anwenden zu können. Da wir diese Bedingung ohnehin fordern müssen, verzichten wir auf die Untersuchung des allgemeineren Falles. ∎

Bemerkung 8.2.2 In dem obigen Beweis haben wir die Stetigkeitseigenschaften der Operatoren A verwendet. Die Stetigkeit von Pseudodifferentialoperatoren ist wohlbekannt (siehe z.B. [H, SH, K]). Für allgemeinere Operatoren ist dies allerdings nicht von vornherein klar. Die Argumentation im Beweis des obigen Lemmas zeigt, daß die Bedingung (8.2.48) notwendig zur Stetigkeit des Operators A ist. Im allgemeinen muß man die Bedingung (8.2.48) ganz explizit fordern. Diese Bedingung entspricht der *weak boundedness* [DAJO, DAVID] oder *weak cancellation property* [BCR] für Calderón-Zygmund-Operatoren.

Wir kommen nun zu einer ganz wesentlichen Stelle in der Behandlung solcher Operatoren.

Lemma 8.2.7 *Zu* $A \in \Psi^r(\Gamma)$ *und Multiskalenbasen* $\psi_k^l, \psi_{k'}^{l'} \in \{\psi_j\}$ *gibt es einen weiteren Pseudodifferentialoperator*

$$A^{\natural} = A^{\natural}((l,k),(l',k')) \in \Psi^r(\Gamma)$$

und transportierten Operator

$$\mathcal{A}^{\natural} := \kappa_{m'}^* \circ A^{\natural} \circ (\kappa_m^*)^{-1}$$

mit der Eigenschaft, daß

$$\int_{\tilde{\Sigma}} (\mathcal{A}^{\natural} \kappa_m^* \psi_k^l)(x) x^{\alpha} dx = 0 \quad , \quad |\alpha| < d^* + 1 \; , \tag{8.2.49}$$

und

$$\langle A\psi_k^l, \psi_{k'}^{l'} \rangle = \int_{\mathbb{R}^n} (\mathcal{A}^{\natural} \kappa_m^* \psi_k^l)(x) \overline{(\kappa_{m'}^* \psi_{k'}^{l'}(x))} dx \tag{8.2.50}$$

ist. $A^{\natural}$ *kann hierbei so gewählt werden, daß der Träger des Schwartz-Kernes* $K_{\mathcal{A}^{\natural}}(x,y)$ *kompakt ist mit*

$$\mathrm{supp}\, K_{\mathcal{A}^{\natural}} \subset \tilde{\Sigma}' \times \tilde{\Sigma}' \; , \tag{8.2.51}$$

$\Sigma \subset \tilde{\Sigma} \subset\subset \mathbb{R}^n$.

Beweis: Sei $\tilde{\Sigma}'$ ein ausreichend großer Hyperwürfel $(-R,R)^n$ im $\mathbb{R}^n$ mit $\mathrm{supp}\, \kappa_{m'}^* \psi_{k'}^{l'} \subset \tilde{\Sigma} \subset\subset \tilde{\Sigma}'$. Des weiteren sei $\mathcal{P}_{d^*}$ der in $L^2(\tilde{\Sigma}')$ orthogonale Projektor auf die Polynome vom Grade kleiner gleich d^*. Dann hat $\mathcal{P}_{d^*}$ einen polynomialen Kern $P(x,y) \in C^{\infty}(\tilde{\Sigma}' \times \tilde{\Sigma}')$, den wir zu einer Funktion in $C^{\infty}(\mathbb{R}^{2n})$ fortsetzen können [CHP]. Für jede Distribution $f \in \mathcal{E}'(\tilde{\Sigma}')$ gilt aufgrund der Momenteneigenschaft und der Trägereigenschaft von $\kappa_{m'} \psi_k^l \subset \tilde{\Sigma}$ die Beziehung

$$\int_{\tilde{\Sigma}} (\kappa_{m'} \psi_{k'}^{l'})(x) \mathcal{P}_{d^*} f(x) dx = 0 \; . \tag{8.2.52}$$

Sei $\mathcal{A} = \kappa_{m'}^* \circ A \circ (\kappa_m^*)^{-1}$ und $\chi' \in C_0^{\infty}(\tilde{\Sigma}')$ eine glatte Abschneidefunktion mit $\chi'(x) \equiv 1$ für $x \in \tilde{\Sigma}$. Dann läßt sich diese Abschneidefunktion sowie der Projektor $\mathcal{P}_{d^*}$ einfügen,

$$\int_{\mathbb{R}^n} \overline{(\kappa_{m'}^* \psi_{k'}^{l'})(x)} [\mathcal{A}\kappa_m^* \psi_k^l](x) dx = \int_{\mathbb{R}^n} \overline{(\kappa_{m'}^* \psi_{k'}^{l'})(x)} [\chi' \cdot (I - \mathcal{P}_{d^*}) \circ \mathcal{A} \cdot \chi' \kappa_m^* \psi_k^l](x) dx. \tag{8.2.53}$$

Folglich erfüllt der Operator $\chi' \cdot (I - \mathcal{P}_{d^*}) \circ \mathcal{A} \cdot \chi'$ die Bedingung

$$\int_{\mathbb{R}^n} x^\alpha [\chi' \cdot (I - \mathcal{P}_{d^*}) \circ \mathcal{A} \cdot \chi'(\kappa^*_{m'}\psi^l_k)](x)dx = 0 \tag{8.2.54}$$

für alle $|\alpha| < d^* + 1$.

Wir setzen jetzt

$$\mathcal{A}^\sharp := \mathcal{A}^\sharp((l,k),(l',k')) = \chi' \cdot (I - \mathcal{P}_{d^*}) \circ \mathcal{A} \cdot \chi \ . \tag{8.2.55}$$

und definieren $A^\sharp$ durch den Rücktransport auf Γ

$$A^\sharp = (\kappa^*_{m'})^{-1} \circ \mathcal{A}^\sharp \circ \kappa^*_m \ .$$

Dann ist der Operator $A^\sharp$ als eine Komposition mehrerer Pseudodifferentialoperatoren nach Theorem 3.0.1 ebenfalls ein Pseudodifferentialoperator in $\Psi^r(\Gamma)$ [SH, K], der über die Eigenschaft (8.2.51) verfügt. Somit erfüllt dieser Operator die gestellten Anforderungen. ■

Da wir das Lemma 8.2.7 zumeist in lokaler Form benötigen, fügen wir noch folgendes Lemma hinzu.

Lemma 8.2.8 *Sei $A^\sharp$ der in Lemma 8.2.7 definierte Operator. Unter den gleichen Voraussetzungen wie in Lemma 8.2.7 gilt*

$$|A^\sharp \psi^l_k(x)| \leq c \ 2^{l(\frac{n}{2}+r)}[1 + 2^l dist(x, x^l_k)]^{-n-r-d^*-1} \tag{8.2.56}$$

für alle $x \in \Gamma_{m'}$, und $x^l_k \in supp\,\psi^l_k$, für die

$$dist(x, supp\psi^l_k) \geq c \ 2^{-l} \tag{8.2.57}$$

ist.

Beweis : Da $A^\sharp \in \Psi^r(\Gamma)$ ist, argumentieren wir wie im Beweis von Lemma 8.2.6. Sei

$$dist(x, supp\,\psi^l_k) \geq c \ 2^{-l} \ ,$$

und $\mathcal{A}^\sharp$ durch (8.2.55) definiert sowie $K_{\mathcal{A}^\sharp}$ der zugehörige Schwartzkern, dann gilt für $x \in \tilde{\Gamma}_{m'}$

$$|(A^\sharp \psi^l_k)(x)| \ = \ |\int_{\mathbb{R}^n} K_{\mathcal{A}^\sharp}(\kappa_{m'}(x), y)(\kappa^*_m \psi^l_k(y))dy| \ .$$

Den Kern im letzten Integral können wir wieder in ein Taylorpolynom entwickeln. Dabei fallen wegen der Momenteneigenschaft (6.4.17) die Polynome vom Grade $< d^* + 1$ gerade weg, und das Restglied läßt sich dann analog zu Lemma 8.2.6 abschätzen,

$$
\begin{aligned}
\left| \int_{\mathbb{R}^n} K_{A^\sharp}(\kappa_{m'}(x), y)(\kappa_m^* \psi_k^l(y)) dy \right| &\leq c \sum_{|\alpha| = d^* + 1} sup_{y \in \kappa_m \Omega_{(l,k)}} |\partial_y^\alpha K_{A^\sharp}(\kappa_{m'}(x), y)| \\
&\qquad \int_{\mathbb{R}^n} |(y - y_0)^\alpha| |\kappa_m^* \psi_k^l(y)| dy \\
&\leq c \frac{2^{-l(d^* + 1 + n/2)}}{[\operatorname{dist}(x, \operatorname{supp} \psi_k^l)]^{n+r+d^*+1}} \\
&\leq c \frac{2^{l(r + n/2)}}{[1 + 2^l \operatorname{dist}(x, \operatorname{supp} \psi_k^l)]^{n+r+d^*+1}} \,.
\end{aligned}
\tag{8.2.58}
$$

$\blacksquare$

Als Konsequenz des letzten Lemmas 8.2.8 zusammen mit der Aussage von Lemma 8.2.6 folgt auch die nächste Aussage.

Lemma 8.2.9 *Seien* $\gamma > \frac{r}{2}$, $n + d^* + 1 + r > 0$, $0 \leq d^* + r$ *und* $A \in \Psi^r(\Gamma)$ *ein Pseudodifferentialoperator. Falls* $A^\sharp \in \Psi^r(\Gamma)$ *der in Lemma 8.2.7 definierte Operator ist und* $x_k^l \in supp \ \psi_k^l$, *dann gilt*

$$
|Q_l^* A^\sharp \psi_k^l(x)| \leq c \ 2^{l(\frac{n}{2} + r)} [1 + 2^l dist(x, x_k^l)]^{-n-r-d^*-1}
\tag{8.2.59}
$$

gleichmäßig bezüglich $l \in \mathbb{N}$.

Die Aussagen der in der Arbeit [DKPS] formulierten Lemmata sind nicht ausreichend, um die optimale Konvergenzordnung und zugleich eine optimale Kompression zu erhalten, da die Regularität der Wavelets in die dortigen Abschätzungen eingehen. Um die optimale Konvergenzordnung mit linearem Aufwand zu erreichen, benötigt man genauere Abschätzungen.

Mit

$$
\Omega_{(l',k')}^S := \operatorname{sing \ supp} \psi_{k'}^{l'}
$$

bezeichnen wir den *singulären Träger* von $\psi_{k'}^{l'}$.

Der singuläre Träger einer Funktion besteht aus denjenigen Punkten $x \in \Gamma$, in denen die Funktion nicht unendlich oft differenzierbar ist. Im vorliegenden Fall besteht der singuläre Träger aus den Rändern der krummlinigen Elemente

$$
\tau_\nu^{l'} := \kappa_m^{-1} \Sigma_\nu^{l'} \,.
$$

Lemma 8.2.10 *Sei* $l' \leq l$, $0 \leq d < d^* + r$, *und sei* $\kappa_m^* \psi_{k'}^{l'}|_{\Sigma_\nu^{l'}}$ *ein Polynom vom Grade kleiner oder gleich* d *auf* $\Sigma_\nu^{l'}$. *Wenn zusätzlich zu den Voraussetzungen in Lemma 8.2.9 die Bedingung*

$$
c^{-1} \ 2^{-l'} \geq [dist(\Omega_{(l,k)}, \Omega_{(l',k')}^S)] \geq c \ 2^{-l}
\tag{8.2.60}
$$

erfüllt ist, dann gilt die Abschätzung

$$|\langle A\psi_k^l, \psi_{k'}^{l'}\rangle| \;\leq\; c\, 2^{-l(d^*+1)} 2^{-|l-l'|\frac{n}{2}} [dist(\Omega_{(l,k)}, \Omega_{(l',k')}^S)]^{-r-d^*-1} \;,\; l,l' \geq 0\;,$$

Beweis: Wir betrachten den Fall, daß $\kappa_{m'}^* \psi_{k'}^{l'}|_{\Sigma_\nu^{l'}}$ ein Polynom ist. Dabei ist m' durch die geforderte Momentenbedingung $\int_{\mathbb{R}^n} \kappa_{m'}^* \psi_{k'}^{l'}(x) x^\alpha dx = 0$ bereits festgelegt. Sei $\Sigma_\nu^{l'} = \kappa_{m'} \tau_\nu^{l'}$ ein Simplex im $\mathbb{R}^n$, auf dem $\kappa_m^* \psi_{k'}^{l'}$ gerade ein Polynom vom Grade $< d+1$ ist, und sei $x_\nu \in \Sigma_\nu^{l'}$. Dann besitzt $\kappa_{m'}^* \psi_{k'}^{l'}$ die Darstellung

$$\kappa_{m'}^* \psi_{k'}^{l'}(x) = 2^{l'n/2} \sum_{|\alpha|<d+1} c_\alpha [2^{l'}(x-x_\nu)]^\alpha \;,\; x \in \Sigma_\nu^{l'}\;,$$

wobei alle Koeffizienten c_α gleichmäßig bezüglich l', ν beschränkt sind.

Wegen Lemma 8.2.7 gilt

$$|\langle A\psi_k^l, \psi_{k'}^{l'}\rangle| = |\int_{\mathbb{R}^n} \overline{\kappa_{m'}^* \psi_{k'}^{l'}(x)} (\mathcal{A}^\sharp \kappa_m^* \psi_k^l)(x)dx|\;, \tag{8.2.61}$$

wobei aufgrund von Lemma 8.2.8 gilt

$$|\langle A\psi_k^l, \psi_{k'}^{l'}\rangle| = |\int_{\tilde{\Sigma}} \overline{\kappa_{m'}^* \psi_{k'}^{l'}(x)} (\mathcal{A}^\sharp \kappa_m^* \psi_k^l)(x)dx|$$

$$\leq \sum_{\tau_\nu^{l'} \subset \Omega_{(l',k')}} |\int_{\mathbb{R}^n \setminus \Sigma_\nu^{l'}} \sum_{|\alpha| \leq d} c_\alpha 2^{l'n/2} 2^{l'}(x-x_\nu)^\alpha \mathcal{A}^\sharp \kappa_m^* \psi_k^l(x)dx$$

$$\leq \sum_{\tau_\nu^{l'} \subset \Omega_{(l',k')}} \int_{\mathbb{R}^n \setminus \Sigma_\nu^{l'}} \sum_{|\alpha| \leq d} |c_\alpha| 2^{l'n/2} |2^{l'}(x-x_\nu)|^\alpha |\mathcal{A}^\sharp \kappa_m^* \psi_k^l(x)|dx$$

$$\leq c \sum_{\tau_\nu^{l'} \subset \Omega_{(l',k')}} \int_{\mathbb{R}^n \setminus \Sigma_\nu^{l'}} \sum_{|\alpha| \leq d} 2^{l'n/2} |2^{l'}(x-x_\nu)|^\alpha |\mathcal{A}^\sharp \kappa_m^* \psi_k^l(x)|dx. \tag{8.2.62}$$

Unter der Voraussetzung (8.2.60) läßt sich Lemma 8.2.8 verwenden, um die letzten Integrale (8.2.62) abzuschätzen. Man beachte dabei, daß der Kern des Operators $\mathcal{A}^\sharp$ aufgrund der lokalen Definition sogar kompakt ist und daß $dist(\Omega_{(l,k)}, \Omega_{(l',k')}^S) \leq c\, 2^{-l'}$ gilt,

$$\int_{\mathbb{R}^n \setminus \Sigma_\nu^{l'}} |c_\alpha| |2^{l'}(x-x_\nu)|^\alpha |\mathcal{A}^\sharp \kappa_m^* \psi_k^l(x)|dx$$

$$\leq c \int_{\{|x-x_\nu|>c\, dist(\Omega_{(l,k)}, \Omega_{(l',k')}^S)\}} |c_\alpha| |2^{l'}(x-x_\nu)|^\alpha 2^{l'n/2} 2^{l(\frac{n}{2}+r)} [2^l |x-x_\nu|]^{-n-r-d^*-1} dx$$

$$\leq c\, [dist(\Omega_{(l,k)}, \Omega_{(l',k')}^S)]^{-r-d^*-1} [dist(\Omega_{(l,k)}, \Omega_{(l',k')}^S)]^{|\alpha|} 2^{l'|\alpha|} 2^{-|l-l'|\frac{n}{2}} 2^{-l(d^*+1)}$$

$$\leq c\, [dist(\Omega_{(l,k)}, \Omega_{(l',k')}^S)]^{-r-d^*-1} 2^{-|l-l'|\frac{n}{2}} 2^{-l(d^*+1)}\;. \tag{8.2.63}$$

Womit die behauptete Ungleichung gezeigt wäre. $\blacksquare$

Ohne Beschränkung der Allgemeinheit setzen wir nun voraus, daß $l \geq l'$ gelte. Anderenfalls vertauschen wir die Rollen von l und l'. Wir bearbeiten im weiteren nur solche Blöcke, in denen

$$\max\{a\, 2^{-l'}, \mathcal{B}_{l,l'}\} = a\, 2^{-l'}$$

gilt. In diesen Blöcken bleiben nach dem Wegstreichen der Koeffizienten in den vorangegangenen Abschnitten 8.2 nur noch jene Einträge $a_{(l,k),(l',k')}$ übrig, für die $\operatorname{dist}(\Omega_{(l,k)}, \Omega_{(l',k')}) \leq c2^{-l'}$ ist. Von diesen Elementen setzen wir nun solche zu Null, für welche die Bedingungen

$$[\operatorname{dist}(\Omega_{(l,k)}, \Omega_{(l',k')}^S)]^{-r-d^*-1} < \epsilon'\ \max\{2^{-j(2d'+2-r)}2^{l(d^*+d'+2)}2^{l'(d'+1)}, 2^{l'(r+d^*+1)}\} \tag{8.2.64}$$

und

$$2^{-l} \leq c\ [\operatorname{dist}(\Omega_{(l,k)}, \Omega_{(l',k')}^S)] \tag{8.2.65}$$

erfüllt sind. Hierbei ist $d' \in \mathbb{R}$ so gewählt, daß

$$0 \leq d < d' < d^* + r \tag{8.2.66}$$

gilt. Dadurch erhalten wir eine weitere Matrix

$$\mathbf{A}_j^{\epsilon'} = (a_{(l,k),(l',k')})_j^{\epsilon'}$$

mit weniger von Null verschiedenen Einträgen als $\mathbf{A}_j^{\epsilon}$.

Theorem 8.2.4 *Sei $d^* + r > d' > d$ und*

$$r'_{(l,k),(l',k')} = |(a_{(l,k),(l',k')})_j^{\epsilon} - (a_{(l,k),(l',k')})_j^{\epsilon'}|\,,$$

falls

$$dist(\Omega_{(l,k)}, \Omega_{(l',k')}) \leq c\min\{2^{-l}, 2^{-l'}\}$$

und zudem (8.2.64) gilt. Anderenfalls setzen wir $r'_{(l,k),(l',k')} = 0$. Sei weiter $\mathbf{R}'_{(l,l')}$ die Matrix mit Koeffizienten $2^{-l'(d+1)}2^{-l(d+1)}|r'_{(l,k),(l',k')}|$. Dann gilt für die Norm der Matrix $\mathbf{R}'_{(l,l')}$ die Abschätzung

$$\|\mathbf{R}'_{(l,l')}\| \ \leq \ c\,\epsilon'\ 2^{-j(2d+2-r)}2^{(l-j)(d'-d)}2^{(l'-j)(d'-d)}\,. \tag{8.2.67}$$

Hierbei ist $c > 0$ unabhängig von dem Parameter ϵ'.

Beweis: Wir verwenden wieder das Schur-Lemma 6.2.3 an:

$$\|\mathbf{R}'_{(l,l')}\| \ \leq \ \max_{\{k' \in \nabla_{l'}\}} \sum_{k \in \nabla_l} 2^{(l'-l)n/2}2^{-l'(d+1)}2^{-l(d+1)}|r'_{(l,k),(l',k')}| \tag{8.2.68}$$

$$+\max_{\{k \in \nabla_l\}} \sum_{k' \in \nabla_{l'}} 2^{(l-l')n/2}2^{-l'(d+1)}2^{-l(d+1)}|r'_{(l,k),(l',k')}|\,.$$

Die Bedingung (8.2.64) impliziert aufgrund von Lemma 8.2.10, daß sich die Koeffizienten $|r_{k,k'}^{l,l'}|$ folgendermaßen abschätzen lassen,

$$|r'_{(l,k),(l',k')}| \leq c\, \epsilon'\, 2^{(l-j)(d'+1)} 2^{(l'-j)(d'+1)} 2^{jr} 2^{-n/2|l-l'|} \,. \tag{8.2.69}$$

Beachten wir, daß die Koeffizienten $r'_{(l,k),(l',k')}$ per Definition nur für solche $(l,k),(l',k')$ Null sind für die $\mathrm{dist}(\Omega_{l,k},\Omega_{l',k'}) \geq \max\{c\,2^{-l}, c\,2^{-l'}\}$ gilt. Deshalb brauchen wir nur über eine Teilmenge $\nabla^l \subset \nabla_l$ bzw. $\nabla^{l'} \subset \nabla_{l'}$ zu summieren. Setzen wir jetzt die Abschätzung (8.2.69) in die Definition der Matrix $\mathbf{R}'_{(l,l')}$ ein, so erhalten wir im Hinblick auf das Schur-Lemma (8.2.68)

$$\|\mathbf{R}'_{(l,l')}\|$$
$$\leq \quad c \max_{\{k'\in\nabla^{l'}\}} \sum_{k\in\nabla^l} 2^{(l'-l)n/2}\epsilon'\, 2^{-(l+l')(d+1)}\, 2^{(l'-j)(d'+1)}\, 2^{(l-j)(d'+1)}\, 2^{-n/2|l'-l|}\, 2^{jr}$$
$$+c \max_{\{k\in\nabla^l\}} \sum_{k'\in\nabla^{l'}} 2^{(l-l')n/2}\epsilon' 2^{-(l+l')(d+1)}\, 2^{(l'-j)(d'+1)}\, 2^{(l-j)(d'+1)}\, 2^{-n/2|l-l'|}\, 2^{jr}$$
$$\leq \quad c \max_{\{k'\in\nabla_{l'}\}} \sum_{k\in\nabla_l} \epsilon'\, 2^{-2j(d+1)}\, 2^{(l'-j)(d'-d)}\, 2^{(l-j)(d'-d)}\, 2^{n(l'-l)}\, 2^{jr}$$
$$+c \max_{\{k\in\nabla_l\}} \sum_{k'\in\nabla_{l'}} \epsilon' 2^{-2j(d+1)}\, 2^{(l'-j)(d'-d)}\, 2^{(l-j)(d'-d)}\, 2^{jr} \,.$$

Hierbei sei bemerkt, daß im ersten Term bei der Summation über $k' \in \nabla^{l'}$ über $\mathcal{O}(2^{n(l-l')})$ Summanden und im zweiten Term bei der Summation über $k' \in \nabla^{l'}$ dagegen über $\mathcal{O}(1)$ viele Summanden summiert wird, woraus sich letztlich wegen $d < d'$ die Abschätzung

$$\|\mathbf{R}'_{(l,l')}\| \quad \leq \quad c\, \epsilon'\, 2^{-2j(d+1-r/2)}\, 2^{(l-j)(d'-d)}\, 2^{(l'-j)(d'-d)} \tag{8.2.70}$$

folgern läßt. Die dabei auftretende generische Konstante c ist unabhängig von dem Parameter ϵ'. ∎

8.2.3 Zusammenfassung

Wir setzen stets voraus, daß $\gamma > \frac{r}{2}$ gilt.
1. Kompressionsschritt: Unter der Voraussetzung

$$d \leq d^* + r \tag{8.2.71}$$

definieren wir die Matrix

$$\mathbf{A}_j^\epsilon := (a_{(l,k),(l',k',)}^\epsilon)_{(l,k),(l',k',)\in\mathcal{J}^j} \tag{8.2.72}$$

durch

$$(a_{(l,k),(l',k')})_j^\epsilon := \begin{cases} a_{(l,k),(l',k')} \,, & \text{falls} \quad \mathrm{dist}(\Omega_{(l,k)},\Omega_{(l',k')}) \leq \mathcal{B}_{l,l'}, \\ 0 \,, & \text{anderenfalls.} \end{cases} \tag{8.2.73}$$

Im Falle $d = d^* + r$, wählen wir den Abschneideparameter (8.2.73)

$$\mathcal{B}_{l,l'} \sim \max\left\{a\,2^{-l}, a\,2^{-l'}, a\,j^{\frac{1}{2(d^*+1)+r}}\,2^{\frac{j(2(d+1)-r)-l'(d^*+d+2)-l(d^*+d+2)}{2(d^*+1)+r}}\right\}, \quad a > 1. \tag{8.2.74}$$

Falls $d < d^* + r$ ist nehmen wir d' so, daß

$$d < d' < d^* + r$$

gilt, und setzen

$$\mathcal{B}_{l,l'} \sim \max\left\{a\,2^{-l}, a\,2^{-l'}, a\,2^{\frac{j(2(d'+1)-r)-l'(d^*+d'+2)-l(d^*+d'+2)}{2(d^*+1)+r}}\right\}. \tag{8.2.75}$$

2. Kompressionsschritt: Wir setzen voraus, daß

$$d < d^* + r \tag{8.2.76}$$

gilt und wählen $d', \tilde{d}^*$ so, daß

$$d < d' < \tilde{d}^* + r < d^* + r \tag{8.2.77}$$

ist. Definieren wir die endgültige Matrix

$$\mathbf{A}_j^{\epsilon'} := \left(a_{(l,k),(l',k',)}^{\epsilon'}\right) \tag{8.2.78}$$

durch

$$\left(a_{(l,k),(l',k')}\right)_j^{\epsilon'} := \begin{cases} a_{(l,k),(l',k')}^{\epsilon}\,, \\ \qquad \text{falls} \qquad l' \leq l \ \text{ und } \text{dist}(\Omega_{(l,k)}, \Omega_{(l',k')}^S) \leq \mathcal{B}_{l,l'}^S, \\ a_{(l,k),(l',k')}^{\epsilon}\,, \\ \qquad \text{falls} \qquad l' \leq l \ \text{ und } \text{dist}(\Omega_{(l,k)}^S, \Omega_{(l',k')}) \leq \mathcal{B}_{l,l'}^S, \\ 0\,, \qquad\qquad\qquad\qquad \text{anderenfalls.} \end{cases} \tag{8.2.79}$$

Sei nun d' so gewählt, daß $d < d' < d^* + r$ gilt. Dann setzen wir die Parameter

$$\mathcal{B}_{l,l'}^S \sim \max\left\{\epsilon'\,2^{-l}, \epsilon'\,2^{-l'}, \epsilon'\,2^{\frac{j(2(d'+1)-r)-\max\{l,l'\}(d^*+1)-(l+l')(d'+1)}{d^*+1+r}}\right\}. \tag{8.2.80}$$

8.2.4 Konsistenzresultate

Bezugnehmend auf (8.1.5) erinnern wir uns, daß wir der komprimierten Matrix $\mathbf{A}_j^{\epsilon}$ einen endlichdimensionalen Operator A_j^{ϵ} in unseren Funktionenräumen durch die Beziehung

$$A_j^{\epsilon} = F_{j,\psi}^{-1}\mathbf{A}_j^{\epsilon}(F_{j,\psi}^*)^{-1} \tag{8.2.81}$$

zuordnen können. *Dieses systematische Wechseln zwischen diskreten Normen und Normen in Funktionenräumen, bzw. Operatornormen, wird in der Allgemeinheit durch das*

Theorem 6.2.1 und 6.2.2 gewährleistet und stellt einen entscheidenden Schlüssel für unsere Untersuchungen dar. Unser Ziel ist es, zu zeigen, daß der Operator des komprimierten Verfahrens A_j^ϵ genauso gut gegen den Operator A konvergiert wie der Operator des Galerkinverfahrens A_j. D.h. wir wollen die Konsistenz $A_j^\epsilon \to A_j$ untersuchen. Dieses Vorgehen wurde in [HANO] zur Untersuchung des Panel-Clustering-Verfahrens angewandt. In [DPS2] wurde diese Betrachtung zum ersten Mal systematisch zur Untersuchung der Matrixkompression angewandt.

Wir betrachten zunächst wieder den Fall $d = d^* + r$, der lediglich zu einer fast optimalen Kompression führt.

Theorem 8.2.5 *Sei $d = d^* + r$, und sei A_j^ϵ durch (8.2.73) und (8.2.74) definiert. Dann gilt*

$$\|(A_j - A_j^\epsilon)u\|_{-d-1} \le c\ a^{-r-2(d^*+1)}2^{-j(2(d+1)-r)}\|u\|_{d+1}. \tag{8.2.82}$$

Beweis: Aus Theorem 8.2.1 folgern wir aufgrund der Dualität zwischen Sobolevräumen

$$\|(A_j - A_j^\epsilon)u\|_{-d-1} \le \sup_{v \in H^{d+1}(\Gamma)} \frac{|\langle Q_j^*(A_j - A_j^\epsilon)Q_j)u, v\rangle|}{\|v\|_{d+1}}, \tag{8.2.83}$$

und damit die Abschätzung

$$
\begin{aligned}
&\|(A_j - A_j^\epsilon)u\|_{-d-1} \\
&\le\ c \sup_{v \in H^{d+1}(\Gamma)} \frac{|\langle (\Upsilon_j^{-(d+1)})^* Q_j^*(A_j - A_j^\epsilon)Q_j \Upsilon_j^{-(d+1)} \Upsilon_j^{(d+1)} u, \Upsilon_j^{d+1} v\rangle|}{\|v\|_{d+1}} \\
&\le\ c\ \|F_{j,\psi}(\Upsilon_j^{-(d+1)})^* Q_j^*(A_j - A_j^\epsilon)Q_j \Upsilon_j^{-(d+1)} F_{j,\psi}^*\| \\
&\quad\ \sup_{v \in H^{d+1}(\Gamma)}\ \cdot\ \|\Upsilon_j^{d+1} u\|_0 \frac{\|\Upsilon_j^{d+1} v\|_0}{\|v\|_{d+1}} \\
&\le\ c\,j\ \|\mathbf{R}_d\|\|u\|_{d+1}, \tag{8.2.84}
\end{aligned}
$$

Dabei haben wir eine Konsequenz aus der Approximationseigenschaft (6.4.13), nämlich

$$\|\Upsilon_j^{d+1} u\|_0 \le c\ \sqrt{j}\|u\|_{d+1}, \tag{8.2.85}$$

im letzten Schritt gleich zweimal verwendet. Wir wenden jetzt Theorem 8.2.1 auf die rechte Seite von (8.2.84) an und erhalten damit das gewünschte Resultat. ∎

In dem Fall, daß $d < d' < d^* + r$ gilt, können wir den in (8.2.85) auftretenden logarithmischen Term $\sqrt{j}$ vermeiden. Zu diesem Zweck müssen wir etwas anders als in dem vorangegangenem Lemma und auch anders als in anderen Arbeiten [DPS2, DKPS, PS, PSS], vorgehen.

Theorem 8.2.6 *Für $d < d' < d^* + r$ und A_j^ϵ, definiert durch (8.2.81), gilt*

$$\|(A_j - A_j^\epsilon)u\|_{-d-1} \le ca^{-r-2(d^*+1)}2^{-j(2(d+1)-r)}\|u\|_{d+1}. \tag{8.2.86}$$

Beweis: Wir benutzen wieder ein Dualitätsargument

$$\|(A_j - A_j^\epsilon)u\|_{-d-1}$$

$$\leq \ \sup_{v \in H^{d+1}(\Gamma)} \frac{|\langle Q_j^*(A_j - A_j^\epsilon)Q_j u, v\rangle|}{\|v\|_{d+1}}$$

$$\leq \ c\sup_{v \in H^{d+1}(\Gamma)} \frac{|\langle(\Upsilon_j^{-(d+1)})^* Q_j^*(A_j - A_j^\epsilon)Q_j \Upsilon_j^{-(d+1)}\Upsilon_j^{(d+1)}u, \Upsilon_j^{(d+1)}v\rangle|}{\|v\|_{d+1}} \ .$$

Der Operator Υ_j^{d+1} ist per Definition gegeben durch

$$\Upsilon_j^{d+1} u = \sum_{l=-1}^{j} 2^{l(d+1)}(Q_{l+1} - Q_l)u \ ,$$

wodurch wir wegen

$$(Q_{l+1} - Q_l) = (Q_{l+1} - Q_l)^2$$

und der Beziehung

$$(Q_{l'+1} - Q_{l'})(Q_{l+1} - Q_l) = 0 \ , \quad l \neq l' \ ,$$

mit Hilfe der Cauchy-Schwarz-Ungleichung weiter abschätzen können,

$$\|(A_j - A_j^\epsilon)u\|_{-d-1}$$

$$\leq \ c\sup_{v \in H^{d+1}(\Gamma)} \frac{|\langle(\Upsilon_j^{-(d+1)})^* Q_j^*(A_j - A_j^\epsilon)Q_j \Upsilon_j^{-(d+1)}\Upsilon_j^{(d+1)}u, \Upsilon_j^{(d+1)}v\rangle|}{\|v\|_{d+1}}$$

$$\leq \ c\sup_{v \in H^{d+1}(\Gamma)} \frac{1}{\|v\|_{d+1}} [\sum_{l=-1}^{j-1} |\langle 2^{-l(d+1)}(Q_{l+1} - Q_l)^*(A_j - A_j^\epsilon)Q_j \Upsilon_j^{-(d+1)}\Upsilon_j^{(d+1)}u,$$

$$2^{l(d+1)}(Q_{l+1} - Q_l)v\rangle|$$

$$\leq \ c\sup_{v \in H^{d+1}(\Gamma)} \sum_{l=-1}^{j-1} \|2^{-l(d+1)}(Q_{l+1} - Q_l)^*(A_j - A_j^\epsilon)[\sum_{l'=-1}^{j-1}(Q_{l'+1} - Q_{l'})u]\|_0$$

$$\cdot \ \frac{2^{l(d+1)}\|(Q_{l+1} - Q_l)v\|_0}{\|v\|_{d+1}} \ .$$

Die Approximationseigenschaft (6.1.2) liefert

$$\|(Q_{l+1} - Q_l)v\|_0 \leq c\,2^{-l(d+1)}\|v\|_{d+1} \ ,$$

womit wir die Abschätzung wie folgt fortsetzen,

$$\|(A_j - A_j^\epsilon)u\|_{-d-1}$$

$$\leq \ c\sum_{l=-1}^{j-1} \|2^{-l(d+1)}(Q_{l+1} - Q_l)^*(A_j - A_j^\epsilon)[\sum_{l'=-1}^{j-1}(Q_{l'+1} - Q_{l'})u]\|_0$$

$$\leq \; c\left[\sum_{l,l'=-1}^{j-1} \|2^{-l(d+1)}(Q_{l+1}-Q_l)^*(A_j-A_j^\epsilon)2^{-l'(d+1)}(Q_{l'+1}-Q_{l'})\|_{(0:0)}\right.$$

$$\left. \cdot \; \|2^{l'(d+1)}(Q_{l'+1}-Q_{l'})u\|_0\right] . \tag{8.2.87}$$

Hierbei bezeichnet $\|C\|_{(0:0)}$ die Norm des Operators $C : L^2(\Gamma) \to L^2(\Gamma)$. Verwenden wir erneut die Approximationseigenschaft

$$\|(Q_{l'+1}-Q_{l'})u\|_0 \leq c\, 2^{-l'(d+1)}\|u\|_{d+1} ,$$

so erhalten wir

$$\|(A_j-A_j^\epsilon)u\|_{-d-1} \tag{8.2.88}$$

$$\leq \; c\left[\sum_{l,l'=-1}^{j-1} \|2^{-l(d+1)}(Q_{l+1}-Q_l)^*(A_j-A_j^\epsilon)(Q_{l'+1}-Q_{l'})2^{-l'(d+1)}\|_{(0:0)}\right] \|u\|_{d+1} ,$$

womit wir

$$\|(A_j-A_j^\epsilon)u\|_{-d-1}$$

$$\leq \; c\left[\sum_{l,l'=-1}^{j-1} \|2^{-(l'+l)(d+1)}(Q_{l+1}-Q_l)^*(A_j-A_j^\epsilon)(Q_{l'+1}-Q_{l'})\|_{(0:0)}\right] \|u\|_{d+1}$$

$$\leq \; c\sum_{l,l'=-1}^{j-1} \|\mathbf{R}_{(l,l')}\|\|u\|_{d+1} , \tag{8.2.89}$$

aufgrund der Stabilität der Multiskalenbasis in $L^2(\Gamma)$ folgern, denn offensichtlich gilt

$$\|2^{-l(d+1)}(Q_{l+1}-Q_l)^*(A_j-A_j^\epsilon)2^{-l'(d+1)}(Q_{l'+1}-Q_{l'})\|_{(0:0)} \sim \|\mathbf{R}_{(l,l')}\| .$$

Seien gemäß (8.2.75) die Parameter als $d < d^\iota < d^* + r$ gewählt. Unter Verwendung des Resultats aus Theorem 8.2.2 schätzen wir die rechte Seite von (8.2.89) durch

$$\|(A_j-A_j^\epsilon)u\|_{-d-1}$$

$$\leq \; c\sum_{l,l'=-1}^{j-1} \|\mathbf{R}_{(l,l')}\|\|u\|_{d+1}$$

$$\leq \; c\sum_{l,l'=-1}^{j-1} a^{-r-2(d^*+1)}2^{-j(2(d+1)-r)}2^{(l-j)(d'-d)}2^{(l'-j)(d'-d)}\|u\|_{d+1}$$

$$\leq \; c\, a^{-r-2(d^*+1)}2^{-j(2(d+1)-r)}\|u\|_{d+1}$$

ab.   ∎

Ganz analog zu den vorangegangenen Untersuchungen zeigen wir nun die Konsistenz des nochmals komprimierten Verfahrens.

Theorem 8.2.7 *Sei $d < d^* + r$ und sei die Matrix $\mathbf{A}_j^{\epsilon'}$ gegeben durch die beiden Kompressionsschritte aus Kapitel 8.2 bzw. (8.2.73) und (8.2.79). Dann gilt*

$$\|(A_j - A_j^{\epsilon'})u\|_{-d-1} \le c\, \epsilon'\, 2^{j(2(d+1)-r)}\|u\|_{d+1}. \tag{8.2.90}$$

Beweis: Wir zerlegen

$$\|(A_j - A_j^{\epsilon'})u\|_{-d-1} \le \|(A_j - A_j^{\epsilon})u\|_{-d-1} + \|(A_j^{\epsilon} - A_j^{\epsilon'})u\|_{-d-1}, \tag{8.2.91}$$

wobei der erste Summand aufgrund des Theorems 8.2.6 der gewünschten Abschätzung genügt. Um den zweiten Term in (8.2.91) abzuschätzen, benutzen wir wieder das Dualitätsargument wie im Beweis von Theorem 8.2.6 und schätzen die folgende Norm ab

$$
\begin{aligned}
&\|(A_j^{\epsilon} - A_j^{\epsilon'})u\|_{-d-1} \\
&\le \; \sup_{v \in H^{d+1}(\Gamma)} \frac{|\langle Q_j^*(A_j^{\epsilon'} - A_j^{\epsilon})Q_j)u, v\rangle|}{\|v\|_{d+1}} \\
&= \; c \sup_{v \in H^{d+1}(\Gamma)} \frac{|\langle (\Upsilon_j^{-(d+1)})^* Q_j^*(A_j^{\epsilon'} - A_j^{\epsilon})Q_j \Upsilon_j^{-(d+1)} \Upsilon_j^{(d+1)}u, \Upsilon_j^{d+1}v\rangle|}{\|v\|_{d+1}}.
\end{aligned}
$$

Wir erinnern uns an die Definition des Operators Υ_j^{d+1}

$$\Upsilon_j^{d+1}u = \sum_{l=-1}^{j} 2^{l(d+1)}(Q_{l+1} - Q_l)u,$$

womit wir die Abschätzung fortsetzen

$$
\begin{aligned}
&\|(A_j^{\epsilon'} - A_j^{\epsilon})u\|_{-d-1} \\
&\le \; c \sup_{v \in H^{d+1}(\Gamma)} \frac{|\langle (\Upsilon_j^{-(d+1)})^* Q_j^*(A_j^{\epsilon'} - A_j^{\epsilon})Q_j \Upsilon_j^{-(d+1)} \Upsilon_j^{(d+1)}u, \Upsilon_j^{d+1}v\rangle|}{\|v\|_{d+1}} \\
&\le \; c \sup_{v \in H^{d+1}(\Gamma)} \frac{1}{\|v\|_{d+1}} \sum_{l,l'=-1}^{j-1} \Big[2^{l(d+1)}\|(Q_{l+1} - Q_l)v\|_0 \\
&\qquad \cdot \|(Q_{l+1} - Q_l)^*(A_j^{\epsilon'} - A_j^{\epsilon})(Q_{l'+1} - Q_{l'})\|_{(0:0)} \\
&\qquad \cdot 2^{l'(d+1)}\|(Q_{l'+1} - Q_{l'})u\|_0 \Big].
\end{aligned} \tag{8.2.92}
$$

Die Approximationseigenschaft (6.1.2) liefert

$$\|(Q_{l'+1} - Q_{l'})u\|_0 \le c 2^{-l'(d+1)}\|u\|_{d+1},$$

womit wir

$$
\begin{aligned}
&\|(A_j^{\epsilon'} - A_j^{\epsilon})u\|_{-d-1} \\
&\le \; c \sum_{l,l'=-1}^{j-1} \|2^{-(l+l')(d+1)}(Q_{l+1} - Q_l)^*(A_j^{\epsilon'} - A_j^{\epsilon})(Q_{l'+1} - Q_{l'})\|_{(0:0)}\|u\|_{d+1} \\
&\le \; c \sum_{l,l'=-1}^{j-1} \|\mathbf{R}'_{(l,l')}\|\|u\|_{d+1},
\end{aligned} \tag{8.2.93}
$$

aufgrund der Stabilität der Multiskalenbasis in $L^2(\Gamma)$ folgern.

Unter Verwendung des Resultates aus Theorem 8.2.2 schätzen wir die rechte Seite von (8.2.93) durch

$$
\begin{aligned}
&\|(A_j^{\epsilon'} - A_j^{\epsilon})u\|_{-d-1} \\
&\leq \ c \ \sum_{l,l'=-1}^{j} \|\mathbf{R}'_{(l,l')}\| \|u\|_{d+1} \\
&\leq \ c \ \sum_{l,l'=-1}^{j} \epsilon' \ 2^{-j(2(d+1)-r)} 2^{(l-j)(d'-d)} 2^{(l'-j)(d'-d)} \|u\|_{d+1} \\
&\leq \ c \ \epsilon' \ 2^{-j(2(d+1)-r)} \|u\|_{d+1}
\end{aligned}
\tag{8.2.94}
$$

ab. Somit erhalten wir aus (8.2.94) zusammen mit Lemma 8.2.7 die Aussage

$$
\begin{aligned}
\|(A_j^{\epsilon'} - A_j)u\|_{-d-1} &\leq \ \|(A_j^{\epsilon'} - A_j^{\epsilon})u\|_{-d-1} + \|(A_j - A_j^{\epsilon})u\|_{-d-1} \\
&\leq \ c \, \epsilon' \ 2^{-j(2(d+1)-r)} \|u\|_{d+1} \ .
\end{aligned}
$$

■

8.2.5   Konvergenzraten

Aufgrund der bisher erhaltenen Konsistenzbetrachtungen können wir auch auf die Konvergenzraten der Näherungslösungen aus den komprimierten Matrizen gemäß (8.2.73) mit (8.2.75) bzw. (8.2.79) mit (8.2.80) schließen.

Zu $s > \frac{r}{2}$ wählen wir einen hinreichend großen Parameter a, so daß wir aus den Resultaten der Theoreme 8.2.6, 8.2.5, und 8.2.7 mit einem Störungsargument die Stabilität z.B. in der Energienorm zeigen können, siehe [DPS2]. Mit dem Aubin-Nitsche-Trick zeigt man dann die Stabilität in anderen Sobolevnormen, (siehe hierzu Lemma 7.0.1,) woraus wir dann die folgende gleichmäßige a-priori Abschätzung

$$
\|A_j^{\epsilon} u_j\|_{s-r} \geq c_s \|u_j\|_s \ , \quad u_j \in S_j \ ,
\tag{8.2.95}
$$

für $r - d - 1 \leq s \leq r/2$ erhalten.

Theorem 8.2.8 *Sei $A \in \Psi^r(\Gamma)$. Für alle $r-d-1 \leq s \leq r/2$ und $\epsilon > 0$ existieren $a \geq 1$, $N_0 \in \mathbb{N}$, welche lediglich von s, ϵ abhängen, und eine komprimierte Matrix $\mathbf{A}_j^{\epsilon'}$ definiert durch (8.2.79, 8.2.80), so daß für alle $j \geq N_0$ sowohl Konsistenz als auch Stabilität gewährleistet ist, d.h. es gilt*

$$
\|(A_j - A_j^{\epsilon'})u\|_{s-r} \leq \epsilon \|u\|_s \ , \quad u \in H^s(\Gamma) \ ,
\tag{8.2.96}
$$

und

$$
\|A_j^{\epsilon'} u_j\|_{s-r} \geq c_s \|u_j\|_s \ , \quad u_j \in S_j \ .
\tag{8.2.97}
$$

Beweis: Es ist ausreichend den extremen Fall $s = -d - 1 + r$ zu untersuchen. Die anderen Fällen lassen sich ganz analog und teilweise sogar einfacher zeigen, da in dem Grenzfall $s = -d - 1 + r$ noch zusätzliche logarithmische Terme auftreten können (, vergleiche Theorem 6.2.1).

Zu jedem $\epsilon > 0$ läßt sich durch eine geeignete Wahl der Parameter $a, a' > 0$, gemäß den Definitionen (8.2.73, 8.2.79) und (8.2.80) und den Resultaten von Theorem 8.2.6, bzw. Theorem 8.2.7 jeweils eine Matrix $\mathbf{A}_j^\epsilon$ bzw. $\mathbf{A}_j^{\epsilon'}$, derart finden, daß der zugehörige Operator $A_j^{\epsilon'}$ der folgenden Abschätzung

$$
\begin{aligned}
\|(A_j^{\epsilon'} - A_j)v_j\|_{-d-1} &\leq c\,\epsilon' 2^{-j(2d+2-r)}\|v_j\|_{d+1} \quad v_j \in S_j \\
&\leq c\,\epsilon'\|v_j\|_{-d-1+r}\,,
\end{aligned} \tag{8.2.98}
$$

für $v_j \in S_j$ genügt. Aufgrund der in Lemma 7.0.1 gezeigten Stabilität erhalten wir für den Operator

$$
C_j^{\epsilon'} := A_j^{-1}(A_j - A_j^{\epsilon'})
$$

die Ungleichung

$$
\begin{aligned}
\|C_j^{\epsilon'}v_j\|_{-d-1+r} &\leq c\,\|(A_j^{\epsilon'} - A_j)v_j\|_{-d-1} \\
&\leq c\,\epsilon'\|v_j\|_{-d-1+r}\,.
\end{aligned} \tag{8.2.99}
$$

Für hinreichend kleines $\epsilon' > 0$ wird die Norm des Operators

$$
C_j^{\epsilon'} : H^{-d-1+r}(\Gamma) \to H^{-d-1+r}(\Gamma)
$$

kleiner als 1, und wir können das Banachsche Kontraktionsprinzip anwenden. Sei $u_j \in S_j$ die Lösung des Galerkinverfahrens (5.1.6) und $u_j^\epsilon \in S_j$ eine Lösung des komprimierten Galerkinverfahrens. Dann gilt die Beziehung

$$
(I - C_j^{\epsilon'})u_j^{\epsilon'} = u_j\,. \tag{8.2.100}
$$

Demzufolge kann $u_j^{\epsilon'}$ durch eine Neumannreihe dargestellt werden,

$$
u_j^{\epsilon'} = \sum_{l=0}^{\infty}(C_j^{\epsilon'})^l u_j\,. \tag{8.2.101}
$$

Dadurch erhalten wir letztlich

$$
\begin{aligned}
\|u_j^{\epsilon'} - u_j\|_{-d-1+r} &= \|C_j^{\epsilon'}\sum_{l=0}^{\infty}(C_j^{\epsilon'})^l u_j\|_{-d-1+r} \\
&\leq c\,\epsilon'\,\|\sum_{l=0}^{\infty}(C_j^{\epsilon'})^l u_j\|_{-d-1+r} \\
&\leq c\,\epsilon'\,\|u_j\|_{-d-1+r} \\
&\leq c\,\epsilon'\,\|u\|_{-d-1+r}\,,
\end{aligned} \tag{8.2.102}
$$

woraus die behauptete Stabilität folgt. ∎

Theorem 8.2.9 *Sei $A \in \Psi^r(\Gamma)$, $-d-1+r \leq s < \min\{\gamma, d+1\}$, $s \leq t$, $t \leq d+1$, und $f \in H^{t-r}(\Gamma)$ und seien die Voraussetzungen (3.0.21), (3.0.22) erfüllt. Dann existiert $\epsilon > 0$ und eine Matrix $\mathbf{A}_j^\epsilon$ derart, daß die Lösung aus dem komprimierten Verfahren $A_j^\epsilon u_j^\epsilon = Q_j^* f$ existiert und eindeutig ist. Diese Lösung u_j^ϵ unterscheidet sich von der exakten Lösung der Pseudodifferentialgleichung $Au^* = f$ in der $H^s(\Gamma)$-Norm lediglich um den Fehler*

$$\|u^* - u_j^\epsilon\|_s \leq c\, 2^{j(s-t)} \|u^*\|_t \, , \tag{8.2.103}$$

wobei die Konstante c unabhängig von j gewählt werden kann.

Beweis : Durch die Beziehung $\inf_{u_j \in S_j} \|u - u_j\|_s = \|u - Q_{j,s}u\|_s$ definiert man für $s < \gamma$ einen Projektor $Q_{j,s} : H^s(\Gamma) \to S_j$, der offensichtlich stetig in $H^s(\Gamma)$ ist. Aufgrund der (r,s)-Stabilität erhalten wir

$$
\begin{aligned}
\|u^* - u_j^\epsilon\|_s \;&\leq\; \inf_{u_j \in S_j} \left[\|u^* - u_j\|_s + c\|A_j^\epsilon(u_j - u_j^\epsilon)\|_{s-r}\right] \\
&\leq\; \left[\|u^* - Q_{j,s}u^*\|_s + c\|A_j^\epsilon(Q_{j,s}u^* - u_j^\epsilon)\|_{s-r}\right] \\
&\leq\; \Big[\|u^* - Q_{j,s}u^*\|_s + \\
&\quad\; + c(\|f - Q_j^* f\|_{s-r} + \|A_j Q_{j,s}u^* - Au^*\|_{s-r} + \|(A_j^\epsilon - A_j)Q_{j,s}u^*\|_{s-r})\Big] \\
&\leq\; \Big[\|u^* - Q_{j,s}u^*\|_s + \\
&\quad\; + c(\|f - Q_j^* f\|_{s-r} + \|A_j u^* - Au^*\|_{s-r} + \|(A_j^\epsilon - A_j)Q_{j,s}u^*\|_{s-r})\Big] \, .
\end{aligned}
$$
$$\tag{8.2.104}$$

Die ersten Terme der obigen Summe (8.2.104) schätzen wir direkt mittels der Approximationseigenschaft (6.1.31) und der Invertierbarkeit des Operators ab,

$$\|f\|_{s-r} \leq c\, \|u\|_r \, .$$

Der dritte Term von (8.2.104) entspricht der Konsistenz,

$$
\begin{aligned}
\|(A_j - A)u^*\|_{s-r} \;&\leq\; \|(Q_j^* A Q_{j,s} - Q_j^* A)u^*\|_{s-r} + \|(Q_j^* A - A)u^*\|_{s-r} \\
&\leq\; c\,(\|(Q_{j,s} - I)u^*\|_s + \|Q_j^* f - f\|_{s-r}) \\
&\leq\; c\, 2^{j(s-t)}(\|u^*\|_t + \|f\|_{t-r}) \\
&\leq\; c\, 2^{j(s-t)}\|u^*\|_t \, .
\end{aligned}
$$

Der letzte Term in (8.2.104) läßt sich mit Hilfe der Theoreme 8.2.6, 8.2.5 und 8.2.7 direkt behandeln. ∎

8.2.6 Aufwandsbetrachtungen

Es bleibt zu zeigen, daß nun tatsächlich nicht mehr als $\mathcal{O}(2^{jn})$ von Null verschiedene Matrixkoeffizienten übrigbleiben.

Theorem 8.2.10 *In der Matrix* $\mathbf{A}_j^{\epsilon'}$, *welche durch die Kompressionen* (8.2.79) *und* (8.2.80) *definiert wurde, verbleiben noch* $\mathcal{O}(2^{jn}) = \mathcal{O}(N_j)$, $N_j = \dim S_j$, *von Null verschiedene Koeffizienten.*

Beweis: Man beachte zunächst die folgenden Beziehungen, die die Komplexitätsabschätzungen erleichtern werden,

$$
\begin{aligned}
2^{\frac{j(2(d+1)-r)-(l+l')(d^*+1+d'+1)}{2(d^*+1)+r}} &\leq 2^{-j} 2^{\frac{j(2(d'+1)+2(d^*+1))-(l+l')(d^*+1+d'+1)}{2(d^*+1)+r}} \\
&= 2^{-j} 2^{\frac{(j-l)(d^*+1+d'+1)}{2(d^*+1)+r}} 2^{\frac{(j-l')(d^*+1+d'+1)}{2(d^*+1)+r}} \\
&\leq 2^{-j} 2^{(j-l)M} 2^{(j-l')M'} \,,
\end{aligned}
\tag{8.2.105}
$$

wobei

$$
1 > M, M' \geq \frac{(d^*+1+d'+1)}{2(d^*+1)+r}
\tag{8.2.106}
$$

gelten soll. Verwenden wir nun diese Parameter in Hinblick auf (8.2.38) in (8.2.105), d.h. es gilt

$$
\mathcal{B}_{l,l'} \sim \max\left\{ a2^{-j} 2^{(j-l)M} 2^{(j-l')M'}, a2^{-l}, a2^{-l'} \right\} \,.
$$

Gemäß der Wahl (8.2.73) und (8.2.75) bedeutet dies im Falle $d < d^* + r$

$$
M = M' = \frac{d^* + d' + 2}{2(d^*+1)+r} < 1 \,,
$$

bzw. falls $d = d^* + r$ ist gilt $M = M' = 1$.

Zuerst zählen wir alle Koeffizienten, welche die Bedingung

$$
\operatorname{dist}(\Omega_k^l, \Omega_{k'}^{l'}) \leq \mathcal{B}_{l,l'} \sim 2^{-j} 2^{(j-l)M} 2^{(j-l')M'}
\tag{8.2.107}
$$

erfüllen, ungeachtet ob $\mathcal{B}_{l,l'} \geq \max\{2^{-l}, 2^{-l'}\}$ ist oder nicht.

Sei $l \geq l'$, dann bezeichnen wir mit $\#\mathbf{A}_{l,l'}^{\epsilon}$ die Anzahl der von Null verschiedenen Koeffizienten in $\mathbf{A}_{l,l'}^{\epsilon}$, wobei

$$
\mathcal{B}_{l,l'} \sim 2^{-j} 2^{(j-l)M} 2^{(j-l')M'}
$$

gelte. Jede Zeile in $\mathbf{A}_{l,l'}^{\epsilon}$ hat nicht mehr als $\mathcal{O}([\mathcal{B}_{l,l'} 2^{l'}]^n)$ nichtverschwindende Einträge. Somit folgt die Abschätzung

$$
\begin{aligned}
\#\mathbf{A}_{l,l'}^{\epsilon} &\leq c\, 2^{ln} [\mathcal{B}_{l,l'} 2^{l'}]^n \\
&\leq c[2^{l+l'} 2^{-j} 2^{(j-l)M} 2^{(j-l')M'}]^n \\
&\leq c[2^j 2^{(j-l)(M-1)} 2^{(j-l')(M'-1)}]^n \,.
\end{aligned}
\tag{8.2.108}
$$

Nun addieren wir deren Anzahl über alle Blöcke mit $-1 \leq l, l' \leq j$, und da $M, M' < 1$ gilt, erhalten wir maximal

$$
\begin{aligned}
\#\mathbf{A}_j^{\epsilon} &\leq \sum_{l,l'=-1}^{j} \#\mathbf{A}_{l,l'} \\
&\leq c\, 2^{jn} \sum_{l,l'=-1}^{j} [2^{(j-l)(M-1)} 2^{(j-l')(M'-1)}]^n \\
&\leq c\, 2^{jn} \leq c N_j
\end{aligned}
\tag{8.2.109}
$$

viele von Null verschiedene Koeffizienten.

Wir betrachten nun die Blockmatrizen $\mathbf{A}_{l,l'}^{\epsilon}$, für die

$$
\mathrm{dist}(\Omega_{(l,k)}, \Omega_{(l',k')}) \leq c \max\{2^{-l}, 2^{-l'}\}
$$

gilt. Dies sind immerhin noch $\mathcal{O}(j^2)$ viele Blöcke.

Ohne Beschränkung der Allgemeinheit sei $l' \leq l$. Mit $\mathrm{dist}_{l,l'}$ bezeichnen wir den in (8.2.64) maximal möglichen Abstand zum singulären Träger, ab dem die Koeffizienten annihilliert werden, vorausgesetzt dieser ist kleiner als $c\, 2^{-l'}$.

Dann erhalten wir durch (8.2.64) die Beziehung

$$
\mathrm{dist}_{l,l'} \sim [\epsilon'\, 2^{-j(2d'+2-r)} 2^{l(d^*+d'+2)} 2^{l'(d'+1)}]^{-\frac{1}{r+d^*+1}} \quad , \quad l' \leq l \, ,
$$

Demzufolge sind in der l'-ten Spalte (bzw. Zeile) der Blockmatrix $\mathbf{A}_{l,l'}^{\epsilon}$

$$
\mathcal{O}(2^{ln} 2^{-l'(n-1)} \mathrm{dist}_{l,l'})
$$

Koeffizienten enthalten, vorausgesetzt es gilt $\mathrm{dist}_{l,l'} \leq c\, 2^{-l'}$. Dies ist wegen (8.2.64) gleichbedeutend mit

$$
2^{r(j-l)} 2^{-2j(d'+1)} 2^{l(d^*+r+d'+2)} 2^{l'(d'+1)} \geq 2^{l'(r+d^*+1)} \, .
\tag{8.2.110}
$$

Unter dieser Bedingung verbleiben in diesen Blöcken, da wir ja $\mathcal{O}(2^{l'n})$ viele Spalten haben, insgesamt

$$
\mathcal{O}(2^{ln} 2^{l'} \mathrm{dist}_{l,l'})
$$

von Null verschiedene Koeffizienten. Sei für den Rest des Beweises

$$
\overline{M} := \frac{d'+1}{d^*+1+r}
$$

und

$$
\tilde{r} := \frac{r}{d^*+1+r} \, .
$$

Aufgrund der Bedingung (8.2.66) gilt stets $0 < \overline{M} < 1$. Dann ist offensichtlich, daß die Ungleichung (8.2.110) genau dann erfüllt ist, falls

$$
-j(2\overline{M} - \tilde{r}) + l(1 + \overline{M} - \tilde{r}) \geq l'(1 - \overline{M})
\tag{8.2.111}
$$

oder

$$0 \leq l' \leq l\frac{1 + \overline{M} - \tilde{r}}{1 - \overline{M}} - j\frac{2\overline{M} - \tilde{r}}{1 - \overline{M}} \tag{8.2.112}$$

ist. Wir bemerken, daß die linke Ungleichung in (8.2.112) stets voraussetzt, daß wegen (8.2.66) auch

$$0 < \frac{2\overline{M} - \tilde{r}}{\overline{M} + 1 - \tilde{r}} = \frac{2(d' + 1) - r}{d^* + 1 + d' + 1} < 1$$

und somit wiederum

$$j\frac{2\overline{M} - \tilde{r}}{\overline{M} + 1 - \tilde{r}} \leq l \leq j \tag{8.2.113}$$

gilt. Wir betrachten ohne Beschränkung der Allgemeinheit die Block-Dreiecksmatrix, die für $0 \leq l' \leq l \leq j$ durch $\mathbf{A}_j^{\epsilon'}$ gegeben ist und anderenfalls Null ist.

Als nächstes wollen wir die Zahl der übriggebliebenen Koeffizienten in den durch die zweite Kompression veränderten Blöcken abschätzen. Damit verbleiben in jedem dieser Blöcke $\mathbf{A}_{l,l'}^{\epsilon'}$, $l' \leq l$, noch

$$\mathcal{O}\big(2^{ln}2^{l'}[2^{-j(2d'+2-r)}2^{l(d^*+d'+2)}2^{l'(d'+1)}]^{-\frac{1}{r+d^*+1}}\big) \tag{8.2.114}$$

bzw.

$$\mathcal{O}\big(2^{j(2\overline{M}-\tilde{r})+l'(1-\overline{M}+\tilde{r})+l(n-1-\overline{M})}\big) \tag{8.2.115}$$

von Null verschiedene Koeffizienten. Zählen wir nun die Koeffizienten zusammen, so erhalten wir als eine obere Schranke

$$
\begin{aligned}
\#(\mathbf{A}^{\epsilon'} - \mathbf{A}^{\epsilon}) &\leq c \sum_{l=j\frac{2\overline{M}-\tilde{r}}{\overline{M}+1-\tilde{r}}}^{j} \sum_{l'=0}^{l\frac{\overline{M}+1-\tilde{r}}{1-\overline{M}} - j\frac{(2\overline{M}-\tilde{r})}{1-\overline{M}}} 2^{j(2\overline{M}-\tilde{r})+l'(1-\overline{M})+l(n-1-\overline{M}+\tilde{r})} \\
&\leq c \sum_{l=0}^{j} 2^{j(2\overline{M}-\tilde{r})+l(1+\overline{M}-\tilde{r})-j(2\overline{M}-\tilde{r})+l(n-1-\overline{M}+\tilde{r})} \\
&\leq c \sum_{l=0}^{j} 2^{ln} \leq c\, 2^{jn} \leq c\, N_j \, , \tag{8.2.116}
\end{aligned}
$$

d.h. es verbleiben noch $\mathcal{O}(N_j)$ viele von Null verschiedene Koeffizienten.

Nun zählen wir noch diejenigen Blöcke mit

$$\mathrm{dist}(\Omega_{(l,k)}, \Omega_{(l',k')}) \leq \max\{a2^{-l}, a2^{-l'}\} \, ,$$

die nach dem ersten Kompressionsschritt unverändert sind. Aufgrund von Voraussetzung (8.2.64) und (8.2.112) sind dies für festes $l \leq j$ immerhin

$$\max\{l - l\frac{\overline{M} + 1 - \tilde{r}}{1 - \overline{M}} + j\frac{2\overline{M} - \tilde{r}}{1 - \overline{M}}, l\} = \max\{l\frac{-2\overline{M} + \tilde{r}}{1 - \overline{M}} + j\frac{2\overline{M} - \tilde{r}}{1 - \overline{M}}, l\} \tag{8.2.117}$$

viele Blöcke. Demzufolge verbleiben in diesen Blöcken weniger als

$$
\begin{aligned}
c \sum_{l=j\frac{2\overline{M}-\tilde{r}}{M+1-\tilde{r}}}^{j} (j-l)\frac{2\overline{M}-\tilde{r}}{1-\overline{M}}2^{ln} & \\
\leq\ c\,2^{jn} \sum_{l=j\frac{2\overline{M}-\tilde{r}}{M+1-\tilde{r}}}^{j} (j-l)\frac{2\overline{M}-\tilde{r}}{1-\overline{M}}2^{(l-j)n} & \\
\leq\ c\,2^{jn} \sum_{l=0}^{\infty} l\frac{2\overline{M}}{1-\overline{M}}2^{-ln} & \\
\leq\ c\,2^{jn} = cN_j &
\end{aligned}
\tag{8.2.118}
$$

viele von Null verschiedene Koeffizienten.

Das folgende Resultat bezieht sich auf den Fall fast optimaler Kompression, und es läßt sich auf die gleiche Art wie das obige Theorem zeigen. Im Zusammenhang mit dem Kollokationsverfahren werden wir eine detaillierte Argumentation durchführen.

Theorem 8.2.11 *Die Matrix* $\mathbf{A}_j^{\epsilon'}$*, welche durch die Kompressionen* (8.2.73) *und* (8.2.74) *definiert wurde, besitzt*

$$
\mathcal{O}\!\left(j^{2+\frac{3n}{4+2\tilde{d}^*+2d^*+2r}}\,2^{jn}\right) = (\log N_j)^{2+\frac{3n}{2(2+\tilde{d}^*+d^*+r)}}\,(N_j)\,,
$$

viele von Null verschiedene Koeffizienten.

Kapitel 9

Kollokationsmethode

9.1   Kompression des Kollokationsverfahrens

Die generellen Voraussetzungen der Kapitel 4, 6 und 7 sollen auch in diesem Kapitel
erfüllt sein. Wohl aufgrund seiner Einfachheit und seines geringeren Implementationsaufwandes ist das Kollokationsverfahren das in der Praxis wohl vorherrschende und
beliebteste Verfahren. Die mittlerweile umfangreichen praktischen Erfahrungen weisen
daraufhin, daß das Kollokationsverfahren wohl nur in äußerst seltenen Fällen wirklich
instabil ist. Für die folgenden Betrachtungen wollen wir voraussetzen, daß das Kollokationsverfahren (r, s)-stabil ist. Dies kann, wie wir in Kapitel 7 erwähnt haben, in einigen
wichtigen Fällen auch gezeigt werden. Auf nähere Einzelheiten möchten wir nicht eingehen, und verweisen auf die Monographie [PS] und die Arbeiten [DPS1, AW2, SL].

Das Kollokationsverfahren können wir als ein spezielles Petrov-Galerkin-Verfahren
verstehen,

$$v_j(Au_j) = v_j(f) \quad , \quad \text{für alle} \ \ v_j \in X_j \ , \tag{9.1.1}$$

mit Testfunktionalen v_j aus dem Raum

$$X_j = \mathrm{span}\{\delta_{x_k} : x_k \in \Box_l : k \in \Delta_l\} \ , \tag{9.1.2}$$

wobei δ_{x_k} das im Kollokationspunkt $x_k \in \Box_l$ konzentrierte Diracsche Deltafunktional
bezeichnet, gegeben durch $\delta_{x_k^j}(\phi) = \phi(x_k^j)$ für $\phi \in C^0(\Gamma)$. Die Kollokationsmethode
kann nun folgendermaßen als ein Projektionsverfahren definiert werden

$$\Pi_j A u_j = \Pi_j f \ , \tag{9.1.3}$$

wobei Π_j den Interpolationsprojektor (7.0.20) auf den Raum $\tilde{X}_j$ gemäß Kapitel 7 darstellt. Im Folgenden werden wir durchgängig

$$\tilde{\gamma}^* \geq \frac{n}{2} \ , \ \gamma \geq r + \frac{n}{2} \tag{9.1.4}$$

voraussetzen, und damit ist auch

$$Au_j \in H^s(\Gamma) \ , \ \text{mit} \ s > \frac{n}{2} \ . \tag{9.1.5}$$

Wie wir bereits in Kapitel 7 gesehen haben, können wir den Projektor $\Pi_{j+1} - \Pi_j$ mittels den Funktionalen η_k^l, $k \in \nabla_l$, darstellen durch

$$(\Pi_{j+1} - \Pi_j)u(x) = \sum_{l \in \nabla_l} \eta_k^l(u)\psi_k^l(x) \ .$$

Dadurch sind wir in der Lage, das Kollokationsverfahren in einer der Waveletdarstellung analogen Multiskalendarstellung darzustellen,

$$\mathbf{A}^j = ((\eta_{k'}^{l'}(A\psi_k^l))_{(l,k),(l',k')}, \quad (l,k),(l',k') \in \mathcal{J}_j \ , \tag{9.1.6}$$

die wir auch als eine *Waveletdarstellung des Kollokationsverfahrens* [DPS2, DPS6] bezeichnen wollen.

Um eine Korrespondenz zwischen den Funktionen und den diskreten Werten herzustellen, führen wir zu 6.1.4 analoge Operatoren ein. Dazu definieren wir nun den Operator $\tilde{F}_{j,\eta} : \check{X}_j \to l^2(\mathcal{J}^j)$ durch

$$(\tilde{F}_{j,\eta}u)_k^l := \eta_k^l(u) \ , \ l = -1,\cdots,j-1 \ . \tag{9.1.7}$$

Der adjungierte Operator zu $\tilde{F}_{j,\eta}$ liefert Funktionale

$$\tilde{F}_{j,\eta}^*(w_k^l)_{(l,k)\in\mathcal{J}^j} = \sum_{(l,k)\in\mathcal{J}^j j} w_k^l \eta_k^l = \sum_{l=-1}^{j-1} \sum_{k\in\nabla_l} w_k^l \eta_k^l \ . \tag{9.1.8}$$

Der inverse Operator zu $\tilde{F}_{j,\eta}$ basiert auf einer biorthogonalen Basis

$$\tilde{\eta}_k^l \ , \ l = -1,\cdots,j-1 \ , \ k \in \nabla_l \ \text{ mit } \eta_{k'}^{l'}(\tilde{\eta}_k^l) = \delta_{l,l'}\delta_{k,k'} \ ,$$

in

$$\tilde{Y}_j = (\Pi_{j+1} - \Pi_j)\check{X}_j \ ,$$

und der entsprechenden Dualität

$$\tilde{F}_{j,\eta}^{-1}(w_k^l)_{(l,k)\in\mathcal{J}^j} = \sum_{(l,k)\in\mathcal{J}^j} w_k^l \tilde{\eta}_k^l \text{ und } \quad ((\tilde{F}_{j,\eta}^*)^{-1}f)_k^l = \langle f, \tilde{\eta}_k^l \rangle \ . \tag{9.1.9}$$

Analog definieren wir für $s > \frac{n}{2}$ die Operatoren $\tilde{F}_{\infty,\eta} : H^s(\Gamma) \to l_2(\mathcal{J})$ und $\tilde{F}_{\infty,\eta}^*$, bzw. $\tilde{F}_{\infty,\eta}^{-1}$ und $(\tilde{F}_{\infty,\eta}^*)^{-1}$ für $j \to \infty$.

Durch diese Operatoren stellen wir die für unsere Untersuchungen wichtige Beziehung zwischen der Matrix der Waveletdarstellung und den Operatoren des Projektionsverfahrens her

$$\mathbf{A}_j = \tilde{F}_{j,\eta} A F_{j,\psi}^* = \tilde{F}_{j,\eta}\Pi_j A Q_j F_{j,\psi}^* \ , \quad \Pi_j A Q_j = \tilde{F}_{j,\eta}^{-1}\mathbf{A}_j(F_{j,\psi}^*)^{-1} \ . \tag{9.1.10}$$

Lemma 9.1.1 *Seien $u \in C^\infty(\Gamma)$ und $w_k^l = (\tilde{F}_{\infty,\eta} u)_k^l = \eta_k^l(u)$. Dann gilt mit geeigneter Konstanten $c = c(s) > 0$ die Abschätzung*

$$\|u\|_s^2 \le c \sum_{l=-1}^\infty \sum_{k \in \nabla_l} |2^{ls} w_k^l|^2 , \tag{9.1.11}$$

falls $0 < s < \tilde{\gamma}^*$, bzw. es ist

$$\|u\|_0 \le c \sum_{l=-1}^\infty \Big(\sum_{k \in \nabla_l} |2^{ls} w_k^l|^2 \Big)^{1/2} \tag{9.1.12}$$

erfüllt. Umgekehrt gilt die Abschätzung

$$\sum_{l=-1}^\infty \sum_{k \in \nabla_l} |2^{ls} w_k^l|^2 \le c \|u\|_s^2 , \tag{9.1.13}$$

mit geeigneter Konstanten $c = c(s) > 0$ für $\frac{n}{2} < s < \tilde{d}^* + 1$, und, falls $s = \tilde{d}^* + 1$, gilt die Beziehung

$$\sum_{l=-1}^j \sum_{k \in \nabla_l} |2^{l(\tilde{d}^*+1)} w_k^l|^2 \le c j \|u\|_{\tilde{d}^*+1}^2 \tag{9.1.14}$$

für alle $j \in \mathbb{N}$:

Beweis: Die Beziehung (9.1.12) folgt unmittelbar aus der Dreiecksungleichung

$$\|u\|_0 \le \sum_{l=-1}^\infty \|(\Pi_{l+1} - \Pi_l) u\|_0$$

(wir schreiben $\Pi_{-1} = 0$), zusammen mit der Stabilität der hierarchischen Basis $\tilde{\delta}_k^l$, $k \in \nabla_l$, in der jeweiligen Skala $-1 \le l < \infty$ (5.2.23) und (5.2.5)

$$\|(\Pi_{l+1} - \Pi_l) u\|_0^2 \sim \sum_{k \in \nabla_l} |w_k^l|^2 .$$

Die Beziehung (9.1.11) folgt aus den Resultaten in Theorem 6.3.3, in Verbindung mit der Stabilität in den jeweiligen Skalen, d.h. (5.2.23) und (5.2.5).

Die Ungleichungen (9.1.14) und (9.1.11) folgen direkt aus Theorem 6.2.3.

Falls $s = \tilde{d}^* + 1$, verwenden wir die Approximationseigenschaft (6.1.2) und erhalten die Beziehung

$$\begin{aligned}
\sum_{l=-1}^j \sum_{k \in \nabla_l} |2^{l(\tilde{d}^*+1)} w_k^l|^2 &\le c \sum_{l=-1}^j \|2^{l(\tilde{d}^*+1)} (\Pi_{l+1} - \Pi_l) u\|_0^2 \\
&\le c \sum_{l=-1}^j 2^{l(\tilde{d}^*+1)} \|(I - \Pi_l) u\|_0^2 \\
&\le c j \|u\|_{\tilde{d}^*+1}^2
\end{aligned}$$

für alle $j \in \mathbb{N}$:

Ähnlich wie in den vorangegangenen Abschnitten versuchen wir, die Matrixkoeffizienten $\eta_{k'}^{l'}(A\psi_k^l)$ in geeigneter Art und Weise abzuschätzen. Wir wollen uns hier mit fast-optimaler Kompression begnügen, d.h. Terme der Form $\log N_j$ in den Komplexitätsbetrachtungen zulassen.

Mit $\tilde{\Omega}_{(l',k')}$ bezeichnen wir die konvexe Hülle

$$\tilde{\Omega}_{(l',k')} := \text{conv hull} \{\text{supp}\, \eta_{k'}^{l'}\}\,, \tag{9.1.15}$$

wobei $k' \in \Delta_{l'}$ ist. Die Approximationsordnung, d.h. die Exaktheit, der Funktionenräume $\tilde{X}_j$ ist gegeben durch $\tilde{d}^* + 1$. Dies ist zugleich auch die Ordnung der im Sinne von (5.8.2) lokal verschwindenden Momente der Funktionale η_k^l.

Lemma 9.1.2 *Seien $n + 2 + \tilde{d}^* + d^* + r > 0$ und*

$$dist(\Omega_{(l,k)}, \tilde{\Omega}_{(l',k')}) > 0\,. \tag{9.1.16}$$

Dann existiert eine Konstante c, welche lediglich von r, n und d abhängt, so daß die Koeffizienten der Matrix $\mathbf{A}^j$, $j \in \mathbb{N}$, definiert durch die Gleichung (9.1.6) der folgenden Abschätzung gleichmäßig bzgl. $(l,k) \in \mathcal{J}$ und $(l',k') \in \mathcal{J}$ genügen

$$|a_{(l',k'),(l,k)}| = |\eta_{k'}^{l'}(A\psi_k^l)| \leq c\,\frac{2^{l(-\frac{n}{2}-d^*-1)}2^{l'(-\frac{n}{2}-\tilde{d}^*-1)}}{[dist(\Omega_{(l,k)}, \tilde{\Omega}_{(l',k')})]^{n+r+2+d^*+\tilde{d}^*}}\,. \tag{9.1.17}$$

Beweis : Zur Untersuchung ziehen wir wieder den transportierten Operator $\mathcal{A} = \kappa_{m'}^* \circ A \circ (\kappa_m^*)^{-1}$, $m, m' = 0, \ldots, m_\Gamma$, in lokalen Karten heran. Nun haben wir im Grunde genommen die folgenden Terme abzuschätzen

$$\eta_{k'}^{l'}[A(\chi_m'\psi_k^l)] = \eta_{k'}^{l'}[(\kappa_{m'}^*)^{-1}\mathcal{A}(\kappa_m^*\psi_k^l)] = (\kappa_{m'}^*\eta_{k'}^{l'})(\mathcal{A}(\kappa_m^*\psi_k^l))\,. \tag{9.1.18}$$

Wir können ohne Beschränkung der Allgemeinheit annehmen, daß der Schwartz-Kern $K_\mathcal{A}(x,y)$, in $\mathbb{R}^{2n}$ kompakten Träger besitzt. Somit können wir unter der Voraussetzung

$$dist(\Omega_{(l,k)}, \tilde{\Omega}_{(l',k')}) > 0$$

das Theorem von Taylor zur Abschätzung der entsprechenden Matrixkoeffizienten

$$\begin{aligned}
\eta_{k'}^{l'}[(\kappa_{m'}^*)^{-1}\mathcal{A}(\kappa_m^*)\psi_k^l)] &= \eta_{k'}^{l'}[(\kappa_{m'}^*)^{-1}\int_{\mathbb{R}^n} K_\mathcal{A}(x,y)(\kappa_m^*\psi_k^l(y))dy \\
&= (\kappa_{m'}^*\eta_{k'}^{l'})(\int_{\mathbb{R}^n} K_\mathcal{A}(x,y)\kappa_m^*\psi_k^l(y)dy)
\end{aligned} \tag{9.1.19}$$

verwenden.

Nun gehen wir ganz analog zum Kapitel 8.2 vor und entwickeln den Kern $K_A(x,y)$ sukzessive in Taylor-Polynome. Zuerst stellen wir für $y \in \operatorname{supp} \kappa_m^* \psi_k^l$ die Funktion $x \mapsto K_A(x,y)$ mit $x \in \tilde{\Omega}_{(l',k')}$ in einer Taylorreihe

$$\sum_\alpha c_\alpha(x_0, y)(x - x_0)^\alpha$$

um den Entwicklungspunkt $x_0 \in \kappa_{m'}\tilde{\Omega}_{(l',k')}$ bis zur Ordnung $\tilde{d}^*$ dar. Wir erhalten aufgrund der Bedingung (9.1.16) für $y \in \operatorname{supp} \kappa_m^* \psi_k^l$ die Entwicklung

$$K_A(x,y) \;=\; \sum_{|\alpha| < \tilde{d}^* + 1} c_\alpha(x_0, y)(x - x_0)^\alpha + R_{\tilde{d}^* + 1}(x, x_0, y). \tag{9.1.20}$$

mit dem Restglied, das sich durch

$$R_{\tilde{d}^* + 1}(x, x_0, y) \;=\; \sum_{|\alpha| = \tilde{d}^* + 1} \frac{(\tilde{d}^* + 1)}{\alpha!}(x - x_0)^\alpha \cdot \tag{9.1.21}$$

$$\cdot \int_0^1 (1 - t)^{\tilde{d}^*} \partial_x^\alpha K_A(x_0 + t(x - x_0), y)dt \tag{9.1.22}$$

darstellen.

Da auch die Distributionen $\kappa_{m'}^* \eta_{k'}^{l'}$, definiert durch $\kappa_{m'}^* \eta_{k'}^{l'}(f) := \eta_{k'}^{l'}((\kappa_{m'}^*)^{-1} f)$, eine Momentenbedingung erfüllen (5.8.2), d.h. es gilt

$$\kappa_{m'}^* \eta_{k'}^{l'}(x^\alpha) = 0 \quad , \quad \text{für } |\alpha| \leq \tilde{d}^* \, ,$$

bzw. (6.4.17), verschwinden nun beim Einsetzen der Entwicklung (9.1.20) in das Integral (9.1.19) alle Polynomen in x vom Grade kleiner als $\tilde{d}^* + 1$,

$$\sum_{|\alpha| < \tilde{d}^* + 1} c_\alpha(x_0, y)(x - x_0)^\alpha \, .$$

Es bleibt jetzt nach dem Taylorschen Satz das Restglied $R_{\tilde{d}^* + 1}(x, x_0, y)$ zu untersuchen.

Dieses Restglied wird nun seinerseits für $x \in \kappa_{m'}\tilde{\Omega}_{(l',k')}$ als Funktion $y \mapsto R_{\tilde{d}^* + 1}(x, x_0, y)$ in ein Taylorpolynom um den Entwicklungspunkt $y_0 \in \kappa_m \Omega_{(l,k)}$ bis zur Ordnung d^*,

$$R_{\tilde{d}^* + 1}(x, x_0, y) \;=\; \sum_{|\beta| < d^* + 1} c_\beta(x, x_0, y_0)(y - y_0)^\alpha$$
$$+ R_{d^* + 1}(x, x_0, y, y_0) \, , \tag{9.1.23}$$

entwickelt mit einem zweiten Restglied $R_{d^* + 1}(x, x_0, y, y_0)$, das in integraler Form durch

$$R_{d^* + 1}(x, x_0, y, y_0) \;=\; \sum_{|\beta| = d^* + 1} \frac{(d^* + 1)}{\beta!}(y - y_0)^\beta \cdot$$

$$\cdot \int_0^1 (1 - t)^{d^*} \partial_y^\beta R_{\tilde{d}^* + 1}(x, x_0, y_0 + t(y - y_0))dt \tag{9.1.24}$$

gegeben ist. Aufgrund von (9.1.16) kann das Integral in (9.1.24) durch

$$|\int_0^1 (1-t)^{d^*} \partial_y^\beta R_{\tilde{d}^*+1}(x, x_0, y_0 + t(y-y_0)) dt|$$

$$\leq \qquad c|x - x_0|^{\tilde{d}^*+1} \sum_{|\beta|=\tilde{d}^*+1}$$

$$|\int_0^1 \int_0^1 (1-t_1)^{d^*}(1-t_2)^{d^*} \partial_x^\alpha \partial_y^\beta K(x_0 + t_1(x-x_0), y_0 + t_2(y-y_0)) dt_1 dt_2| \qquad (9.1.25)$$

$$\leq \quad c|x - x_0|^{\tilde{d}^*+1}| \sum_{|\alpha|=\tilde{d}^*+1} \sum_{|\beta|=d^*+1} \sup\nolimits_{y \in \kappa_m \Omega_{(l,k)}, x \in \kappa_{m'} \tilde{\Omega}_{(l',k')}} |\partial_x^\alpha \partial_y^\beta K_{\mathcal{A}}(x,y)|$$

abgeschätzt werden.

Setzt man die Taylorentwicklungen in das Integral (9.1.19) ein, so verschwinden infolge der Momentenbedingung (6.4.17) und (5.8.2) alle Glieder, die ein Polynom vom Grade kleiner als $\tilde{d}^* + 1$ in x oder aber ein Polynom vom Grade kleiner als $d^* + 1$ in y enthalten. Es bleibt nur noch das letzte Restglied abzuschätzen und diese Abschätzung in (8.2.5) einzusetzen. Wir erhalten wegen

$$\sup_{x \in \kappa_{m'} \tilde{\Omega}_{(l',k')}} |x - x_0|^{\tilde{d}^*+1} \sim 2^{-l'(\tilde{d}^*+1)}$$

mit (9.1.25) die Abschätzung

$$|\kappa_{m'}^* \eta_{k'}^{l'} \int_{\mathbb{R}^n} K_{\mathcal{A}}(x,y)(\kappa_m^* \psi_k^l(y)) dy|$$

$$\leq \quad c\, 2^{-l'n/2} 2^{-l'(\tilde{d}^*+1)} \sup_{y \in \kappa_m \Omega_{(l,k)}} |\int_{\mathbb{R}^n} R_{d^*+1}(x, x_0, y, y_0)(\kappa_m^* \psi_k^l(y))(\overline{\kappa_{m'}^* \psi_{k'}^{l'}(x)})\, dx|$$

$$\leq \quad c\, 2^{-l'n/2} 2^{-l'(\tilde{d}^*+1)} \sum_{|\alpha|=\tilde{d}^*+1} \sum_{|\beta|=d^*+1} \sup\nolimits_{y \in \kappa_m \Omega_{(l,k)}, x \in \kappa_{m'} \tilde{\Omega}_{(l',k')}} |\partial_x^\alpha \partial_y^\beta K_{\mathcal{A}}(x,y)|$$

$$\int_{\mathbb{R}^n} |y - y_0|^{d^*+1} \overline{|\kappa_{m'}^* \psi_{k'}^{l'}(y)|}\, dx \quad . \qquad (9.1.26)$$

Die Ableitungen des Kernes $K_{\mathcal{A}}$ kann man mit Hilfe des Lemmas 3.0.3 abschätzen

$$|\partial_x^\alpha \partial_y^\beta K_{\mathcal{A}}(x,y)| \leq c\, (\text{dist}(\kappa_{m'}^{-1}x, \kappa_m^{-1}y))^{-n-r-2-d^*-\tilde{d}^*} \quad . \qquad (9.1.27)$$

Ferner gilt für alle $x \in \kappa_{m'} \tilde{\Omega}_{(l',k')}$

$$2^{-l'\frac{n}{2}} 2^{-l'(\tilde{d}^*+1)} \int_{\mathbb{R}^n} |y - y_0|^{d^*+1} |(\kappa_m^* \psi_k^l(y))| dy \leq c\, 2^{(l+l')(-\frac{n}{2}-1)} 2^{-l'\tilde{d}^*} 2^{ld^*} \quad . \qquad (9.1.28)$$

Den Ausdruck (9.1.26) schätzen wir angesichts von (9.1.28) durch

$$|\eta_{k'}^{l'}(A\psi_k^l)| \leq c\, 2^{(l+l')(-\frac{n}{2})} 2^{-l(d^*+1)} 2^{-l'(\tilde{d}^*+1)} (\text{dist}\,(\Omega_{(l,k)}, \Omega_{(l',k')}))^{-n-r-2-d^*-\tilde{d}^*} \qquad (9.1.29)$$

ab.

Für die glatten Kerne A_∞, zeigt man mit den gleichen Argumenten, daß die Ungleichung

$$|\eta_{k'}^{l'}(A_\infty \psi_k^l)| \leq c\, 2^{-l(d^*+1+\frac{n}{2})} 2^{-l'(\tilde{d}^*+1+\frac{n}{2})} \tag{9.1.30}$$

für alle $(l,k),(l',k') \in \mathcal{J}^j$ gleichmäßig bzgl. l,l' gilt.   ∎

Bemerkung 9.1.1 Sei $f \in C^\infty(\Gamma \times \Gamma)$, dann ist

$$f(x,y) = \sum_{(l,k)\in\mathcal{J}} \sum_{(l',k')\in\mathcal{J}} \eta_{k'}^{l'}(\eta_k^l(f))\tilde{\psi}_{k'}^{l'}(x)\tilde{\psi}_k^l(y)$$

eine Zerlegung im Sinne des *Sparse Grid* [Z, GO] und die Approximationseigenschaften werden durch

$$|\eta_{k'}^{l'}\eta_k^l(f)| \leq c\, 2^{-(l+l')(\tilde{d}^*+1+\frac{n}{2})}$$

beschrieben, (vergl. Lemma 8.2.2). Dort, wie auch in unseren Beispielen, liegt der Vorteil in der multiplikativen Multiskalenzerlegung. Ein weiteres Beispiel hierfür ist das frequenzzerlegende Multigridverfahren. das die Anisotropie dieser Zerlegung ausnutzt, um eine Robustheit zu gewährleisten [HAF1, HAF2].

Wir definieren eine komprimierte Matrix $\mathbf{A}_j^\epsilon$ durch ein, den einzelnen Skalen angepaßtes Abschneiden

$$(a_{(l,k),(l',k')})_j^\epsilon := \begin{cases} a_{(l,k),(l',k')} \,, & \text{falls} \qquad \text{dist}(\Omega_{(l,k)},\tilde{\Omega}_{(l',k')}) \leq \mathcal{B}_{l,l'} \\[2mm] 0 \,, & \text{anderenfalls} \,, \end{cases} \tag{9.1.31}$$

wobei wir den Parameter $\mathcal{B}_{l,l'}$ jetzt dem Kollokationsverfahren entsprechend wählen. Bei den folgenden Abschätzungen folgen wir der gleichen Strategie, wie wir sie in den vorangegangenen Kapiteln zur Untersuchung des (Wavelet-) Galerkinverfahrens entwickelt haben. Da an einigen Stellen Modifikationen erforderlich sind, wollen wir sie hier detailliert darstellen, auch wenn dabei sich einige Schritte wiederholen werden.

Lemma 9.1.3 *Sei* $r_{(l,k),(l',k')} := ((a_{(l,k),(l',k')})_j - (a_{(l,k),(l',k')})_j^\epsilon)$ *, unter der Voraussetzung* $\mathcal{B}_{l,l'} \geq max\{2^{-l}, 2^{-l'}\}$*, gelten die folgenden Abschätzungen*

$$\sum_{k\in\nabla_l} |r_{(l,k),(l',k')}| \leq c\, 2^{-l(d^*+1+\frac{n}{2})} 2^{-l'(\tilde{d}^*+1+\frac{n}{2})} \mathcal{B}_{l,l'}^{-2-d^*-\tilde{d}^*-r} 2^{ln} \tag{9.1.32}$$

und

$$\sum_{k'\in\nabla_{l'}} |r_{(l,k),(l',k')}| \leq c\, 2^{-l(d^*+1+\frac{n}{2})} 2^{-l'(\tilde{d}^*+1+\frac{n}{2})} \mathcal{B}_{l,l'}^{-2-d^*-\tilde{d}^*-r} 2^{l'n} \,. \tag{9.1.33}$$

Beweis: Wir schätzen die Summe

$$\sum_{k\in\nabla_l}|r_{(l,k),(l',k')}| = \sum_{\{k\in\nabla_l:\mathrm{dist}(\Omega_{(l,k)},\tilde\Omega_{(l',k')})>\mathcal{B}_{l,l'}\}}|a_{(l,k),(l',k')}| \tag{9.1.34}$$

durch ein geeignetes Integral ab

$$\sum_{k\in\nabla_l}|r_{(l,k),(l',k')}|$$
$$\leq \quad c\,2^{-l(d^{*}+1+\frac{n}{2})}2^{-l'(\tilde{d}^{*}+1+\frac{n}{2})}\sum_{\{k\in\nabla_l:\mathrm{dist}(\Omega_{(l,k)},\tilde\Omega_{(l',k')})>\mathcal{B}_{l,l'}\}}[\mathrm{dist}(\Omega_{(l,k)},\tilde\Omega_{(l',k')})]^{-n-2-d^{*}-\tilde{d}^{*}-r}$$
$$\leq \quad c\,2^{-l(d^{*}+1+\frac{n}{2})}2^{-l'(\tilde{d}^{*}+1+\frac{n}{2})}2^{ln}\int_{|x|>\mathcal{B}_{l,l'}}|x|^{-n-2-d^{*}-\tilde{d}^{*}-r}dx$$
$$\leq \quad c\,2^{-l(d^{*}+1+\frac{n}{2})}2^{-l'(\tilde{d}^{*}+1+\frac{n}{2})}2^{ln}\mathcal{B}_{l,l'}^{-2-d^{*}-\tilde{d}^{*}-r}\ . \tag{9.1.35}$$

∎

Wählen wir nun $\mathcal{B}_{l,l'}$ geeignet, so erhalten wir folgendes Resultat.

Lemma 9.1.4 *Seien* $s \in [0, \tilde{d}^{*} + 1 + r]$, *und* $a > 1$, *falls*

$$\mathcal{B}_{l,l'} \geq a j^{\frac{5}{2}\frac{1}{2+d^{*}+\tilde{d}^{*}+r}}2^{\frac{j(s-r)-l(d^{*}+1+s)-l'(\tilde{d}^{*}+1)}{2+d^{*}+\tilde{d}^{*}+r}} \tag{9.1.36}$$

ist, dann gelten die Abschätzungen

$$\sum_{l=0}^{j-1}\sum_{k\in\nabla_l}2^{\frac{-ln}{2}}2^{-ls}|r_{(l,k),(l',k')}| \leq c2^{\frac{-l'n}{2}}a^{-r-2-d^{*}-\tilde{d}^{*}}j^{-\frac{3}{2}}2^{-j(s-r)} \tag{9.1.37}$$

und

$$\sum_{l'=0}^{j-1}\sum_{k'\in\nabla_{l'}}2^{\frac{-l'n}{2}}2^{-ls}|r_{(l,k),(l',k')}| \leq c2^{\frac{-ln}{2}}a^{-r-2-d^{*}-\tilde{d}^{*}}j^{-\frac{3}{2}}2^{-j(s-r)}\ . \tag{9.1.38}$$

Beweis: Aus Lemma 8.2.3 und aus der Voraussetzung (9.1.36) folgt unmittelbar die Abschätzung

$$\sum_{l=0}^{j-1}\sum_{k\in\nabla_l}2^{\frac{-ln}{2}}2^{-ls}|r_{(l,k),(l',k')}|$$
$$\leq \quad c\sum_{l=0}^{j-1}2^{\frac{-l'n}{2}}2^{-l(s+d^{*}+1)}2^{-l'(\tilde{d}^{*}+1)}\mathcal{B}_{l,l'}^{-r-2-d^{*}-\tilde{d}^{*}}$$
$$\leq \quad c2^{\frac{-l'n}{2}}j^{-\frac{5}{2}}j a^{-r-2-d^{*}-\tilde{d}^{*}}2^{-j(s-r)}$$
$$\leq \quad c2^{\frac{-l'n}{2}}a^{-r-2-d^{*}-\tilde{d}^{*}}j^{-\frac{3}{2}}2^{-j(s-r)}\ . \tag{9.1.39}$$

∎

Wir setzen $s \geq r$, $t \geq s$, $t \leq d+1$ voraus und wählen d' mit $\tilde{d}^* + r \geq d' \geq d$. Nun definieren wir die komprimierte Matrix $\mathbf{A}_j^{\epsilon}$ gemäß (9.1.31), wobei wir den Parameter $\mathcal{B}_{l,l'}$ folgendermaßen wählen

$$\mathcal{B}_{l,l'} = \max \left\{ a\, 2^{-l}, a\, 2^{-l'}, a j^{\frac{5}{2}\frac{1}{2+d^*+\tilde{d}^*+r}} 2^{\frac{j(d'+1-r)-l'(\tilde{d}^*+1)-l(d^*+1+d'+1)}{2+d^*+\tilde{d}^*+r}} \right\} . \tag{9.1.40}$$

Theorem 9.1.1 *Sei $s \geq r$ und $r_{(l,k),(l',k')}$ definiert durch Lemma 9.1.3 und (9.1.40), dann definieren wir die Matrix $\mathbf{R}_t$ durch ihre Koeffizienten $2^{-lt}|r_{(l,k),(l',k')}|$. Die Matrixnorm $\|\mathbf{R}_t\|$ von $\mathbf{R}_t$ in $l^2(\mathcal{J}^j)$ kann dann wie folgt abgeschätzt werden*

$$\|\mathbf{R}_t\| \leq ca^{-r-2-d^*-\tilde{d}^*} 2^{-j(t-r)} j^{-\frac{3}{2}} . \tag{9.1.41}$$

Beweis: Wir verwenden das Schursche Lemma [DPS2] zusammen mit Lemma 9.1.4 und zeigen

$$\|\mathbf{R}_t\| \leq \max_{\{0 \leq l' < j, k' \in \nabla_{l'}\}} \sum_{l=0}^{j} \sum_{k \in \nabla_l} 2^{\frac{(l'-l)n}{2}} 2^{-lt} |r_{(l,k),(l',k')}|$$

$$+ \max_{\{0 \leq l < j, k \in \nabla_l\}} \sum_{l'=0}^{j} \sum_{k' \in \nabla_{l'}} 2^{\frac{(l-l')n}{2}} 2^{-lt} |r_{(l,k),(l',k')}|$$

$$\leq ca^{-r-2-d^*-\tilde{d}^*} 2^{-j(t-r)} j^{-\frac{3}{2}} \tag{9.1.42}$$

womit die Behauptung bewiesen wäre. ∎

Zu der komprimierten Matrix $\mathbf{A}_j^{\epsilon}$ definieren wir uns einen zugehörigen Operator A_j^{ϵ} in den Sobolevräumen

$$A_j^{\epsilon} = \tilde{F}_{j,\eta}^{-1} \mathbf{A}_j^{\epsilon} (F_{j,\psi}^*)^{-1} . \tag{9.1.43}$$

Theorem 9.1.2 *Falls $r \leq s < \gamma$, $-\gamma^* < t \leq d+1$, $s \leq t$ und $d \leq d' \leq \tilde{d}^* + r$ erfüllt ist, dann existiert eine Konstante $c = c(s,t)$, so daß die Konsistenzabschätzung*

$$\|(A_j - A_j^{\epsilon})u\|_{s-r} \leq ca^{-r-2-d^*-\tilde{d}^*} 2^{j(s-t)} \|u\|_t \tag{9.1.44}$$

gilt.

Beweis: Wir beschränken uns hier auf den Extremfall $t = d'+1 = d+1$ und $s = r$, da dieser die maximale Konvergenzrate $d+1-r$ liefert. Wir nehmen $\mathbf{R}_{d+1}$ aus Theorem 9.1.1 mit $t = d+1$, und bemerken die Beziehung

$$(A_j - A_j^{\epsilon}) Q_j \Upsilon_j^{-(d+1)} F_{j,\psi}^* \mathbf{u}_j = (F_{j,\eta}^*)^{-1} \mathbf{R}_{d+1} \mathbf{u}_j$$

und verwenden die Abschätzung (9.1.12)

$$\|\Pi_j (A_j - A_j^{\epsilon}) Q_j \Upsilon_j^{-(d+1)} F_{j,\psi}^* \mathbf{u}_j\|_0 \leq c\, j\, \|\mathbf{R}_{d+1} \mathbf{u}_j\| \leq c\, j\, \|\mathbf{R}_{d+1}\| \|\mathbf{u}_j\| .$$

Nun schätzen wir mit Hilfe der Eigenschaft (6.2.11)

$$\|\Upsilon_j^{d+1}u\|_0 \leq c\sqrt{j}\|u\|_{d+1}$$

die folgende Norm ab

$$\begin{aligned}
\|(A_j - A_j^\epsilon)u\|_0 &\leq \|\Pi_j(A_j - A_j^\epsilon)Q_j\Upsilon_j^{-(d+1)}\|_{(0:0)}\|\Upsilon_j^{d+1}u\|_0 \\
&\leq cj\|\mathbf{R}_{d+1}\|\|\Upsilon_j^{d+1}u\|_0 \\
&\leq cj^{\frac{3}{2}}\|\mathbf{R}_{d+1}\|\|u\|_{d+1}
\end{aligned}$$

(9.1.45)

Nun wenden wir das Theorem 9.1.1 auf die rechte Seite von (9.1.45) an, und erhalten das gewünschte Resultat. Die Abschätzung für die restlichen s, t ergeben sich aus einer ähnlichen Argumentation. ∎

Zu $t \geq r$ in Theorem 9.1.2 wählen wir den positiven Parameter $a = a(t) > 0$ hinreichend groß, so daß wir mit Theorem 9.1.2 und bekannten Störungsargumenten (vergl. Kapitel 8.2.5) auf die $(t, t - r)$-Stabilität schließen können,

$$\|A_j^\epsilon u_j\|_{t-r} \geq c_t\|u_j\|_t \ , \quad u_j \in S_j \ ,$$

(9.1.46)

für $t - r \leq \tilde{\gamma}^*, t < \gamma$.

Ganz analog zu den vorherigen Kapiteln erhalten wir dann die Konsistenz- und Konvergenzresultate.

Theorem 9.1.3 *Sei $r \leq s < \gamma$, dann existieren für jede Fehlerschranke $\epsilon > 0$ Konstanten $a \geq 1$ und $N_0 \in \mathbb{N}$, welche lediglich von s, ϵ abhängen, sowie eine komprimierte Matrix $\mathbf{A}_j^\epsilon$, definiert gemäß (9.1.31) und (9.1.40), so daß für alle $j \geq N_0$ die Abschätzung*

$$\|(A_j - A_j^\epsilon)u\|_0 \leq \epsilon\|u\|_r$$

(9.1.47)

gilt und dadurch auch die Stabilitätsbedingung

$$\|A_j^\epsilon u_j\|_0 \geq c_s\|u_j\|_r \ , \quad u_j \in S_j \ ,$$

(9.1.48)

erfüllt ist.

Beweis: Der Beweis verläuft genauso wie der Beweis in Theorem 8.2.8 zum Galerkinverfahren, wobei wir hier $s = r$ anstatt $s = r - d - 1$ wählen. ∎

Dies läßt sich auch auf weitere Sobolevnormen übertragen.

Theorem 9.1.4 *Für alle $r \leq s < \gamma$ und $\epsilon > 0$ existieren $a \geq 1$, $N_0 \in \mathbb{N}$, welche lediglich von s, ϵ abhängen, und eine komprimierte Matrix $\mathbf{A}_j^\epsilon$ definiert durch (8.2.79, 8.2.75), so daß für alle $j \geq N_0$ sowohl Konsistenz als auch Stabilität gewährleistet ist, d.h.*

$$\|(A_j - A_j^\epsilon)u\|_{s-r} \leq \epsilon\|u\|_s$$

(9.1.49)

und

$$\|A_j^\epsilon u_j\|_{s-r} \geq c_s\|u_j\|_s \ , \quad u_j \in S_j \ .$$

(9.1.50)

In Verbindung mit dem Konsistenzresultat aus Theorem 9.1.4 erhalten wir die gewünschte Konvergenz für die aus dem komprimierten Verfahren gewonnene Näherungslösung $u_j^\epsilon \in S_j$.

Theorem 9.1.5 *Sei $A \in \Psi^r(\Gamma)$, $r \le s < \gamma$, $s \le t$, $\frac{n}{2} < t-r$, $t \le d+1$ und $f \in H^{t-r}(\Gamma)$, und seien die Voraussetzungen aus Satz 9.1.4 erfüllt. Dann existiert ein geeignetes $\epsilon > 0$ und eine Matrix $\mathbf{A}_j^\epsilon$ derart, daß die Lösung aus dem komprimierten Verfahren $A_j^\epsilon u_j^\epsilon = \Pi_j f$ existiert und eindeutig ist. Diese Lösung u_j^ϵ unterscheidet sich von der exakten Lösung u^* der Pseudodifferentialgleichung $Au^* = f$ in der $H^s(\Gamma)$-Norm lediglich um*

$$\|u^* - u_j^\epsilon\|_s \le c \, 2^{j(s-t)} \|u^*\|_t \,, \tag{9.1.51}$$

wobei die Konstante c unabhängig von j gewählt werden kann.

Beweis : Durch die Beziehung

$$\inf_{u_j \in S_j} \|u - u_j\|_s = \|u - Q_{j,s} u\|_s$$

definiert man für $s < \gamma$ einen Projektor $Q_{j,s} : H^s(\Gamma) \to S_j$, der stetig in $H^s(\Gamma)$ ist und für den die entsprechende Approximationseigenschaft gilt. Aufgrund der $(s, s-r)$-Stabilität erhalten wir wegen $A_j^\epsilon u_j^\epsilon = \Pi_j f$ die Abschätzung

$$\begin{aligned}
\|u^* - u_j^\epsilon\|_s &\le \inf_{u_j \in S_j} [\|u^* - u_j\|_s + c\|A_j^\epsilon (u_j - u_j^\epsilon)\|_{s-r}] \\
&\le \|u^* - Q_{j,s} u^*\|_s + c\|A_j^\epsilon (Q_{j,s} u^* - u_j^\epsilon)\|_{s-r} \\
&\le \|u^* - Q_{j,s} u^*\|_s + \tag{9.1.52} \\
&\quad + c(\|f - \Pi_j f\|_{s-r} + \|A_j Q_{j,s} u^* - Au^*\|_{s-r} + \|(A_j^\epsilon - A_j) Q_{j,s} u^*\|_{s-r}) \\
&\le \|u^* - Q_{j,s} u^*\|_s + \tag{9.1.53} \\
&\quad + c(\|f - \Pi_j f\|_{s-r} + \|A_j u^* - Au^*\|_{s-r} + \|(A_j^\epsilon - A_j) Q_{j,s} u^*\|_{s-r}) \,. \tag{9.1.54}
\end{aligned}$$

Die ersten Terme der obigen Summe schätzen wir direkt mittels der Approximationseigenschaft (6.1.31) und der Invertierbarkeit des Operators $\|f\|_{s-r} \le c \, \|u^*\|_r$ ab. Der dritte Term in (9.1.54) entspricht der Konsistenz. Unter der Voraussetzung $\frac{n}{2} < s-r \le t$ existiert $\sigma > 0$ mit $\frac{n}{2} < s + \sigma - r \le t$. Damit schätzen wir dann folgendermaßen ab

$$\begin{aligned}
\|(A_j - A)u^*\|_{s-r} &\le \|(\Pi_j A Q_{j,s} - \Pi_j A)u^*\|_{s-r} + \|(\Pi_j A - A)u^*\|_{s-r} \\
&\le \|(\Pi_j - I)(A Q_{j,s} - A)u^*\|_{s-r} + \|(A Q_{j,s} - A)u^*\|_{s-r} + \|(\Pi_j A - A)u^*\|_{s-r} \\
&\le c \, (2^{-j\sigma} \|(A Q_{j,s} - A)u^*\|_{s+\sigma-r} + \|(Q_{j,s} - I)u^*\|_s + \|\Pi_j f - f\|_{s-r}) \\
&\le c \, (2^{-j\sigma} \|(Q_{j,s} - I)u^*\|_{s+\sigma} + \|(Q_{j,s} - I)u^*\|_s + \|\Pi_j f - f\|_{s-r}) \\
&\le c \, 2^{j(s-t)} (\|u^*\|_t + \|f\|_{t-r}) \\
&\le c \, 2^{j(s-t)} \|u^*\|_t \,.
\end{aligned}$$

Der letzte Term läßt sich mittels der von uns bewiesenen Theoreme 9.1.3, 9.1.4 behandeln. ∎

9.2   Vorkonditionierung zur Kollokationsmethode

Analog zu (6.2.17) definieren wir für unsere Zwecke den Operator $\tilde{\Upsilon}_j^s$, $s \in \mathbb{R}$, durch

$$\tilde{\Upsilon}_j^s u := \sum_{l=-1}^{j-1} 2^{ls}(\Pi_{l+1} - \Pi_l)u \tag{9.2.1}$$

bzw.

$$\tilde{\Upsilon}^s u := \sum_{l=-1}^{\infty} 2^{ls}(\Pi_{l+1} - \Pi_l)u \ , \ u \in H^s(\Gamma) \ , \ s > \frac{n}{2} \ . \tag{9.2.2}$$

Zu gegebener Matrix $\mathbf{A}^j = (a_{(l,k),(l',k')})$ erhalten wir die Beziehung

$$(\tilde{\Upsilon}_j^{\tilde{s}})^* \tilde{F}_{j,\eta}^{-1} \mathbf{A}^j (F_{j,\psi}^*)^{-1} \Upsilon_j^s = \tilde{F}_{j,\eta}^{-1}(2^{l(s+\tilde{s})} a_{(l,k),(l',k')})(F_{j,\psi}^*)^{-1} \ . \tag{9.2.3}$$

Da $\eta_k^l \in H^s(\Gamma)$, $s < -\frac{n}{2}$, ist die zugehörige Multiskalentransformation $\tilde{\mathbf{T}}^j$ (5.2.36) nicht stabil. Hierin liegt die Besonderheit in der Behandlung gegenüber dem Galerkinverfahren. Dennoch ist es möglich, wie wir sehen werden, die *Multiskalen-Kollokationsmatrix* (7.0.27) geeignet vorzukonditionieren.

Um die Kondition der Matrizen $\mathbf{A}_j$ zu stabilisieren, führen wir folgende Matrizen mit den Koeffizienten

$$b_{(l,k),(l',k')} := 2^{-l(r-s)} 2^{-sl'} \eta_{k'}^{l'}(A\psi_k^l) = 2^{-l(r-s)} 2^{-sl'} a_{(l',k'),(l,k)} \tag{9.2.4}$$

ein. Genauso verfahren wir für die komprimierten Matrizen

$$b_{(l,k),(l',k')}^\epsilon := 2^{-l(r-s)} 2^{-sl'} a_{(l',k'),(l,k)}^\epsilon \ , \tag{9.2.5}$$

d.h.

$$\mathbf{B}_{j,s} = \mathbf{D}_j^{s-r} \mathbf{A}_j \mathbf{D}_j^{-s} \ , \ \ \mathbf{B}_{j,s}^\epsilon = \mathbf{D}_j^{s-r} \mathbf{A}_j^\epsilon \mathbf{D}_j^{-s} \ .$$

Dabei wählen wir den Parameter s zwischen

$$\frac{n}{2} < s < \min\{\tilde{\gamma}^*, d+1\} \ ,$$

damit wir für die Matrizen

$$\mathbf{B}_{j,s} := (b_{(l,k),(l',k')})_{(l,k),(l',k')\in\mathcal{J}_j} \ , \ \ \mathbf{B}_{j,s}^\epsilon := (b_{(l,k),(l',k')})_{(l,k),(l',k')\in\mathcal{J}_j}^\epsilon$$

das folgende Resultat erhalten.

Theorem 9.2.1 *Sei $A \in \Psi^r(\Gamma)$ ein Pseudodifferentialoperator der Ordnung r, für den das Kollokationsverfahren $(s, s-r)$-stabil ist. Dann sind die durch (9.2.4) und (9.2.5) definierten Matrizen $\mathbf{B}_{j,s}$ und $\mathbf{B}_{j,s}^\epsilon$ bzgl. $j \in \mathbb{N}$ spektraläquivalent zur Eins, d.h. sie besitzen gleichmäßig beschränkte Konditionszahlen, falls $\frac{n}{2} < s-r < \tilde{\gamma}^*$, $\frac{n}{2} < \tilde{\gamma}^*$, $\gamma^* > 0$ und $-\gamma < s < \gamma$ gelten.*

Beweis: Sei $\mathbf{u}_j = (u_k^l)_{(l,k)\in\mathcal{J}^j}$ ein Koeffizientenvektor relativ zu einer Multiskalenbasis, dann definieren wir die Funktionen

$$u_j := F_{j,\psi}^*(u_l^k) = \sum_{l=-1}^{j-1} \sum_{k\in\nabla_l} u_k^l \psi_k^l \quad \text{und} \quad v_j := \Upsilon_j^{-s} u_j \,,$$

und schätzen die $l_2(\mathcal{J}^j)$-Norm des Vektors $\mathbf{B}_{j,s}\mathbf{u}_j$ ab als

$$
\begin{aligned}
\|\mathbf{B}_{j,s}\mathbf{u}_j\|_{l_2(\mathcal{J}^j)}^2 &= \sum_{l=-1}^{j-1} \sum_{k\in\nabla_l} |\sum_{l'=-1}^{j-1} \sum_{k'\in\nabla_{l'}} 2^{l(s-r)} 2^{-l's} a_{(l,k),(l',k')} u_{k'}^{l'}|^2 \\
&\leq c \,\|\tilde{F}_{j,\eta}^{-1} \sum_{l'=-1}^{j-1} \sum_{k'\in\nabla_{l'}} 2^{-l's} a_{(l,k),(l',k')} u_{k'}^{l'}\|_{s-r}^2 \\
&\leq c \,\|\Pi_j A v_j\|_{s-r}^2 .
\end{aligned}
$$
(9.2.6)

Analog erhalten wir

$$
\begin{aligned}
\|\mathbf{B}_{j,s}^\epsilon \mathbf{u}_j\|_{l_2(\mathcal{J}^j)}^2 &\leq c \,\|\tilde{F}_{j,\eta}^{-1} \sum_{l'=-1}^{j-1} \sum_{k'\in\nabla_{l'}} 2^{-l's} a_{(l,k),(l',k')}^\epsilon u_{k'}^{l'}\|_{s-r}^2 \\
&\leq c \,\|A_j^\epsilon v_j\|_{s-r}^2 \,.
\end{aligned}
$$

Aufgrund der Voraussetzung $s - r > \frac{n}{2}$ ist der Interpolationsprojektor $\Pi_j : H^{s-r}(\Gamma) \to H^{s-r}(\Gamma)$ gleichmäßig stetig. Gemeinsam mit der bekannten Stetigkeit des Pseudodifferentialoperators $A \in \Psi^r(\Gamma)$ und der Beziehung (6.2.18) setzen wir die Abschätzung (9.2.6) fort

$$
\begin{aligned}
\|\mathbf{B}_{j,s}\mathbf{u}_j\|_{l_2(\mathcal{J}^j)} &\leq c \,\|\Pi_j A v_j\|_{s-r} \\
&\leq c \,\|v_j\|_s = c \,\|\Upsilon_j^{-s} u_j\|_s \\
&\leq c \,\|u_j\|_0 \\
&\leq c \,\|\mathbf{u}_j\|_{l_2(\mathcal{J}^j)} \,,
\end{aligned}
$$

womit die Beschränktheit der Spektralnorm von $\mathbf{B}_{j,s}$ gezeigt wäre. Die komprimierte Matrix $\mathbf{B}_{j,s}^\epsilon$ schätzen wir unter Zuhilfenahme des Konsistenzresultates aus Theorem 9.1.4 ab

$$
\begin{aligned}
\|\mathbf{B}_{j,s}^\epsilon \mathbf{u}_j\|_{l_2(\mathcal{J}^j)} &\leq c \,\|A_j^\epsilon v_j\|_{s-r} \\
&\leq c \,(\|(A_j^\epsilon - A_j)v_j\|_{s-r} + \|A_j v_j\|_{s-r}) \\
&\leq c \,(\|v_j\|_s + \|\Pi_j A v_j\|_{s-r}) \\
&\leq c \,\|v_j\|_s \\
&\leq c \,\|\mathbf{u}_j\|_{l_2(\mathcal{J}^j)} \,.
\end{aligned}
$$

Ganz analog zeigen wir unter Zuhilfenahme der $(s, s - r)$-Stabilität und (6.2.10)

$$\|\mathbf{B}_{j,s}\mathbf{u}_j\|_{l_2(\mathcal{J}^j)}^2 = \sum_{l=-1}^{j-1} \sum_{k\in\nabla_l} |\sum_{l'=-1}^{j-1} \sum_{k'\in\nabla_{l'}} 2^{l(s-r)} 2^{-l's} a_{(l,k),(l',k')} u_{k'}^{l'}|^2$$

$$\geq\ c\,\Big\|\tilde{F}_{j,\eta}^{-1}\sum_{l'=-1}^{j-1}\sum_{k'\in\nabla_{l'}}2^{l(s-r)}2^{-l's}a_{(l,k),(l',k')}u_{k'}^{l'}\Big\|_{s-r}^{2}$$

$$\geq\ c\,\|\Pi_j Av_j\|_{s-r}^{2}\ . \tag{9.2.7}$$

Die $(s,s-r)$-Stabilität liefert dann in Verbindung mit der Beziehung (6.2.6) die Abschätzung

$$
\begin{aligned}
\|\mathbf{B}_{j,s}\mathbf{u}_j\|_{l_2(\mathcal{J}^j)} &\geq\ c\,\|\Pi_j Av_j\|_{s-r}\\
&\geq\ c\,\|v_j\|_s = c\,\|\Upsilon_j^{-s}u_j\|_s\\
&\geq\ c\,\|u_j\|_0\\
&\geq\ c\,\|\mathbf{u}_j\|_{l_2(\mathcal{J}^j)}\ ,
\end{aligned}
$$

d.h. die Norm der inversen Matrix $(\mathbf{B}_{j,s})^{-1}$ ist ebenfalls bzgl. $j\in\mathbb{N}_0$ gleichmäßig beschränkt.

Die komprimierte Matrix $(\mathbf{B}_{j,s})^{\epsilon}$ behandeln wir genauso,

$$
\begin{aligned}
\|\mathbf{B}_{j,s}^{\epsilon}\mathbf{u}_j\|_{l_2(\mathcal{J}^j)}^{2} &=\ \sum_{l=-1}^{j-1}\sum_{k\in\nabla_l}\Big|\sum_{l'=-1}^{j-1}\sum_{k'\in\nabla_{l'}}2^{l(s-r)}2^{-l's}a_{(l,k),(l',k')}^{\epsilon}u_{k'}^{l'}\Big|^{2}\\
&\geq\ c\,\Big\|\tilde{F}_{j,\eta}^{-1}\sum_{l'=-1}^{j-1}\sum_{k'\in\nabla_{l'}}2^{l(s-r)}2^{-l's}a_{(l,k),(l',k')}^{\epsilon}u_{k'}^{l'}\Big\|_{s-r}^{2}\\
&\geq\ c\,\|A_j^{\epsilon}v_j\|_{s-r}^{2}\ . \tag{9.2.8}
\end{aligned}
$$

Die Stabilitätsaussage des Theorem 9.1.4 liefert zusammen mit der Beziehung (6.2.6)

$$
\begin{aligned}
\|\mathbf{B}_{j,s}\mathbf{u}_j\|_{l_2(\mathcal{J}^j)} &\geq\ c\,\|A_j^{\epsilon}v_j\|_{s-r}\\
&\geq\ c\,\|v_j\|_s\\
&\geq\ c\,\|u_j\|_0\\
&\geq\ c\,\|\mathbf{u}_j\|_{l_2(\mathcal{J}^j)}\ ,
\end{aligned}
$$

d.h. die Norm der inversen Matrix $(\mathbf{B}_{j,s})^{-1}$ ist ebenfalls bzgl. $j\in\mathbb{N}_0$ gleichmäßig beschränkt. ∎

9.3　Komplexitätsbetrachtungen zum Kollokationsverfahren

Im Prinzip gehen wir genauso wie beim Galerkin-Verfahren vor, und schätzen die Anzahl verbleibender nichtverschwindender Koeffizienten der Matrix $\mathbf{A}_j^{\epsilon}$ ab. Wir behandeln hier als Ergänzung zu den Betrachtungen für das Galerkinverfahren in erster Linie solche Fälle, die wir in Kapitel 8.2.6 bislang nicht detailliert untersucht haben. Dabei geben wir uns hier mit fast optimaler Komplexität zufrieden.

Theorem 9.3.1 *In der Matrix $\mathbf{A}_j^\epsilon$ der komprimierten Multiskalendarstellung des Kollokationsverfahrens, welche durch (9.1.36) und die Kompression (9.1.31) gegeben ist, verbleiben noch $\mathcal{O}(j2^{jn}) = \mathcal{O}(N_j \log N_j)$, $N_j = \dim S_j$, falls $d < d' < \tilde{d}^* + r$, $d^* + 1 + r > 0$ gewählt werden kann, bzw. im Grenzfall $d = d' = \tilde{d}^* + r$, $d^* + 1 + r = 0$ verbleiben*

$$\mathcal{O}(j^{2+\frac{5n}{4+2\tilde{d}^*+2d^*+2r}} 2^{jn}) = (\log N_j)^{2+\frac{5n}{2(2+\tilde{d}^*+d^*+r)}} (N_j) \, ,$$

viele von Null verschiedene Koeffizienten.

Beweis: Wir formen zuerst den folgenden Ausdruck wieder etwas um

$$
\begin{aligned}
2^{\frac{j(d'+1-r)-l(d'+2+d^*)-l'(\tilde{d}^*+1)}{d^*+\tilde{d}^*+2+r}}
&= 2^{-j} 2^{\frac{j(d'+1+\tilde{d}^*+d^*+2))-l'(\tilde{d}^*+1)-l(d^*+1+d'+1)}{2(d^*+1)+r}} \\
&= 2^{-j} 2^{\frac{(j-l)(d^*+1+d'+1)}{2(d^*+1)+r}} 2^{\frac{(j-l')(\tilde{d}^*+1)}{2(d^*+1)+r}} \\
&\leq 2^{-j} 2^{(j-l)M} 2^{(j-l')M'} \, ,
\end{aligned}
$$

(9.3.1)

wobei

$$1 \geq M \geq \frac{(d^*+1+d'+1)}{\tilde{d}^*+d^*+2+r} \, , \quad 1 \geq M' \geq \frac{(\tilde{d}^*+1)}{\tilde{d}^*+d^*+2+r} \tag{9.3.2}$$

gelten soll. Verwenden wir nun diese Parameter im Hinblick auf (9.1.40) und setzen die Beziehung (9.3.1) ein, dann gilt

$$\mathcal{B}_{l,l'} \sim \max\{j^a 2^{-j} 2^{(j-l)M} 2^{(j-l')M'}, 2^{-l}, 2^{-l'}\}$$

mit $a = \frac{5}{2(d^*+\tilde{d}^*+r)}$ im ungünstigsten Fall, falls $M = M' = 1$ ist. Falls entweder M oder $M' < 1$ ist, reduziert sich a auf $a = \frac{3}{2(d^*+\tilde{d}^*+2+r)}$. Im Hinblick auf Lemma 8.2.7 läßt sich zeigen, daß im Fall $M, M' < 1$ $a = 0$ gesetzt werden kann. Wir erinnern an dieser Stelle daran, daß der Faktor j^a gerade ein logarithmisches Verschlechtern der asymptotischen Konvergenzordnung verhindern soll.

Gemäß unserer Wahl (9.1.31) und (9.1.40) bedeutet dies im Falle $d < d' < \tilde{d}^* + r$, $d^* + 1 + r > 0$ daß $M, M' < 1$, bzw. falls $d = \tilde{d}^* + r$, $0 = d^* + r + 1$, wählen wir gezwungenermaßen $M = 1$, bzw, $M' = 1$.

Da wir den Fall $M, M' < 1$ schon einmal im Zusammenhang mit dem Galerkinverfahren untersucht haben, betrachten wir jetzt lediglich den Grenzfall $M + M' = 1$. Sei $l \geq l'$, dann bezeichnen wir mit $\#\mathbf{A}_{l,l'}^\epsilon$ die Anzahl der von Null verschiedenen Koeffizienten in $\mathbf{A}_{l,l'}^\epsilon$, wobei

$$\mathcal{B}_{l,l'} \sim 2^{-j} 2^{(j-l)M} 2^{(j-l')M'} j^a$$

gilt. Jede Zeile in $\mathbf{A}_{l,l'}^\epsilon$ hat maximal $\mathcal{O}([\mathcal{B}_{l,l'} 2^{l'}]^n)$ nichtverschwindende Einträge. Aus diesen Überlegungen erhalten wir die Abschätzung

$$
\begin{aligned}
\#\mathbf{A}_{l,l'}^\epsilon
&\leq c 2^{ln} [\mathcal{B}_{l,l'} 2^{l'}]^n \\
&\leq c[2^{l+l'} 2^{-j} 2^{(j-l)M} 2^{(j-l')M'} j^a]^n \\
&\leq c[2^j 2^{(j-l)(M-1)} 2^{(j-l')(M'-1)}]^n j^{an} \\
&\leq c\, 2^{jn} j^{an} \, ,
\end{aligned}
$$

(9.3.3)

da wir $M = M' = 1$ vorausgesetzt hatten. Addieren wir deren Anzahl über alle Blöcke mit $-1 \leq l, l' \leq j$, erhalten wir maximal

$$\#\mathbf{A}_j^\epsilon \leq \sum_{l,l'=-1}^{j} \#\mathbf{A}_{l,l'}^\epsilon$$
$$\leq c\, 2^{jn} j^{2+an} \leq cN_j \log^{2+an} N_j \tag{9.3.4}$$

viele von Null verschiedene Koeffizienten.

Aus den Überlegungen zum Beweis des Theorems 8.2.7 wissen wir, daß im Fall $M, M' < 1$ - hier kann, wie wir oben vermerkt haben, zudem $a = 0$ angenommen werden - die obigen geometrischen Reihen konvergieren, woraus wir

$$\#\mathbf{A}_j^\epsilon \leq c\, 2^{jn}$$

schließen. Es bleibt allerdings hier noch die Nebenbedingung $\mathcal{B}_{l,l'} \geq c \max\{2^{-l}, 2^{-l'}\}$ zu beachten. Ohne eine zweiten Kompressionsschritt wie in Abschnitt 8.2.4 durchzuführen, bleiben trotzdem noch

$$\#\mathbf{A}_j^\epsilon \leq \sum_{l,l'=-1}^{j} \#\mathbf{A}_{l,l'}^\epsilon$$
$$\leq c2^{jn} j \leq cN_j \log N_j \tag{9.3.5}$$

nichtverschwindende Koeffizienten.   ■

Bemerkung 9.3.1 Größere Werte für $d^*, \tilde{d}^*$ erzielen zwar ein stärkeres Abklingen der Koeffizienten. Doch mehr verschwindende lokale Momente $d^*, \tilde{d}^*$ erfordern natürlich breitere Träger. Die entsprechende Filterlänge, das ist die Zahl der Nichtnullelemente in den Spalten von $\mathbf{M}_{j,1}$, ist mindestens proportional zu $(d^*)^n$. Mit der Breite dieses Trägers wächst wiederum die Bandbreite innerhalb der Blockmatrizen. Zwischen diesen Maßgaben muß man eine Kompromißlösung finden. Wir können das qualitative Ergebnis unserer Untersuchung dahingehend zusammenfassen, daß gemeinsam mit der vorgeschlagenen skalenabhängigen Kompressionsstrategie die Parameter d^* und $\tilde{d}^*$ ungefähr so gewählt werden sollten, daß mit minimalem Aufwand gerade $M, M' < 1$ erfüllt ist, der Grenzfall $M, M' = 1$ ist notfalls noch zulässig.

Wir wollen zum Schluß ein Paar Überlegungen anschließen, mit denen wir den Gesamtaufwand exemplarisch ganz grob abschätzen wollen. Wir gehen bei den Betrachtungen davon aus, daß wir bereits die komprimierte Matrix aufgestellt haben, dann wird der Aufwand des Verfahrens, und zwar die Rechenzeit als auch der Speicherbedarf, im wesentlichen von der Anzahl der Nichtnull-Koeffzienten $\#\mathbf{A}_j^\epsilon$ dominiert. Die Zeit für den Pyramiden-Algorithmus fällt dagegen vergleichsweise kaum ins Gewicht, höchstens bei Wavelets mit sehr breitem Träger müssen wir diesem Teil besondere Beachtung schenken.

Betrachten wir hier den Fall $M, M' < 1$, und gehen wir einmal davon aus, daß wir in den Blockmatrizen $\mathbf{A}_{j-1,j-1}^\epsilon$ all diejenigen Koeffizienten weglassen, deren Träger sich um eine Maschenweite in dem Level $j-1$ unterscheiden. Dies sind etwa soviele wie die Zahl der nichtverschwindenden Koeffizienten in der $k-$ten Spalte der Matrix $\mathbf{M}_{j,1}$, diese Zahl bezeichnen wir mit C und nennen sie *Filterlänge*. In dem Beispiel (5.2) in $n=1$ ist $C \approx 6$. Auf der feinsten Skala können wir sogar relativ große Matrixeinträge annihilieren, denn gemäß unseren Erkenntnissen ist infolge Konsistenzordnung der Einfluß dieser Skala auf die Lösung geringer als auf den groben Skalen. Damit erhalten wir $B = C2^{(j-1)n}$ Koeffizienten in den Zeilen der Matrix $\mathbf{A}^\epsilon_{j,j}$. Desweiteren haben auch die Blockmatrizen $\mathbf{A}^\epsilon_{l,j-1}$ und $\mathbf{A}^\epsilon_{j-1,l'}$, $-1 \leq l, l' < j$ etwa genauso viele nichtverschwindende Koeffizienten, da wir die Bedingung $\mathrm{dist}(\Omega_{(l,k)}, \tilde{\Omega}_{(l',k')} > 2C \max\{2^{-l}, 2^{-l'}\}$ beachten müssen. Die Blockmatrix $\mathbf{A}^\epsilon_{l',l}$ hat nun, falls $l \geq l'$ ist, $B2^{n(l-j)(M-1)}2^{jn}$ viele Nichtnulleinträge. Zählen wir zusammen, so erhalten wir als Abschätzung

$$\#\mathbf{A}^\epsilon \leq C2^{jn} + C2^{n(j-1)} \sum_{l=0}^{j-1} l2^{n(l-j)(M-1)} \ . \tag{9.3.6}$$

Wie wir bereits bei den Betrachtungen des Galerkin- und des Kollokations-Verfahrens gesehen haben, können noch weitere Koeffizienten vernachlässigt werden, die das in den obigen Abschätzungen noch enthaltene logarithmische Anwachsen zum Stillstand oder wenigstens teilweise zum Stillstand bringen. Bei wenigen Unbekannten ist dieser Effekt recht klein und das Verhalten wird im wesentlichen wohl durch (9.3.6) recht gut beschrieben, und wir befinden uns in dieser Abschätzung weitgehend auf der sicheren Seite.

Kapitel 10

Zusammenfassung

Wir wollen die Quintessenz der beiden letzten Kapitel kurz zusammenfassen. Wir haben gesehen, auf welche Art ein asymptotischer Aufwand $\mathcal{O}(N)$ optimaler bzw. $\mathcal{O}(N \log^\alpha N)$ fast optimaler Ordnung zu erreichen ist, ohne daß die optimale Konvergenzordnung des jeweiligen Verfahrens beeinträchtigt wird. Dabei wurde aufgezeigt, wie die Parameter der Multiskalenzerlegung das Verfahren beeinträchtigen.

Parameter:

- *Regularität:* Die Regularität γ der Funktionen in S_j muß $> \frac{r}{2}$ sein, damit das Galerkin-Verfahren konform ist. Die Regularität γ^* der biorthogonalen Funktionen $\tilde{S}_j$ muß $> \frac{-r}{2}$ sein, damit sich das Verfahren vorkonditionieren läßt. Im Grenzfall $\gamma^* = \frac{-r}{2}$ wächst die Kondition logarithmisch.

- *Ordnung und Exaktheit:* Die Exaktheit $d + 1$ der vorgegebenen Funktionenräume S_j bestimmt die Konvergenzordnung des Verfahrens. Die Exaktheit der dualen Funktionenräume $d^* + 1$ entspricht der Zahl der verschwindenden Momente.

- *Verschwindende Momente :* Die Anzahl der verschwindenden Momente muß hinreichend hoch sein $d^* > d - r$, um eine optimale Kompression zu sichern.

- *Größe des Trägers :* Die Multiskalenbasen ψ_k^l sollen einen möglichst kleinen Träger besitzen, doch damit hinreichend viele Momente verschwinden, muß mindestens $\operatorname{diam} \operatorname{supp} \psi_k^l \sim d^* 2^l$ gelten.

Wir fassen die Resultate in folgender Tabelle zusammen. Dabei bezeichnet der in Klammern aufgeführte Parameter den Grenzfall, in dem lediglich fast optimale Ergebnisse erzielt werden können.

Galerkin:		
Regularität	$\gamma > \frac{r}{2}$ Konformität	$\gamma^* > -\frac{r}{2}$ Vorkonditionierung
Exaktheit	d	Konvergenzrate $2^{-j(2d+2-r)}$
Verschw. Momente	$d^* > (\geq)d - r$	

Kollokation		
Regularität	$\gamma - r > 0$ Konformität	$\gamma - r, \tilde{\gamma}^* > \frac{nr}{2}$, $\gamma^* + \tilde{\gamma}^* > -r$ Vorkonditionierung
Exaktheit d	d	Konvergenzrate $2^{-j(d+1-r)}$
Verschw. Momente	$\tilde{d}^* > (\geq)d - r$	$d^* = r > (\geq)0$

Kapitel 11

Direkte Quadratur

Ein wichtiges Ziel besteht darin, die komprimierte Steifigkeitsmatrix, hier die Kollokationsmatrix in Multiskalendarstellung, direkt aufzustellen. Hierfür berechnet man lediglich solche Koeffizienten, die aufgrund des a priori Kriteriums (9.1.40) nicht zu Null gesetzt werden. Dies sind im Einzelnen solche Matrixeinträge, für welche die Bedingung

$$\mathrm{dist}(\Omega_{(l,k)}, \tilde{\Omega}_{(l',k')}) \leq \mathcal{B}_{l,l'}$$

gilt. Um die Werte

$$\int\limits_{\Omega_{(l,k)}} K_A(x_{\nu'}^{l'+1}, y)\psi_k^l(y)ds_y \ ,$$

in den Kollokationsknotenpunkten $x_{\nu'}^{l'+1} \in \square_{l'+1}$ zu berechnen, haben wir zu beachten, daß für kleine $l < j$ über einen großen Träger der Funktionen ψ_k^l zu integrieren ist. Auf gekrümmten Oberflächen ist dies für die meisten Operatoren aber nicht mehr analytisch möglich. Wir müssen daher geeignete numerische Quadraturverfahren entwickeln und einsetzen, die es uns erlauben, die gewünschten Matrixkoeffizienten jeweils mit einer erforderlichen hinreichenden Genauigkeit auszurechnen. Hierbei haben wir eine Reihe von Problemen zu überwinden, damit diese Quadraturverfahren ausreichend genau sind und die gewünschte Konsistenzordnung gewährleistet ist. Wie wir sehen werden, bedeutet dies, daß wir auf den niedrigeren Skalen l eine höhere Genauigkeit als auf der höchsten Skala j erzielen müssen. Wie wir bereits bemerkt haben, haben die Basisfunktionen auf den niedrigeren Skalen wesentlich breitere Träger, denn es gilt diam supp$\psi_k^l \sim 2^{-l}$. Wir wollen jedoch aus Effizienzgründen keinesfalls zulassen, daß die Anzahl der Quadraturpunkte mit $\mathcal{O}(2^{\alpha(j-l)})$, $\alpha > 1$, anwächst. Eine besondere Schwierigkeit bereitet in diesem Zusammenhang die Tatsache, daß die Integrationsgebiete der zu berechnenden Matrixkoeffizienten entweder die Singularität des Schwartz-Kernes des Operators enthalten, wie z.B. die Diagonalelemente der Blockmatrizen $\mathbf{A}_{l,l'}^{\epsilon}$, oder sie liegen in nächster Nachbarschaft zu der Singularität.

Als möglichen Ausweg schlagen wirden Einsatz exponentiell konvergenter Quadraturverfahren für quasisinguläre Integranden vor. Ein solches Verfahren wurde in [SW] zur Berechnung der Nebendiagonalelemente der herkömmlichen Steifigkeitsmatrix

$\langle A\varphi^j_k, \varphi^j_{k'}\rangle$ vorgeschlagen. Dieses Verfahren beruht auf der sogenannten $h-p-$Methode [GU] bzw. $h-p-$Approximation [SE] singulärer Funktionen. Wir wollen an dieser Stelle unser Vorgehen in seinen prinzipiellen Schritten ganz kurz beschreiben.

Wir zerlegen das Integrationsgebiet supp ψ^l_k in Teilbereiche $\tau_\mu \subset$ suppψ^l_k, $\mu = 0, 1, \ldots, L$ mit geeigneten $L = L(l, l')$, deren Inneres jeweils disjunkt sein sollen. Diese Teilbereiche sollen so gewählt werden, daß $x^{l'+1}_\nu \in \tau_0$ ist, wobei τ_0 den kleinsten Durchmesser haben soll. Für $\mu = 1, \ldots, L$ soll τ_μ entweder eine Zelle $\tau_\mu = \kappa^{-1}_m \Sigma^l_{\nu'}$ sein, oder aber für zwei geeignete positive Konstanten C_1, C_2 soll

$$C_1 \leq \frac{\text{diam } \tau_\mu}{\text{dist}(x^l_\nu, \tau^l_\mu)} \leq C_2 \tag{11.0.1}$$

gelten.

Praktisch kann das dadurch realisiert werden, daß man mit den Zellen $\tau_\mu = \kappa^{-1}_m \Sigma^l_{nu'}$ beginnt und dann alle Zellen τ_μ mit

$$\text{diam } \tau_\mu \geq C\text{dist}(x^l_\nu, \tau_\mu)$$

solange unterteilt, bis diese Bedingung (11.0.1) verletzt ist, oder aber eine untere Schranke für den Durchmesser erreicht ist. Es verbleibt dann eine Zelle τ_0, die den Kollokationspunkt enthält $x^{l'+1}_\nu \in \tau_0$.

Annahme: Den Fall $\mu = 0$ behandeln wir gesondert, denn hier liegt die Singularität inmitten des Integrationsgebietes. Hier gehen wir davon aus, daß wir das Integral über das Teilgebiet τ_0 mit einem Aufwand $\mathcal{O}(1)$ oder zumindest $\mathcal{O}(j^{n+1})$ ausreichend genau behandeln können. Dies können wir beispielsweise dadurch erreichen, indem wir das Integral mittels Regularisierungstechniken auf ein Integral über einen hinreichend glatten Integranden reduzieren. Die abgespaltenen Terme lassen sich analytisch berechnen. Den regularisierten Teil behandelt man mit einer geeigneten Quadraturformel. Eventuell verwendet man den **Duffy**-Trick [KSW, SAUT].

Für $\mu > 0$ wählen wir auf jedem der Teilgebiete $\kappa_m \tau_\mu$ eine Quadraturformel $\int_{\kappa_m \tau_\mu} f(y)dy \approx \sum_k \omega_{k,\mu} f(y_{k,\mu})$ mit positiven Gewichten $\omega_{k,\mu}$, die jeweils Polynome vom Grad kleiner oder gleich $p\mu$, mit einem positiven Parameter $p > 1$, exakt integriert. Das bedeutet, wir zerlegen das Integrationsgebiet in mit geometrischer Progression im Abstand zum Kollokationspunkt $x^{l'+1}_\nu$ wachsende Teilgebiete, auf denen jeweils der Approximationsgrad der Quadraturformel linear bezüglich μ ist, dies bedeutet logarithmisch bezüglich des Durchmessers anwächst. $L = L(l, l')$ bezeichnet die Anzahl der Ringgebiete, und damit stellen wir eine zusammengesetzte Quadraturformel folgendermaßen dar,

$$\int_{\Omega_{(l,k)}} f(y)dy \approx Q_L f := \sum_{\mu=0}^L \sum_k \omega_{k,\mu} f(y_{k,\mu})\,.$$

Offensichtlich ist die Gesamtzahl, der Quadraturknoten $\mathcal{O}(L^{n+1})$, und die zweite Summe über k läuft über maximal $\mathcal{O}(L^n)$ Summanden.

Einfachheitshalber kann man auch auf allen Teilgebieten τ_μ die gleiche Quadraturformel mit der Exaktheit pL wählen. Dadurch wird der Gesamtaufwand zwar etwas höher, doch die asymptotischen Aufwandsabschätzungen bleiben unverändert.

Für ein Dreieck $\kappa_m \tau_\mu$ kann man eine solche Kubatur dadurch erreichen, daß man das Dreieck im Parameterbereich auf ein Rechteck vermöge der bekannten Koordinatentransformation

$$s := x \quad , \quad t := xy \ ,$$

(Duffy-Transformation) abbildet, und dann entsprechende Gauß-Quadraturformeln für ein Rechteck verwendet. Dazu benötigen wir $\mathcal{O}(\mu^n)$ Quadraturknoten $y_{k,\mu}$.

Voraussetzung: Die Funktion

$$y \mapsto f(y) := 2^{-ln/2} \kappa_m^* K_A(x_{\nu'}^{l'+1}, y) \kappa_m^* \psi_k^l(y)$$

ist in $\Omega := \bigcup_{l=1}^{L-1} \tau_\mu = \mathrm{supp}\ \psi_k^l \backslash \tau_0$ *analytisch* und erfüllt die Abschätzungen

$$\left(\int_\Omega |D^\alpha f(x)| |x|^{\beta+k} dx \right)^{\frac{1}{2}} \leq C_f\, (d_f)^k k! \quad , \quad |\alpha| = k \in \mathbb{N}_0 \ , \tag{11.0.2}$$

mit $0 < \beta < \frac{n}{2}$.

In [SW] wurde gezeigt, daß diese Bedingung für die schwachsingulären Randintegraloperatoren auf stückweise analytischen Oberflächen erfüllt ist. Für Integraloperatoren mit stärkeren Singularitäten sind Regularisierungstechniken erforderlich.

In diesem Fall erhält man aus der Theorie der $h-p-$Approximation [SW], Theorem 4.1. das folgende Konvergenzresultat.

Proposition 11.0.1 *Unter den obigen Voraussetzungen gilt die Fehlerabschätzung*

$$\left| \int f(y) dy - Q_L f \right| \leq c\, 2^{-bL} \tag{11.0.3}$$

für ein $b > 0$.

Angewandt auf das Integral

$$2^{-ln/2} \int_{\mathrm{supp}\kappa_m \psi_k^l} \kappa_m^* K A(x_{\nu'}^{l+1}, y) \kappa_{m'}^* \psi_k^{l'}(y) dy$$

folgt daraus, daß sich das Element $a_{(l,k),(l',k')}$, das der Kompressionsbedingung (9.1.40) genügt, mit Hilfe einer solchen Integrationsmethode mit einer Genauigkeit

$$e_{(l,k),(l',k')} := |a_{(l,k),(l',k')} - \tilde{a}_{(l,k),(l',k')}| \leq c\, 2^{-bL} \tag{11.0.4}$$

berechnen läßt. Der hierfür erforderliche Aufwand wird durch die maximale Anzahl von $\mathcal{O}(L^{d+1})$ Quadraturknoten bestimmt.

Wählen wir den Parameter $L = L(l, l')$ derart, daß die Beziehung

$$L(l, l') \sim \frac{1}{b}[\frac{-n}{2}(l + l') + (j - l)(d + 1) - jr + nj]$$

(11.0.5)

gilt, so erhalten wir wegen (11.0.4) die Fehlerabschätzung

$$e_{(l,k),(l',k')} := |a_{(l,k),(l',k')} - \tilde{a}_{(l,k),(l',k')}| \leq c \; \epsilon 2^{(l+l')\frac{n}{2}} 2^{-j(d+1-r)} 2^{l(d+1)} \; 2^{-nj}$$

(11.0.6)

Wir wollen annehmen, daß $d < \tilde{d}^* + r$ und $0 < d^* + r$ gilt, damit sich die Bandbreitenwahl zur Kompression (9.1.40) zu

$$\mathcal{B}_{l,l'} = \max \left\{ a\, 2^{-l}, a\, 2^{-l'}, a2^{\frac{j(d+1-r)-l'(d^*+1)-l(\tilde{d}^*+1+d+1)}{2+d^*+\tilde{d}^*+r}} \right\} \,,$$

(11.0.7)

vereinfacht.

Der Quadraturfehler für jeden einzelnen Koeffizienten, der der Bedingung $\text{dist}(\Omega_k^l, \tilde{\Omega}_{k'}^{l'}) \leq \mathcal{B}_{l,l'}$ mit $\mathcal{B}_{l,l'}$ gemäß (11.0.7) genügt beträgt, wegen (11.0.4)

$$\begin{aligned} e_{(l,k),(l',k')} := |a_{(l,k),(l',k')} - \tilde{a}_{(l,k),(l',k')}| \;&\leq\; c \; \epsilon 2^{(l+l')\frac{n}{2}} 2^{-j(d+1-r)} \; 2^{l(d+1)} 2^{-nj} \\ &\leq\; c \; \epsilon 2^{(l+l')\frac{n}{2}} 2^{-j(t-r)} 2^{lt} 2^{-nj}) \,, \; t \leq d+1. \end{aligned}$$

Wir beachten hierbei, daß wir keine weiteren Matrixeinträge ausrechnen müssen, und deswegen auch nicht abzuschätzen brauchen, denn durch die Kompression werden die restlichen Koeffizienten sowieso zu Null gesetzt.

Bezeichnen wir mit $\nabla_{(l,k)}^\epsilon$, $l = -1, \cdots, j - 1$, ($\nabla_{-1} := \Delta_0$), diejenige Teilmenge von ∇_l, für welche zu gegebenem $\tilde{\Omega}_{(l',k')}$ die Beziehung

$$\text{dist}\,(\Omega_{(l,k)}, \tilde{\Omega}_{(l',k')}) \leq \mathcal{B}_{l,l'}$$

(11.0.8)

gilt, bzw. bezeichnen wir mit $\tilde{\nabla}_{(l',k')}^\epsilon$, $l' = -1, \cdots, j - 1$, diejenige Teilmenge von $\nabla_{l'}$, für welche zu gegebenem $\Omega_{(l,k)}$ die Abstandsbedingung

$$\text{dist}\,(\Omega_{(l,k)}, \tilde{\Omega}_{(l',k')}) \leq \mathcal{B}_{l,l'}$$

(11.0.9)

erfüllt ist. Das hat zur Folge, daß die zugehörigen Matrixkoeffizienten durch die Kompression nicht beeinflußt werden.

Lemma 11.0.1 *Sei $l \geq l'$, falls der Quadraturfehler $e_{(l,k),(l',k')}$ in jedem Matrixelement der komprimierten Matrix der Abschätzung (11.0.6) genügt, gelten die folgenden Ungleichungen*

$$\sum_{k \in \nabla_{(l,k)}^\epsilon} 2^{\frac{ln}{2}} e_{(l,k),(l',k')} \leq c \; 2^{lt} 2^{(l-j)(d+1-t)} 2^{-j(d+1-r)} 2^{\frac{l'n}{2}} \epsilon \,,$$

(11.0.10)

und

$$\sum_{k' \in \tilde{\nabla}_{(l',k')}^\epsilon} 2^{\frac{l'n}{2}} e_{(l,k),(l',k')} \leq c \; 2^{l(t+\frac{n}{2})} 2^{(l-j)(d+1-t)} 2^{-j(d+1-r)} \epsilon \,,$$

(11.0.11)

für alle $t \leq d + 1$.

Beweis: Wir schätzen die Anzahl der Elemente $\#\nabla^\epsilon_{(l,k)}$ in $\nabla^\epsilon_{(l,k)}$, bzw. $\#\tilde{\nabla}^\epsilon_{(l',k')}$ in $\tilde{\nabla}^\epsilon_{(l',k')}$ durch $\#\nabla^\epsilon_{(l,k)} \leq c\,(\mathcal{B}_{l,l'}2^l)^n$ bzw. $\#\tilde{\nabla}^\epsilon_{(l,k)} \leq c\,(\mathcal{B}_{l,l'}2^{l'})^n$ ab. Es gilt die folgende Abschätzung

$$2^{\frac{j(d+1-r)-l(d+d^*+2)-l'(\tilde{d}^*+1)}{d^*+\tilde{d}^*+2+r}}$$
$$\leq\; c\,2^{-j-(j-l)M-(j-l')M'}$$
$$\leq\; c\,2^{j-l-l'}\,,$$

da $1 \leq M' \leq \frac{d^*+d+2}{d^*+\tilde{d}^*+2-r}$ und $1 \leq M \leq \frac{\tilde{d}^*+d+2}{d^*+\tilde{d}^*+2-r}$, und demzufolge vereinfacht sich die obige Ungleichung zu

$$\mathcal{B}_{l,l'} \leq c\,2^{j-l-l'}\,.$$

Somit verbleiben nicht mehr als

$$\#\nabla^\epsilon_{(l,k)} \leq \mathcal{O}(2^{(j-l)n})\,,$$

bzw.

$$\#\tilde{\nabla}^\epsilon_{(l',k')} \leq \mathcal{O}(2^{(j-l')n})$$

viele Einträge.

Setzen wir die Abschätzung (11.0.4) in die Summe (11.0.10) bzw. in (11.0.11) ein, so erhalten wir das behauptete Resultat unmittelbar aus unseren bisherigen Überlegungen.
∎

Bemerkung 11.0.2 Die Abschätzungen für $\#\nabla^\epsilon_{(l,k')}$ und $\#\tilde{\nabla}^\epsilon_{(l,k')}$ sind noch recht grob aber ausreichend. Es geht uns an dieser Stelle noch nicht darum die letztlich optimale Strategie zu finden, sondern wir begnügen uns an dieser Stelle als ersten Schritt damit, einen prinzipiell möglichen und einfachen Weg aufzuzeigen.

Die Beweise der folgenden Lemmata und Sätze verlaufen ganz analog zu unseren bisherigen Abschätzungen mit Hilfe des Schurschen Lemmas 6.2.3.

Bezeichnen wir mit $\tilde{\mathbf{A}}^\epsilon_j$ die mit Hilfe unseres Quadraturverfahrens aufgestellte komprimierte Matrix, und mit

$$\tilde{A}^\epsilon_j = \tilde{F}^{-1}_{j,\eta}\tilde{\mathbf{A}}^\epsilon_j(F^*_{j,\psi})^{-1}$$

den entsprechenden Operator, dann gelten die folgenden Konsistenz- und Stabilitätsaussagen.

Lemma 11.0.2 *Sei $t \leq d+1$, dann läßt sich die Spektralnorm der Fehler-Matrix*

$$\mathbf{Q}_{j,t} := \mathbf{D}^{-t}_j(\mathbf{A}^\epsilon_j - \tilde{\mathbf{A}}^\epsilon_j) \tag{11.0.12}$$

d.h. $q_{(l,k),(l',k')} := 2^{-lt}(a^\epsilon_{(l,k),(l',k')} - a^{\tilde{\epsilon}}_{(l,k),(l',k')}) = 2^{-lt}e_{(l,k),(l',k')}$ abschätzen durch

$$\|\mathbf{Q}_{j,t}\| \leq c\,\epsilon\,2^{-j(t-r)}\,. \tag{11.0.13}$$

Beweis: Die Koeffizienten $q_{(l',k'),(l,k)} = 2^{-lt}e_{(l,k),(l',k')}$, $(l,k),(l',k') \in \mathcal{J}_j$, der Matrix $\mathbf{Q}_{j,t}$ lassen sich abschätzen durch

$$|q_{(l',k'),(l,k)}| \leq 2^{-lt}e_{(l,k),(l',k')} \leq c\,\epsilon 2^{(l+l')\frac{n}{2}}2^{-j(t-r)}\,2^{-nj}\ , \ t \leq d+1.$$

Verwenden wir das Schursche Lemma (6.2.3) und (11.0.10) sowie (11.0.11),

$$\sum_{l=-1}^{j-1}\sum_{k\in\nabla^\epsilon_{(l,k)}} 2^{\frac{ln}{2}}2^{-lt}e_{(l,k),(l',k')} \ \leq \ c\sum_{l=-1}^{j-1} 2^{-j(d+1-r)}2^{-lt}2^{l(d+1)}2^{\frac{l'n}{2}}\epsilon$$

$$\leq \ c\sum_{l=-1}^{j-1} 2^{-j(t-r)}2^{(j-l)(t-d-1)}2^{\frac{l'n}{2}}\epsilon$$

$$\leq \ c\,\epsilon 2^{\frac{l'n}{2}}2^{-j(d+1-r)}\ ,$$

und

$$\sum_{l'=-1}^{j-1}\sum_{k'\in\tilde{\nabla}^\epsilon_{(l',k')}} 2^{\frac{l'n}{2}}2^{-lt}e_{(l,k),(l',k')} \leq c\,2^{l\frac{n}{2}}2^{-j(d+1-r)}\epsilon\ , \tag{11.0.14}$$

für alle $t \leq d+1$, so ergibt sich hieraus die Aussage.   ∎

Mit den uns nun vertrauten Argumenten folgern wir die folgenden Resultate.

Theorem 11.0.2 *Falls $r \leq s < \gamma$, $-\gamma < t \leq d+1$, $s \leq t$ gilt, dann existiert eine Konstante $c = c(s,t)$ derart, daß die Konsistenzabschätzung*

$$\|(A_j - \tilde{A}^\epsilon_j)u\|_{s-r} \leq c\epsilon j 2^{j(s-t)}\|u\|_t \tag{11.0.15}$$

erfüllt ist, und darüberhinaus gilt für hinreichend kleines $\epsilon > 0$ die Stabilitätsbedingung

$$\|\tilde{A}^\epsilon_j u_j\|_{s-r} \geq c_s\|u_j\|_s\ , \quad u_j \in S_j\ . \tag{11.0.16}$$

Hieraus erhalten wir letztlich die erwünschte Aussage

Theorem 11.0.3 *Sei $A \in \Psi^r(\Gamma)$, $r \leq s < \gamma$, $s \leq t$, $\frac{n}{2} < t - r$, $t \leq d+1$ und $f \in H^{t-r}(\Gamma)$, Dann existiert $\epsilon > 0$ und eine mit dem vorgestellten Quadraturverfahren berechnete Matrix $\tilde{\mathbf{A}}^\epsilon_j$ derart, daß die Lösung u^ϵ_j aus dem komprimierten Verfahren $\tilde{A}^\epsilon_j u^\epsilon_j = \Pi_j f$ existiert und eindeutig ist. Diese Lösung u^ϵ_j unterscheidet sich von der exakten Lösung der Pseudodifferentialgleichung $Au^* = f$ in der $H^s(\Gamma)$ Norm lediglich um*

$$\|u^* - u^\epsilon_j\|_s \leq c\,2^{j(s-t)}j\|u^*\|_t\ , \tag{11.0.17}$$

wobei die Konstante c unabhängig von j gewählt werden kann.

Bemerkung 11.0.3 Ein konkreter Algorithmus wird die natürliche Baumstruktur der Teilgebiete τ_b^a ausnutzen. Ein solches Vorgehen ähnelt dem *Clustern* in dem Panel Clustering Verfahren. Im Gegensatz zum eigentlichen Panel Clustering Verfahren ist eine explizite Multipolentwicklung bzw. eine explizite lokale Taylorentwicklung hierfür nicht notwendig, und es wird eine komprimierte Matrix in der Multiskalendarstellung aufgestellt. Man könnte diese Art der Quadratur sinngemäß als ein *Multiscale Clustering* bezeichnen.

Bemerkung 11.0.4 Im Gegensatz zu den vorangegangenen Kapiteln erreichen wir hier die Konsistenzordnung grob gesprochen dadurch, daß wir den Grad der Exaktheit der Quadraturformeln in den Bereichen des Fernfeldes erhöhen. Dadurch müssen wir Terme der Form $j^{n+1}2^{jn} \sim N_j \log^{n+1} N_j$ in den entsprechenden Aufwandsabschätzungen in Kauf nehmen, die die Rechenzeit zur Matrixgenerierung beeinflußen. Die in den vorhergehenden Kapiteln diskutierte Speicherplatzerfordernis bleibt hiervon unbeeinflußt. Asymptotisch gesehen ist für das hier vorgeschlagene Quadraturverfahren der Aufwand zur Matrixgenerierung ähnlich dem des *Panel Clustering* oder der *Multipolentwicklung*, bei dem die Anpassung an die Konsistenzordnung durch ein entsprechendes Erhöhen des Grades in der Multipolentwicklung erreicht wird. Wohl ist die Raumdimension bei der Multipolentwicklung um 1 größer, was sich in dem Vorzug einer größeren geometrischen Flexibilität der Multipolentwicklung niederschlägt, denn bei der Multipolentwicklung wird das Potential selbst und nicht der lokale Kern jeweils nach Taylor entwickelt.

Die hier vorgestellten Betrachtungen liefern lediglich aus der Theorie entwickelte asymptotische Aussagen, es fehlen noch völlig praktische Erfahrungen mit diesen Quadraturverfahren aus denen wir den wirklichen Aufwand und die Genauigkeit in Abhängigkeit der einzelnen Parameter an bestimmten Testbeispielen ersehen können. Wohl aber liegen mittlerweile eine Fülle von Erfahrungen mit der Multipolentwicklung [GRE, NW, NKW] bzw. dem Panel Clustering [SAUT] vor, und gerade in dem zeitaufwendigen Bereich der Generierung - eigentlich wird beim Panel-Clustering gar nicht eine Steifigkeitsmatrix berechnet - zeigt sich bei diesen Multipolentwicklungs-Verfahren eine erstaunliche Verbesserung gegenüber der herkömmlichen Matrixgenerierung [SAUT].

Kapitel 12

Numerische Experimente

12.1 Ziele

In diesem Abschnitt werden numerische Ergebnisse dargestellt, die die theoretischen Ergebnisse dieser Arbeit illustrieren sollen. Es handelt sich dabei um eine gemeinschaftliche Entwicklung, die in enger Zusammenarbeit mit B. Kleemann vom Weierstraß Institut Berlin und Unterstützung von Prof. Dahmen und Prof. Prössdorf vorgenommen wurde. Ein Großteil der Ergebnisse wurde schon in [DKPS] veröffentlicht. Da wir unsere Parameterstudien zwischenzeitlich auf größere Gleichungssysteme ausdehnen konnten, werden die aktuellen Resultate an dieser Stelle in die Darstellung mitaufgenommen.

Es war unser Ziel, einen Prototypen eines *allerersten Multiskalen-Algorithmus* für *recht allgemeine, dreidimensionale Randwertprobleme* zum Zweck erster numerischer Experimente und Studien zu entwickeln und zu erproben.

An eine solchen Algorithmus stellten wir zunächst folgende Anforderungen

- Er sollte auf einer herkömmlichen Diskretisierung beruhen, d.h. als Ansatzfunktionen, bzw. für eine Multiresolutionsanalyse $\mathcal{S} = \{S_j = j \geq 0\}$, sollten *lediglich stückweise konstante* oder *stückweise lineare Funktionen* in Frage kommen.

- Es sollten *keine besonderen Erfordernisse an die Triangulierung* bzw. an die *zugrundeliegende geometrische Struktur* gestellt werden, d.h. die Anforderungen an die Triangulierung sollten nicht höher sein, als beispielsweise für ein Multigridverfahren oder eine adaptive Gitterverfeinerung im Rahmen der Randelementmethoden.

- Der Multiskalen-Algorithmus sollte *möglichst unkompliziert* und von geringer Komplexität sein.

- *Entlang der Kanten und Ecken* sollten vorerst *keine Modifikationen* vorgenommen werden.

Wir möchten ausdrücklich betonen, daß es uns hierbei um erste numerische Experimente ging, und wir nicht den Anspruch erhoben, ein den theoretischen Anforderungen entsprechendes und optimales Verfahren zu entwickeln, und aus diesem Grund sollte der

Algorithmus vor allen Dingen möglichst einfach zu realisieren sein. Es war uns vielmehr daran gelegen, eine prinzipielle Wirkung zu erkennen, und eine Ausgangsplattform für die Weiterentwicklung zu schaffen. Wir beschränkten uns erst einmal auf *Randflächen von polyedrischen Gebieten.* Der Algorithmus läßt sich jedoch prinzipiell auf Oberflächen von stückweise glatten Gebieten übertragen, und ist, obschon er eine richtige Multiskalenzerlegung vornimmt, nicht an *strukturierte Gitter gebunden.* Zudem beschränkten wir uns für die ersten Arbeiten auf die klassische Doppelschichtpotentialgleichung zur Lösung des Dirichletproblems für die Laplacegleichung. Die interessante Problematik der Vorkonditionierung tritt bei dieser Integralgleichung nicht auf, da der Operator die Ordnung Null besitzt. Wir haben mit Absicht die Problematik der Vorkonditionierung im Sinne von Kapitel 8.1 an dieser Stelle noch zurückgestellt, und interessierten uns in erster Linie für die Komprimierbarkeit der Matrizen in einer Multiskalendarstellung, und untersuchten ferner die Stabilität der verwendeten Multiskalentransformation.

12.2 Diskretisierung der Doppelschicht-Potential-gleichung

Wie wir in Abschnitt 4.2 gesehen haben, läßt sich das innere Dirichletproblem zur Laplacegleichung in einem Gebiet $\Omega \subset \mathbb{R}^3$ auf die Lösung einer Doppelschichtpotentialgleichung reduzieren

$$Au = f \tag{12.2.1}$$

über den Rand $\Gamma = \partial\Omega$ (cf. [MZ]), wobei wir hier annehmen, daß Γ ein Polyeder ist. Der zugrundeliegende Operator $A = I + 2K$ ist im wesentlichen gegeben durch den Operator K

$$Ku(x) := [1/2 - \theta_\Omega(x)]u(x) + \frac{1}{4\pi} \int_\Gamma \frac{n_y \cdot (x - y)}{|y - x|^3} u(y) ds_y, \tag{12.2.2}$$

dabei ist $\theta_\Omega(x)$ der innere Raumwinkel des Randes Γ an der Stelle $x \in \Gamma$, und n_y ist der Einheitsvektor in Richtung der inneren Normalen an Γ an der Stelle y. Die Tatsache, daß der Rand Γ selbst nicht glatt ist, bereitet sowohl theoretisch als auch praktisch einige Schwierigkeiten und schafft Besonderheiten. Der Operator A ist nun kein Pseudodifferentialoperator mehr im strengen Sinne, und auch die Bedingung (3.0.3) an den Kern ist entlang der Kanten nicht mehr für beliebiges d^* erfüllt. Auch ist der Operator K in diesem Fall nicht mehr kompakt, und A i.a. nicht mehr stark elliptisch. Dennoch ist der Operator aber ein Calderón- Zygmund-Operator [M3, VER], wenn auch mit geringer Glattheit. Infolge der Ecken und Kanten besitzt die Lösung in der Regel Singularitäten, d.h. sie ist i.a. nicht mehr in $H^{d^*+1}(\Gamma)$.

Falls die Stellen y und x sich gegen einen Punkt auf einer Kante von Γ bewegen, aber auf verschiedenen Flächen liegen, so verhält sich sich der Kern $k(x,y)$ wie $|x - y|^{-2}$, die Kernfunktion von K hat starke Singularitäten entlang der Kanten. Die Kernfunktion

$k(x, y) := \frac{1}{4\pi} n_y \cdot (x - y)|y - x|^{-3}$ verschwindet, falls die Punkte x und y beide auf derselben Fläche des Tetraeders Ω liegen.

Es ist offensichtlich, daß aufgrund der geometrischen Struktur periodische Wavelets als Ansatzfunktionen nicht eingesetzt werden können. Wir haben eine Multiskalenbasis entwickelt, die wesentliche Anforderungen wie z.B. verschwindende Momente und Stabilität weitgehend erfüllt. Dies ist unseren Wissens nach die erste Multiskalenbasis, die für ein derartiges Problem bislang realisiert wurde. Die Mehrzahl der in der vorliegenden Arbeit entwickelten und dargestellten Basen sind noch nicht realisiert.

In unseren Experimenten haben wir folgenden bankförmigen Block (12.1) untersucht, der als Muster für ein nichtkonvexes Gebilde dienen mag. Darüberhinaus haben wir noch einen Würfel und einen Tetraeder betrachtet. In dem implementierten Programm können aber auch beliebige Polyeder durch Eingabe einer Ausgangstriangulierung berechnet werden.

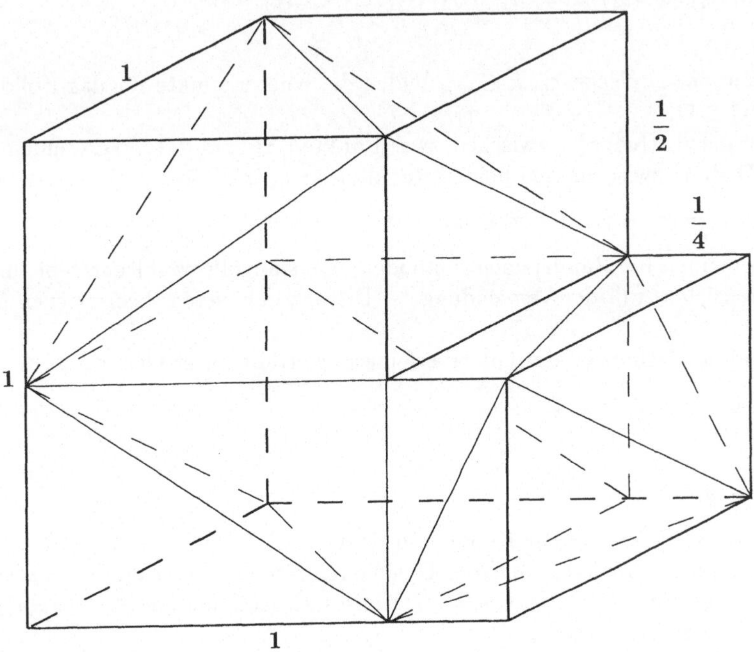

Abbildung 12.1: L-Block in einem Würfel der Kantenlänge 1 mit Anfangstriangulierung.

Ausgehend von einer Ausgangstriangulierung der Oberfläche des Polyeders, wird jedes der Dreiecke jeweils in 4 kongruente Teildreiecke, gemäß dem Vorgehen wie wir es in Kapitel 2 beschrieben haben, geteilt.

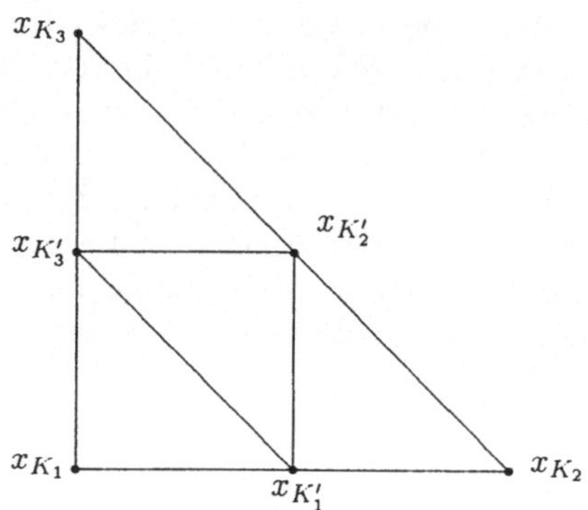

Abbildung 12.2: Dreieck $[x_{K_1}, x_{K_2}, x_{K_3}]$ mit seiner Verfeinerung $\{K_1, K_2, K_3\} \subset \Delta_j \Rightarrow \{K_1, K_2, K_3, K_1', K_2', K_3'\} \subset \Delta_{j+1}$, $\{K_1', K_2', K_3'\} \subset \Delta_j$.

Die Ecken der Dreiecke x_k^j, $k \in \Delta_j$, bilden die Knotenpunkte für das Kollokationsverfahren, $x_k^j \in \square_j$.

Als Distanz $\operatorname{dist}(x_k^j, x_{k'}^j)$ zwischen zwei Punkten $x_k^j, x_{k'}^j \in \square_j$ verwenden wir die räumliche Distanz zwischen den beiden Punkten im $x_k^j, x_{k'}^j \in \mathbb{R}^3$,

$$\operatorname{dist}(x_k^j, x_{k'}^j) = |x_k - x_{k'}| \,, \quad k, k' \in \Delta_j \,, \tag{12.2.3}$$

die im allgemeinen für Randelementmethoden eine sinnvolle Wahl darstellt, und auch durchweg konsistent mit der Verwendung der Distanz in unseren theoretischen Betrachtungen ist.

Aufgrund der Definition der Gitterverfeinerung erfüllt unser Gitter

$$\square^0 \subset \square^1 \subset \cdots \subset \square^{j-1} \subset \square^j, \tag{12.2.4}$$

Mit

$$N = N_j = \#\square^j \tag{12.2.5}$$

bezeichnen wird die Anzahl der Knoten auf dem j−ten Level, und diese entspricht der Anzahl der Unbekannten des linearen Gleichungssystems zum Kollokationsverfahren. N_j ist nun proportional zu 2^{2j}, wobei die Konstante lediglich von der Ausgangstriangulierung abhängt. Die jeweilige Parametrisierung ist linear und das zugrundeliegende Parametergebiet Σ ist ein Referenzdreieck.

Der Diskretisierung liegen stückweise lineare, stetige Funktionen in $\mathcal{M}_{1,1}$ zugrunde und eine Einskalenbasis ist durch die bekannte *Courantsche Hut-Funktion* φ_k^j auf Γ gegeben,

$$\varphi_k^j(x_{k'}^j) = 2^j \delta_{k,k'}, \tag{12.2.6}$$

mit $k, k' \in \Delta_j$. Offensichtlich gilt wegen (12.2.6), die Verfeinerungsgleichung

$$\varphi_k^j = 2^{-1} \sum_{q \in \Delta_{j+1}} \varphi_k^j(x_q^{j+1})\varphi_q^{j+1} , \tag{12.2.7}$$

und die Räume

$$S_j := \operatorname{span} \{\varphi_k^j : k \in \Delta_j\} \tag{12.2.8}$$

der stetigen, linearen Funktionen auf Γ sind ineinandergeschachtelt

$$S_0 \subset S_1 \subset \cdots \subset S_{j-1} \subset S_j \tag{12.2.9}$$

und von einer Exaktheit der Ordnung $d + 1 = 2$.

Da die Knotenpunktkollokations-Methode auf dem feinsten Gitter $\Box_j$ nun darin beruht, eine stückweise lineare und stetige Funktion $u_j \in S_j$ zu finden, so daß

$$Au_j(x_{k'}^j) = f(x_{k'}^j) , \quad k' \in \Delta_j , \tag{12.2.10}$$

muß man ein lineares Gleichungssystem lösen, dessen Koeffizientenmatrix außerhalb der Diagonalen durch

$$(A\varphi_k^j)(x_{k'}^j) = \frac{1}{2\pi} \int\limits_{\operatorname{supp}\varphi_{k'}^j} \frac{n_y \cdot (x_{k'}^j - y)}{|y - x_{k'}^j|^3}\varphi_k^j(y)d_y\Omega, \quad k, k' \in \Box_j, k \neq k' , \tag{12.2.11}$$

gegeben ist.

Um die analytische Integration zu vermeiden, approximierten wir das auftretende Integral durch eine Quadraturformel, welche exakt für Polynome vom Grade kleiner gleich 2 ist [SS]. Bezeichnen wir die Dreiecke der Triangulierung mit $\tau_\nu^j = [x_{K_1}^j, x_{K_2}^j, x_{K_3}^j] \subset \Gamma$ und die Eckpunkte jeweils mit $x_{K_1}^j, x_{K_2}^j, x_{K_3}^j \in \Box_j$, $K_1, K_2, K_3 \in \Delta_j$, dann bedeuten $x_{K_1'}^{j+1}, x_{K_2'}^{j+1}, x_{K_3'}^{j+1}\Box_{j+1}$ und $K_1', K_2', K_3' \in \Delta_{j+1}$, die Mittelpunkte der Kanten $[x_{K_1}^j, x_{K_2}^j]$, $[x_{K_2}^j, x_{K_3}^j], [x_{K_3}^j, x_{K_1}^j]$ entsprechend (siehe Figur 2.0.4). Mit dieser Bezeichnungsweise läßt sich die verwendete Quadraturformel folgendermaßen schreiben

$$\int\limits_{\tau_\nu^j} v(x) \simeq \frac{1}{3} \sum_{i=1}^{3} v(x_{K_i'}^{j+1})|\tau_\nu^j|dx . \tag{12.2.12}$$

Wir wählten für unsere Berechnungen aus Einfachheitsgründen zur Bestimmung der Nicht-Diagonalelemente der Matrix

$$\mathbf{A}_j = (a_{k,k'}^j)_{k,k'\in\Delta_j} \approx A\varphi_k^j(x_{k'}^j)$$

stets die obige Quadraturformel (12.2.12). D.h. wir benutzen eine voll diskretisierte Methode, die im wesentlichen eine Nyström-Methode, bzw. eine Quadraturformelmethode [RA2] darstellt. Obwohl diese Methode sehr grob erscheinen mag, hat man für solche Quadraturformelmethoden in einfacheren Situationen für Kurven im $\mathbb{R}^2$ entsprechende Stabilitäts- und Konvergenzaussagen. Das gleiche gilt für ein modifiziertes Verfahren zur

Lösung der Doppelschichtpotentialgleichung auf Polyedern [RA2]. Diese Aussagen sind nicht auf unsere konkreten Beispiele im $\mathbb{R}^3$ anwendbar, dennoch erhofften wir in unseren Beispielen ein ähnliches Konvergenzverhalten wie in den theoretisch bewiesenen Fällen, was durch unsere Parameterstudien auch belegt wurde.

Um die Diagonalglieder zu berechnen benötigt man den Raumwinkel $\theta_\Omega(x)$, zudem treten starke Singularitäten im Integranden entlang der Kanten auf. Um diese Problematik zu behandeln, benützten wir eine Regularisierungstechnik, die in der Literatur manchmal als *Subtraktionstechnik* oder *Singularitäten-Subtraktion* bezeichnet wird [KR]. Sie beruht auf der bekannten Tatsache, daß die konstanten Funktionen alle Eigenfunktionen des Integraloperators K, definiert durch (12.2.2), zum Eigenwert $1/2$ (cf. [MZ], Kap.1.3) sind. Wählt man als konstante Funktionen an jedem Aufpunkt $x \in \Gamma$ die Konstante $u(x)$, dann vereinfacht sich die Gleichung $Au = (I + 2K)u = f$ zu

$$2u(x) + \frac{1}{2\pi} \int\limits_\Omega \frac{n_y \cdot (x - y)}{|y - x|^3}[u(y) - u(x)]d_y\Omega = f(x), \quad x \in \Omega. \tag{12.2.13}$$

Dadurch bleibt das obige Integral überall schwach singulär, und der Raumwinkel tritt nicht mehr explizit auf.

Die Verwendung der Subtraktionstechnik zur Diskretisierung mittels des Kollokationsverfahrens, bzw. unseres volldiskretisierten Kollokationsverfahrens , besteht nun in der Anwendung der obigen Quadraturmethode (12.2.13) mit den Kollokationsknoten $x = x_k, k \in \Delta_j$ und der Verwendung stückweise linearer und stetiger Ansatzfunktionen $u_j \in V_j$ und $u_j - u_j(y) \in V_j$. Es ist nun unschwer einzusehen, daß diese Diskretisierung zu den Diagonalelementen der Matrix $\mathbf{A}_j$ führt

$$a_{k,k}^j = 2 - \sum_{k' \in \Delta_j, k' \neq k} a_{k,k'}^j \quad , \quad k \in \Delta_j, \tag{12.2.14}$$

und die Nebendiagonalelemente (12.2.11) nicht mehr beeinflußt.

Die obige Quadraturformelmethode ist besonders einfach zu implementieren und die Berechnung der Matrixkoeffizienten relativ einfach und schnell. Dieser Aspekt spielt für unsere Experimente mit großen Systemen eine wesentliche Rolle, da wir vorerst von der kompletten Matrix bezüglich einer Einskalenbasis ausgehen. Dabei limitiert vor allem die erforderliche Rechenzeit die Möglichkeiten unserer Berechnungen.

Wir erhalten damit als Ausgangsgleichung das folgende lineare System

$$\mathbf{A}_j\mathbf{u}_j = \mathbf{f}_j, \quad \mathbf{A}_j = (a_{k',k}^j)_{k',k\in\square_j}. \tag{12.2.15}$$

Im Hinblick auf diese Resultate kann die bestmögliche Konvergenzordnung nicht die eines stabilen Kollokationsverfahren übersteigen, und ist somit bestenfalls quadratisch, d.h. $\mathcal{O}(h^2) = \mathcal{O}(N^{-1})$. In Folge der Ecken und Kanten des Gebietes Ω wird die Konvergenzordnung in der Regel etwas schlechter ausfallen, da die Lösung u im allgemeinen selbst nicht die optimale Regularität besitzt.

Um zu überprüfen, ob unsere Methode verläßliche Ergebnisse liefert, haben wir eine Fehlerbetrachtung vorgenommen. Wir haben in unseren Beispielen beobachtet, daß die auftretenden Konvergenzraten recht gut den überhaupt erreichbaren entsprachen. Dies deutet daraufhin, daß das Verfahren in den konkreten Beispielen wirklich stabil ist, und damit haben wir eine gewisse Berechtigung, die Ergebnisse in unseren Beispielen als ausreichend genau anzusehen (siehe Tabelle 12.1).

Erste Experimente hatten wir ohne die Subtraktionstechnik vorgenommen [DPS3, SFM]. Diese waren im Falle des Würfels auch ausreichend genau, jedoch für das nicht-konvexe Gebiet waren sie nicht zufriedenstellend. Deshalb sind alle folgenden Resultate bis zu einer Systemgröße von ca. 7000 Gleichungen mit dieser Regularisierungstechnik berechnet worden. Da wir bislang für unsere Experimente alle Matrixkoeffizienten der Ausgangsmatrix $\mathbf{A}_j$ benötigten, haben wir bei größeren Systemen diese Matrix nie vollständig abspeichern können, sondern haben sie immer nur teilweise berechnet, um daraus die einzelnen Matrixelemente in der Multiskalendarstellung zu ermitteln. Durch Vergleich mit einem Schwellwert wurde dann entschieden, dieses Element abzuspeichern oder nicht. Damit konnten wir aber für diese Systemgrößen die Subtraktionstechnik nicht mehr einsetzen. Dieses Vorgehen ist äußerst rechenintensiv und erfordert mindestens $\mathcal{O}(N^2)$ Funktionsaufrufe, aber zu diesem Zeitpunkt stellte es den erstmöglichen gangbaren Weg dar, Systemgrößen von bis zu ca. 10^5 Gleichungen überhaupt numerisch zugänglich zu machen. Für diese Systemgröße benötigten wir trotz der einfachen Quadraturformel alleine ca. *4 Wochen* zur Matrixgenerierung!

Da die Basis $\{\varphi^j\}$ eine Interpolationsbasis ist, sind die Koeffizienten der Matrix $\mathbf{M}_{j,0}$ der Verfeinerungsgleichung

$$\varphi_k^j = \sum_{q \in \Delta_{j+1}} m_{q,k}^j \varphi_q^{j+1} , \quad k \in \Delta_j , \tag{12.2.16}$$

gegeben durch

$$m_{q,k}^j = 2^{-j-1} \varphi_k^j(x_q^{j+1}), \quad k \in \Delta_j, \ q \in \Delta_{j+1}. \tag{12.2.17}$$

Die $N_{j+1} \times N_j$ Matrix $\mathbf{M}_{j,0} = (m_{q,k}^j)_{q \in \Delta_{j+1}, k \in \Delta_j}$ ist daher dünn besetzt. Die folgende Kurzschreibweise dieser Matrix in Form eines *7 Punkte Sternes* ist sehr suggestiv

$$\frac{1}{4} \begin{pmatrix} 0 & 1 & 1 \\ 1 & \mathbf{2} & 1 \\ 1 & 1 & 0 \end{pmatrix}, \tag{12.2.18}$$

und wird auch in der Multigrid-Literatur recht häufig verwandt.

Durch den fettgedruckten Koeffizienten markieren wir den Knoten $x_k^j \in \square_j$, um den die Funktion φ_k^j lokalisiert ist, speziell gilt hier $\varphi_k^j(x_{k'}^j) = 0$ für $k' \neq k \in \Delta_j$.

Entscheidend für unser Verfahren ist die Spezifizierung der komplementären Matrizen $\mathbf{M}_{j,1}$ die uns die Multiskalenbasen ψ_k^l bestimmen,

$$\psi_k^j := \sum_{q \in \square_{j+1}} m_{q,k}^j \varphi_q^{j+1} \quad k \in \nabla_j . \tag{12.2.19}$$

Da wir in L_2 keine höhere Konvergenz als $\mathcal{O}(2^{-2j})$ erwarten können, ist die Wahl $d^* = 1$ gerade ausreichend. Ein zweiter wichtiger Aspekt ist die Breite des Trägers der Multiskalenbasen ψ_k^l. Dieser soll aus Effizienzgründen möglichst klein bleiben, das bedeutet, daß auch die Matrizen $\mathbf{M}_{j,1}$ möglichst wenige von Null verschiedene Koeffizienten haben.

Wir haben für unsere Experimente folgende Wahl getroffen: Jeder Knotenpunkt x_k, $k \in \nabla^j$, liegt auf einer Kante eines Dreiecks auf dem nächstgröberen Gitter, mit den Endpunkten x_{k^l} und x_{k^r}, $k^l, k^r \in \Delta^j$. Im allgemeinen Fall definieren wir zu $a := |x_k^{j+1} - x_{k^l}^j|$ und $b := |x_k^{j+1} - x_{k^r}^j|$ die Koeffizienten der Matrix $\mathbf{M}_{j,1}$ durch

$$m_{q,k}^j := \begin{cases} 2 & \text{falls} \quad x_q^{j+1} = x_k^{j+1}, \\[2mm] \dfrac{-2b}{(a+b)} & \text{falls} \quad x_q^{j+1} = x_{k^l}^j, \\[2mm] \dfrac{-2a}{(a+b)} & \text{falls} \quad x_q^{j+1} = x_{k^r}^j, \\[2mm] 0 & \text{anderenfalls.} \end{cases} \tag{12.2.20}$$

Wir bemerken, daß die gleiche Matrix, im Zusammenspiel mit der trivialen Injektion, die biorthogonale Basis zu der hierarchischen nodalen Basis generiert (siehe Kapitel 5.8), und es gilt

$$\mathbf{M}_{j,1}(\mathbf{M}_{j,0}^*) = 0 \; ,$$

das heißt auf dem Gitter $\square^{j+1}$ sind die Funktionen $\varphi_{k'}^j$, $k' \in \Delta_j$, und ψ_k^j, $k \in \nabla_j$ im diskreten Sinne orthogonal

$$\sum_{\nu \in \Delta_{j+1}} \varphi_{k'}^j(x_\nu^{j+1}) \psi_k^j(x_\nu^{j+1}) = 0 \; .$$

Infolge unserer gewählten Gitterverfeinerung gilt $x_k^{j+1} = \frac{1}{2}(x_{k_r}^j + x_{k_l}^j)$, d.h. $a = b$, so daß im Inneren jeder Polyederfläche $\Gamma_m \in \Gamma$ die Matrix $\mathbf{M}_{j,1}$ durch die 3 folgenden 3 Punkte Sterne beschrieben werden kann,

$$\begin{pmatrix} 0 & 0 & 0 \\ -1 & \mathbf{2} & -1 \\ 0 & 0 & 0 \end{pmatrix} \frac{1}{2} c_b \; , \quad \begin{pmatrix} 0 & -1 & 0 \\ 0 & \mathbf{2} & 0 \\ 0 & -1 & 0 \end{pmatrix} \frac{1}{2} c_b \; , \quad \begin{pmatrix} 0 & 0 & -1 \\ 0 & \mathbf{2} & 0 \\ -1 & 0 & 0 \end{pmatrix} \frac{1}{2} c_b \; , \quad c_b = 1 \; . \tag{12.2.21}$$

Die fett gedruckte Zahl gehört zu dem Index $k \in \nabla^j$ bzw. dem Punkt x_k^{j+1}, um den ψ_k^l lokalisiert ist.

Die obige Wahl der Matrix $\mathbf{M}_{j,1}$ gewährleistet, daß (6.4.17) erfüllt ist mit $d + 1 = 2$, falls ψ_k^j zu einem Knoten x_k^{j+1}, $k \in \nabla_j$, einen Träger ganz in einer Polyederfläche besitzt.

Wir wenden die Transformation $\mathbf{T}_j^*$ auf beide Seiten der Ausgangsgleichung

$$\mathbf{A}_j \mathbf{u}_{j,\varphi} = \mathbf{f}_{j,\varphi}$$

des voll diskretisierten Kollokationsverfahren bezüglich der Basis φ^j an,

$$(\mathbf{T}_j)^*\mathbf{A}_j\mathbf{u}_{j,\varphi} = (\mathbf{T}_j)^*\mathbf{A}_j\mathbf{T}_j\mathbf{u}_{j,\psi} = \mathbf{A}_{j,\psi}\mathbf{u}_{j,\psi} = (\mathbf{T}_j)^*\mathbf{f}_{j,\varphi} \qquad (12.2.22)$$

wobei wir das Kollokationsverfahren einsetzten $\mathbf{f}_{j,\varphi} = f(x_k^j), k \in \square_j$, und $\mathbf{u}_{j,\psi}$ ist gegeben durch

$$\mathbf{u}_{j,\varphi} =: \mathbf{T}_j\mathbf{u}_{j,\psi} \; . \qquad (12.2.23)$$

Die inverse Transformation $\mathbf{T}_j^{-1}$ wird zur Berechnung überhaupt nicht benötigt. Die Transformation, die wir zur Erstellung der Matrix in der Multiskalendartellung

$$\mathbf{A}_{j,\psi} := (\mathbf{T}_j)^*\mathbf{A}_j\mathbf{T}_j \qquad (12.2.24)$$

verwendet haben, gehört eigentlich zum Galerkin-Verfahren. Eine mathematische Begründung dieses findet sich in der Diplomarbeit [KO].

12.3   Ergebnisse der Parameterstudien

Für unsere numerischen Experimente betrachteten wir das Dirichlet-Problem für die Laplace-Gleichung $\Delta U(x) = 0$, $x \in \mathcal{P}$, und wählten glatte Dirichlet-Daten, $U(x)|_\Omega = f(x)$, $x = ({}_1x, {}_2x, {}_3x) \in \Omega$. Die numerische Untersuchung anhand von regulären Daten und Lösungen bedeutet in unserem Zusammenhang die Behandlung des ungünstigen Falles, denn es treten die größten Anforderungen an die Kompression dort auf, wo das Verfahren selbst sehr genaue Lösungen liefert.

Zu unseren numerischen Experimenten gaben wir U als die harmonische Funktion

$$U(x) := \sqrt{\frac{11}{4}}(({}_1x + 1)^2 + {}_2x^2 + {}_3x^2)^{-\frac{1}{2}} \; , \quad x \in \Omega \; ,$$

mit Dirichletdaten

$$f(x) := U(x)|_\Gamma$$

vor, wobei $x = ({}_1x, {}_2x, {}_3x) \in \Omega$ bezeichnet.

Um eine Kontrolle des Kompressionsfehlers zu erhalten, versuchten wir zuerst den Verfahrensfehler, also den Fehler zwischen der exakten Lösung und der Lösung des verwendeten Näherungsverfahrens, hier unserer voll diskretisierten Kollokationsmethode, ohne jegliche Kompression zu ermitteln oder wenigstens vernünftig abzuschätzen. Ein wichtiges Maß ist der relative L^2−Fehler der Näherungslösung der Doppelschichtpotentialgleichung $\|u - u_j\|_0/\|u\|_0$. Diesen Fehler haben wir, da die explizite Lösung der Integralgleichung nicht vorlag, durch den Fehler zu einem festen feinen Gitter grob extrapoliert

$$ERR_e^j := \|u_j - u_J\|_0/\|u_J\|_0 \; .$$

Eigentlich noch interessanter ist die näherungsweise Lösung des Dirichlet-Problems U_j. Wir berechneten uns daher in einigen wenigen Punkten $x^i \in \Omega$ im Innengebiet das

Näherungspotential $U_j(x^i)$, indem wir u_j in die Darstellungsformel einsetzten, und das auftretende Integral mit Hilfe einer Quadraturformel berechneten. Dazu verwendeten wir die gleiche Quadraturformel, die wir auch zur Berechnung der Steifigkeitsmatrix benutzt haben (cf. Figur 2.1):

$$U_j(x) := \frac{1}{4\pi} \sum_{\tau^j := \tau^j_\nu \in \Gamma} \frac{1}{3} \sum_{i=1}^3 \frac{n_{\tau^j} \cdot (x - y^{\tau^j}_{k'_i})}{|x - y^{\tau^j}_{k'_i}|^3} u^j(y^{\tau^j}_{k'_i}) |\tau^j|, \tag{12.3.1}$$

hierbei sind zu den Dreiecken $\tau^j = \tau^j_\nu = [y_{k_1}, y_{k_2}, y_{k_3}]$ die Stützstellen $y^{\tau^j}_{k'_i}$ durch $y^{\tau^j}_{k'_i} = \frac{1}{2}(y_{j_i} + y_{j_k}) \in \Delta_{j+1}, i = 1, 2, 3$ mit $k = i + 1$, falls $i = 1, 2$ und $k = 1$ falls $i = 3$ gegeben. Dies sind gerade die Mittelpunkte der Kanten jedes Dreiecks τ^j und $u^j(y^{\tau^j}_{k'_i}) := \frac{1}{2}(u^j(y^{\tau^j}_{k_i}) + u^j(y^{\tau^j}_{k_k}))$. Da wir für unsere Experimente die Funktion U_j vorgegeben haben, können wir den Fehler

$$ERR_{x^i} := |U(x^i) - U^j(x^i)|$$

in den Punkten

$$x^1 = (0.5, 0.5, 0.5) \, , \; x^2 = (0.6, 0.4, 0.3) \, , \; x^3 = (0.3, 0.3, 0.25)$$

unmittelbar bestimmen. Wir haben diese Werte in der Tabelle 12.1 zusammengefaßt. Die drei in Klammern aufgeführten Werte des Fehlers ERR^j_e wurden aus den vorhergehenden Werten mit einer Konvergenzordnung α extrapoliert.

Für den Würfel erwartet man im allgemeinen wegen den Singularitäten in den Ecken und Kanten eine Konvergenzordnung des L^2–Fehlers ERR^j_e der diskreten Gleichungen (12.2.15) von höchstens $\frac{7}{12}$, d.h. $ERR^j_e N_j^{\frac{7}{12}} \to \infty$. In unseren speziellen Berechnungen war

$$\alpha = -\frac{\log(ERR^{j+1}_e) - \log(ERR^j_e)}{\log(N_{j+1}) - \log(N_j)}, \tag{12.3.2}$$

etwas besser. Die beobachteten Ordnungen α sind in Tabelle 12.1) mitaufgeführt. Für die Konvergenz der Näherungslösung zum Dirichlet-Problem im Innengebiet Ω, erwartet man ja wegen $N_j^{-1} \sim h^2 \sim 2^{-2j}$ höchstens eine Konvergenz $(ERR^j_{x^i}) = \mathcal{O}(N_j^{-1})$. Diese Ordnung wird durch unsere Beobachtungen

$$\beta = -\frac{\log(\max_{i=1,2,3}(ERR^{j+1}_{x^i})) - \log(\max_{i=1,2,3}(ERR^j_{x^i}))}{\log(N_{j+1}) - \log(N_j)}, \tag{12.3.3}$$

bestätigt. Die Fehlerordnung β für den Fehler $ERR^j_{x^i} = ERR_{x^i}$ zu den verschiedenen Level j findet sich in Tabelle 12.1).

		Diskretisierungsverfahren					
j	N_j	ERR_e^j	α	ERR_{x^1}	ERR_{x^2}	ERR_{x^3}	β
Würfel:							
1	26	$6.3 \cdot 10^{-2}$	-	$1.2 \cdot 10^{-2}$	$7.2 \cdot 10^{-3}$	$2.9 \cdot 10^{-2}$	-
2	98	$2.6 \cdot 10^{-2}$	0.67	$7.5 \cdot 10^{-4}$	$9.3 \cdot 10^{-5}$	$4.4 \cdot 10^{-3}$	1.40
3	386	$1.0 \cdot 10^{-2}$	0.70	$1.6 \cdot 10^{-4}$	$3.1 \cdot 10^{-5}$	$6.7 \cdot 10^{-4}$	1.37
4	1538	$3.5 \cdot 10^{-3}$	0.76	$4.0 \cdot 10^{-5}$	$7.4 \cdot 10^{-6}$	$1.6 \cdot 10^{-4}$	1.04
5	6146	$(1.2 \cdot 10^{-3})$	-	$1.0 \cdot 10^{-5}$	$1.9 \cdot 10^{-6}$	$4.0 \cdot 10^{-5}$	1.00
Tetraeder:							
1	14	$4.4 \cdot 10^{-2}$	-	$3.4 \cdot 10^{-3}$	$1.0 \cdot 10^{-3}$	$2.2 \cdot 10^{-2}$	-
2	50	$2.1 \cdot 10^{-2}$	0.58	$4.5 \cdot 10^{-3}$	$5.2 \cdot 10^{-3}$	$2.8 \cdot 10^{-3}$	1.13
3	194	$8.7 \cdot 10^{-3}$	0.97	$1.7 \cdot 10^{-4}$	$2.1 \cdot 10^{-4}$	$1.2 \cdot 10^{-4}$	2.37
4	770	$3.1 \cdot 10^{-3}$	0.75	$3.9 \cdot 10^{-5}$	$5.1 \cdot 10^{-5}$	$1.2 \cdot 10^{-4}$	0.41
5	3074	$(1.0 \cdot 10^{-3})$	-	$8.5 \cdot 10^{-6}$	$1.2 \cdot 10^{-5}$	$2.9 \cdot 10^{-5}$	1.03
L-Block:							
1	58	$4.4 \cdot 10^{-2}$	-	$8.3 \cdot 10^{-3}$	$1.2 \cdot 10^{-3}$	$9.4 \cdot 10^{-3}$	-
2	226	$1.7 \cdot 10^{-2}$	0.70	$4.4 \cdot 10^{-4}$	$3.1 \cdot 10^{-4}$	$2.2 \cdot 10^{-3}$	1.07
3	898	$5.9 \cdot 10^{-3}$	0.77	$4.2 \cdot 10^{-5}$	$1.6 \cdot 10^{-5}$	$4.2 \cdot 10^{-4}$	1.20
4	3586	$(2.0 \cdot 10^{-3})$	-	$8.5 \cdot 10^{-6}$	$5.4 \cdot 10^{-6}$	$1.0 \cdot 10^{-4}$	1.04

Tabelle 12.1: L_2-Fehler ERR_e^j der Lösung der Diskretisierungsmethode, und punktweiser Fehler $ERR_{x^i}, i = 1, 2, 3$ des Potentials in den Punkten x^1, x^2, x^3 sowie die Konvergenzraten 2α und 2β.

Aufgrund unserer Beobachtungen sind wir davon ausgegangen, daß das verwendete Verfahren in den vorliegenden Beispielen stabil ist und entsprechend gut konvergiert wie das Kollokationsverfahren. Wie aus den Untersuchungen dieser Arbeit hervorgeht, wird das Verhalten der Kompression bei Lösungen, die nicht die optimale Regularität besitzen, sogar etwas besser. Wir haben uns daher mit dieser Diskretisierung zufrieden gegeben.

In der Multiskalendarstellung der Matrix $\mathbf{A}_{j,\psi}$ setzten wir jene Einträge zu Null, welche sich unterhalb eines Schwellenwertes th befanden, und erhielten damit eine komprimierte Matrix $\tilde{\mathbf{A}}_{j,\psi}$. Wir speicherten von dieser Matrix nur die Nichtnulleinträge und ihre Indizes ab (Sparse-Format). Das Verhältnis zwischen N_j^2 Matrixelementen der gesamten Matrix, und der Anzahl nze der Nichtnullelemente nach der Kompression, bezeichnen wir als *Kompressionsrate*$= cpr := \frac{N_j^2}{nze}$. Für die Lösung des komprimierten Gleichungssystems schrieben wir $\tilde{u}_{j,\psi}$. Setzt man $\tilde{u}_{j,\psi}$ in die diskrete Darstellungsformel (12.3.1) ein, so berechnet man eine Näherungslösung

$$U_\psi^j(x) := \frac{1}{4\pi} \sum_{\tau^j \in \Gamma} \frac{1}{3} \sum_{i=1}^{3} \frac{n_{\tau^j} \cdot (x - y_{k_i'}^{\tau^j})}{|x - y_{k_i'}^{\tau^j}|^3} \tilde{u}_\psi^j(y_{k_i'}^{\tau^j})|\tau^j|, \qquad (12.3.4)$$

mit τ^j und k_i' wie oben, des Dirichlet-Problems.

Die Kompression verursacht einen zusätzlichen Fehler. Eine akzeptable Kompression soll natürlich einen vernachlässigbaren Einfluß auf die Genauigkeit der endgültigen Näherungslösung $\tilde{u}_{j,\psi}$ haben. Um eine maximal erreichbare Kompression herauszufinden, berechneten wir einen relativen Fehler in der L_2-Norm. Dazu verglichen wir anstatt der unbekannten exakten Lösung von (12.2.13), die numerische Lösung des komprimierten Systems $u_{j,\psi}$ mit der numerischen Lösung u_J auf einem feineren Gitter $\Box_J$ ohne Kompression, und berechneten $ERR_e^\psi = \frac{\|\tilde{u}_{j,\psi}-u_J\|_0}{\|u_J\|_0}$. Wir experimentierten mit den unterschiedlichen Schwellenwerten, und verglichen diesen Fehler mit dem Fehler ERR_e^j, und entsprechend verfuhren wir mit den Fehlern in den inneren Punkten. Hierzu berechneten wir uns das Maximum $MERR_x := max_{i=1,2,3}|U(x^i) - U_\psi^j(x^i)|$.

Letztlich ermittelten wir noch den Fehler der ausschließlich durch die Kompression verursacht wird $ERR := \frac{\|u^j-\tilde{u}_\psi^j\|_0}{\|u^j\|_0}$.

In der folgenden Tabelle 12.2 fassen wir zwecks Übersichtlichkeit die Abkürzungen und Notationen dieses Kapitels zusammen.

$\mathbf{A}_j$	$=$	Matrix des Diskretisierungsverfahrens (12.2.15) für ein festes Level j (Einskalendarstellung); zugehörige numerische Lösung u_j
$\mathbf{A}_{j,\psi}$	$=$	Matrix des transformierten Gleichungssystems mit j verschiedenen Levels im Pyramidenalgorithmus (3.0.7)
$\tilde{\mathbf{A}}_{j,\psi}$	$=$	Matrix des transformierten Systems nach Kompression Schwellenwert th für Level j; die zugehörige Lösung ist $\tilde{u}_{j,\psi}$
nze	$=$	Anzahl der Nichtnullelemente der Matrix $\tilde{\mathbf{A}}_{j,\psi}$
cpr	$=$	N^2/nze, Kompressionsrate
$\kappa(\mathbf{A})$	$=$	abgeschätzte Konditionszahl der Matrix $\mathbf{A}_j$ nach LA-pack Routine und Gauß-Elimination
$it(\mathbf{A})$	$=$	Anzahl der Iterationen mit GMRES für die Systemmatrix $\mathbf{A}$ bis zu einer vorgegebenen Genauigkeit
$t_{GM}(\mathbf{A})$	$=$	CPU-Zeit für $it(\mathbf{A})$ Iterationsschritte
$t_{GE}(\mathbf{A})$	$=$	CPU-Zeit zur Lösung des Systems (12.2.15) mit Gauß-Elimination
u_J	$=$	Lösung der diskreten Gleichung (12.2.15) auf dem feinen Level J; $J = 5$ für den Würfel, $J = 5$ für das Polyeder, $J = 4$ für den L-Block
$\|u\|_0$	$=$	$\left(\sum_{k\in\Delta_j} |u(x_k)|^2\right)^{\frac{1}{2}}$
ERR_e^j	$=$	$\|u_j - u_J\|_0 \,/\, \|u_J\|_0$
ERR_e^ψ	$=$	$\|\tilde{u}_{j,\psi} - u_J\|_0 \,/\, \|u_J\|_0$
ERR	$=$	$\|u_j - \tilde{u}_{j,\psi}\|_0 \,/\, \|u_j\|_0$
$U(x^i)$	$=$	bekannter exakter Wert des Potential U an der Stelle x^i
$U_j(x^i)$	$=$	aus u_j berechneter numerischer Näherungswert des Potentials in x^i
$U_{j,\psi}(x^i)$	$=$	numerische Berechnung des Potentials in x^i aus $\tilde{u}_{j,\psi}$
ERR_{x^i}	$=$	$|U(x^i) - U_j(x^i)|$
$MERR_x$	$=$	$\max_{i=1,2,3} |U(x^i) - U_{j,\psi}(x^i)|$

Tabelle 12.2: Notation für alle Tabellen.

Die wesentlichen Ergebnisse für die verschiedenen Geometrien sind in den Tabellen 12.3, 12.4 und 12.5 dargestellt. Die fett gedruckten Größen markieren den größten Schwellenwert th und die zugehörige Lösung $\tilde{u}_{j,\psi}$, für welche $ERR_e^\psi \approx ERR_e^j$ gilt, die Werte für ERR_e^j finden sich in Tabelle 12.1. In diesen Fällen besitzt die Kompression durch Nullsetzen aller Koeffizienten unterhalb des Schwellenwertes th einen geringfügigen Einfluß auf die Näherungslösung $\tilde{u}_{j,\psi}$, und zwar gilt hierfür $MERR_x \approx ERR_{x^i}, i = 1, 2, 3, j > 4$ und $MERR_x \leq ERR_{x^i}, i = 1, 2, 3$ (siehe Tabelle 12.1).

			Würfel					
j	N_j	N_j^2	th	nze	cpr	ERR_e^ψ	ERR	$MERR_x$
1	26	676	$3 \cdot 10^{-3}$	568	1.2	$6.3 \cdot 10^{-2}$	$2.0 \cdot 10^{-4}$	$2.9 \cdot 10^{-2}$
			$1 \cdot 10^{-2}$	**466**	**1.4**	$6.3 \cdot 10^{-2}$	$4.3 \cdot 10^{-3}$	$2.9 \cdot 10^{-2}$
			$3 \cdot 10^{-2}$	274	2.5	$7.7 \cdot 10^{-2}$	$8.5 \cdot 10^{-2}$	$3.0 \cdot 10^{-2}$
2	98	9.604	$1 \cdot 10^{-3}$	5176	1.8	$2.6 \cdot 10^{-2}$	$2.3 \cdot 10^{-3}$	$4.6 \cdot 10^{-3}$
			$3 \cdot 10^{-3}$	**3346**	**2.9**	$2.6 \cdot 10^{-2}$	$5.5 \cdot 10^{-3}$	$4.4 \cdot 10^{-3}$
			$1 \cdot 10^{-2}$	1990	4.8	$3.2 \cdot 10^{-2}$	$2.5 \cdot 10^{-3}$	$2.9 \cdot 10^{-3}$
3	386	148.996	$3 \cdot 10^{-4}$	36.484	4.1	$1.0 \cdot 10^{-2}$	$1.0 \cdot 10^{-3}$	$6.7 \cdot 10^{-4}$
			$1 \cdot 10^{-3}$	**21.124**	**7.0**	$1.0 \cdot 10^{-2}$	$4.4 \cdot 10^{-3}$	$5.2 \cdot 10^{-4}$
			$3 \cdot 10^{-3}$	12.646	11.8	$1.9 \cdot 10^{-2}$	$2.3 \cdot 10^{-2}$	$1.9 \cdot 10^{-3}$
4	1.538	$2.4 \cdot 10^6$	$1 \cdot 10^{-4}$	401.272	5.9	$3.5 \cdot 10^{-3}$	$4.7 \cdot 10^{-4}$	$1.3 \cdot 10^{-4}$
			$3 \cdot 10^{-4}$	**235.588**	**10.3**	$3.6 \cdot 10^{-3}$	$1.3 \cdot 10^{-3}$	$1.2 \cdot 10^{-4}$
			$1 \cdot 10^{-3}$	125.524	18.8	$4.7 \cdot 10^{-3}$	$3.8 \cdot 10^{-3}$	$1.8 \cdot 10^{-4}$
5	6.146	$38 \cdot 10^6$	$3 \cdot 10^{-5}$	2.098.108	18.0	-	$2.9 \cdot 10^{-4}$	$9.2 \cdot 10^{-6}$
			$1 \cdot 10^{-4}$	**1.118.296**	**33.8**	-	$8.4 \cdot 10^{-4}$	$4.0 \cdot 10^{-5}$
			$3 \cdot 10^{-4}$	647.032	58.4	-	$2.1 \cdot 10^{-3}$	$2.4 \cdot 10^{-5}$
6[1]	24.578	$0.6 \cdot 10^9$	$3 \cdot 10^{-6}$	6.755.512	89.4	-	-	$5.0 \cdot 10^{-6}$
			$1 \cdot 10^{-5}$	**3.953.114**	**152.8**	-	-	$5.5 \cdot 10^{-6}$
			$3 \cdot 10^{-5}$	2.478.484	243.7	-	-	$2.1 \cdot 10^{-5}$
7[2]	98.306	$97 \cdot 10^9$	$3 \cdot 10^{-6}$	**17.857.936**	**541.0**	-	-	$2.0 \cdot 10^{-6}$
			$3 \cdot 10^{-5}$	7.097.044	1361.0	-	-	$2.2 \cdot 10^{-5}$

Tabelle 12.3: Anzahl nze der Nichtnullelemente, Kompressionrate cpr, Fehler ERR_e^ψ, ERR und $MERR_x$ für den Multiskalenalgorithmus auf dem Würfel für verschiedene Schwellenwerte th und Level j.

In dem Diagramm 12.3 ist die Anzahl nze der nichtverschwindenden Matrixelemente der komprimierten Matrix $\tilde{A}_{j,\psi}$, für die wir eine hinreichende Genauigkeit erzielen konnten (dies sind die fett gedruckten Größen in den Tabellen 12.3, 12.4 und 12.5) versus der Anzahl der Knotenpunkte $N_j = \#\square^j$ dargestellt, die punktierte Linie

Tetraeder								
j	N_j	N_j^2	th	nze	cpr	ERR_e^ψ	ERR	$MERR_x$
1	14	196	$3 \cdot 10^{-3}$	188	1.0	$4.4 \cdot 10^{-2}$	$1.1 \cdot 10^{-4}$	$2.2 \cdot 10^{-2}$
			$1 \cdot 10^{-2}$	172	1.1	$4.4 \cdot 10^{-2}$	$1.8 \cdot 10^{-4}$	$2.2 \cdot 10^{-2}$
			$3 \cdot 10^{-2}$	122	1.6	$5.5 \cdot 10^{-2}$	$5.6 \cdot 10^{-2}$	$3.7 \cdot 10^{-2}$
2	50	2.500	$1 \cdot 10^{-3}$	1948	1.3	$2.1 \cdot 10^{-2}$	$7.5 \cdot 10^{-4}$	$5.2 \cdot 10^{-3}$
			$3 \cdot 10^{-3}$	1494	1.7	$2.1 \cdot 10^{-2}$	$1.5 \cdot 10^{-3}$	$5.3 \cdot 10^{-3}$
			$1 \cdot 10^{-2}$	1016	2.5	$2.3 \cdot 10^{-2}$	$1.5 \cdot 10^{-2}$	$6.3 \cdot 10^{-3}$
3	194	37.636	$3 \cdot 10^{-4}$	22.546	1.7	$8.7 \cdot 10^{-3}$	$2.2 \cdot 10^{-4}$	$2.2 \cdot 10^{-4}$
			$1 \cdot 10^{-3}$	15.108	2.5	$8.7 \cdot 10^{-3}$	$1.6 \cdot 10^{-3}$	$1.8 \cdot 10^{-4}$
			$3 \cdot 10^{-3}$	9.736	3.9	$9.4 \cdot 10^{-3}$	$5.8 \cdot 10^{-3}$	$1.5 \cdot 10^{-4}$
4	770	592.900	$1 \cdot 10^{-4}$	159.022	3.7	$3.1 \cdot 10^{-3}$	$3.1 \cdot 10^{-4}$	$1.2 \cdot 10^{-4}$
			$3 \cdot 10^{-4}$	96.244	6.2	$3.2 \cdot 10^{-3}$	$1.1 \cdot 10^{-3}$	$1.2 \cdot 10^{-4}$
			$1 \cdot 10^{-3}$	56.668	10.5	$3.9 \cdot 10^{-3}$	$3.0 \cdot 10^{-3}$	$2.3 \cdot 10^{-4}$
5	3.074	$9.4 \cdot 10^6$	$3 \cdot 10^{-5}$	1.179.686	8.0	-	$1.8 \cdot 10^{-4}$	$2.9 \cdot 10^{-5}$
			$1 \cdot 10^{-4}$	660.124	14.3	-	$5.1 \cdot 10^{-4}$	$2.8 \cdot 10^{-5}$
			$3 \cdot 10^{-4}$	389.018	24.3	-	$1.4 \cdot 10^{-3}$	$2.5 \cdot 10^{-5}$
$6^{(1}$	12.290	$1.5 \cdot 10^8$	$3 \cdot 10^{-6}$	4.071.856	37.1	-	-	$9.0 \cdot 10^{-6}$
			$1 \cdot 10^{-5}$	2.401.236	62.9	-	-	$7.3 \cdot 10^{-6}$
			$3 \cdot 10^{-5}$	1.486.256	101.6	-	-	$9.2 \cdot 10^{-6}$
$7^{(2}$	49.154	$2.4 \cdot 10^9$	$3 \cdot 10^{-6}$	10.776.400	224.4	-	-	$1.6 \cdot 10^{-6}$

Tabelle 12.4: Anzahl nze nichtverschwindender Elemente, Kompressionsrate cpr, Fehler ERR_e^ψ, ERR und $MERR_x$ für das Tetraeder zu unterschiedlichen th und Level j.

markiert die Gesamtzahl N^2 aller Matrixelemente (einschließlich der Nulleinträge). In dem Diagramm 12.4 sind die gleichen Größen in *doppellogarithmischem Maßstab* dargestellt. Wie man sieht, reduziert die Kompression den erforderlichen Speicherplatz auf $1/cpr \cdot N^2$. Ganz analog verhält es sich mit der CPU-Zeit zur Ausführung der Matrix-Vektor-Multiplikation zur iterativen Lösung. Aufgrund der Art und Weise, mit der unse-

						L-Block (Bank)		
j	N_j	N_j^2	th	nze	cpr	ERR_e^ψ	ERR	$MERR_x$
1	58	3.364	$1 \cdot 10^{-3}$	2390	1.4	$4.4 \cdot 10^{-2}$	$3.2 \cdot 10^{-3}$	$9.4 \cdot 10^{-3}$
			$3 \cdot 10^{-3}$	1840	1.8	$4.4 \cdot 10^{-2}$	$1.2 \cdot 10^{-2}$	$1.0 \cdot 10^{-2}$
			$1 \cdot 10^{-2}$	1123	3.0	$5.9 \cdot 10^{-2}$	$5.8 \cdot 10^{-2}$	$1.6 \cdot 10^{-2}$
2	226	51.076	$3 \cdot 10^{-4}$	25690	2.0	$1.7 \cdot 10^{-2}$	$1.3 \cdot 10^{-3}$	$2.2 \cdot 10^{-3}$
			$1 \cdot 10^{-3}$	15885	3.2	$1.8 \cdot 10^{-2}$	$6.2 \cdot 10^{-3}$	$2.1 \cdot 10^{-3}$
			$3 \cdot 10^{-3}$	9437	5.4	$2.3 \cdot 10^{-2}$	$2.4 \cdot 10^{-2}$	$2.3 \cdot 10^{-3}$
3	898	806.404	$1 \cdot 10^{-4}$	174.050	4.6	$6.0 \cdot 10^{-3}$	$8.5 \cdot 10^{-4}$	$4.0 \cdot 10^{-4}$
			$3 \cdot 10^{-4}$	101.954	7.9	$6.3 \cdot 10^{-3}$	$3.1 \cdot 10^{-3}$	$3.9 \cdot 10^{-4}$
			$1 \cdot 10^{-3}$	55.612	14.5	$1.5 \cdot 10^{-2}$	$1.9 \cdot 10^{-2}$	$8.6 \cdot 10^{-4}$
4	3586	$13 \cdot 10^6$	$3 \cdot 10^{-5}$	1.481.035	8.7	-	$3.9 \cdot 10^{-4}$	$9.9 \cdot 10^{-5}$
			$1 \cdot 10^{-4}$	796.353	16.1	-	$1.2 \cdot 10^{-3}$	$9.5 \cdot 10^{-5}$
			$3 \cdot 10^{-4}$	449.560	28.6	-	$3.8 \cdot 10^{-3}$	$1.0 \cdot 10^{-4}$

Tabelle 12.5: Anzahl nze nichtverschwindender Elemente, Kompressionsrate cpr, Fehler ERR_e^ψ, ERR und $MERR_x$ für den L-Block zu unterschiedlichen th und Level j.

re komprimierte Matrix abgespeichert wird, kommt praktisch nur ein Iterationsverfahren zur Lösung der diskreten Gleichungen in Betracht.

Ein weiterer Gesichtspunkt der uns interessierte, war das Transformationsverhalten der Multiskalentransformation $\mathbf{T}_j$. Wegen $\mathbf{A}_{j,\psi} = \mathbf{T}_j^* \mathbf{A}_j \mathbf{T}_j$ haben wir die Kondition der Matrizen $\kappa(\mathbf{A}_j)$, $\kappa(\mathbf{A}_{j,\psi})$ sowie das Verhältnis $\frac{\kappa(\mathbf{A}_{j,\psi})}{\kappa(\mathbf{A}_j)}$ bestimmt.

Würfel; levelabhängiger Schwellenwert										
j	N_j	th_0	th_1	th_2	th_3	th_4	nze	cpr	ERR_e^ψ	$MERR_x$
3	386	$1 \cdot 10^{-4}$	$2th_0$	$2th_1$	$4th_2$	-	17.011	**8.8**	$1.1 \cdot 10^{-2}$	$8.7 \cdot 10^{-4}$
4	1538	$1 \cdot 10^{-5}$	$2th_0$	$4th_1$	$2th_2$	$4th_3$	163.379	**14.5**	$4.0 \cdot 10^{-3}$	$1.5 \cdot 10^{-4}$

Tabelle 12.6: Anzahl nze der Nichtnullelemente, Kompressionsrate cpr, Fehler ERR_e^ψ und $MERR_x$ für den Multiskalenalgorithmus für den Würfel mit levelabhängigem Schwellenwert.

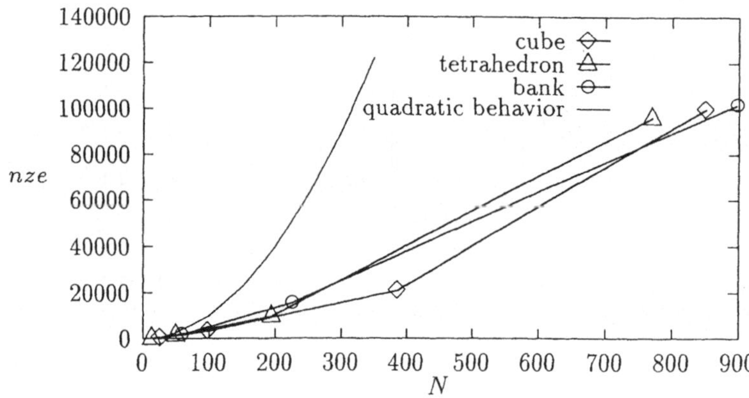

Abbildung 12.3: Anzahl nze der Nichtnullelemente, der transformierten Matrix $\tilde{\mathbf{A}}_\psi^j$ nach der Kompression. Gepunktete Linie entspricht dem Verhalten der vollbesetzten Matrix.

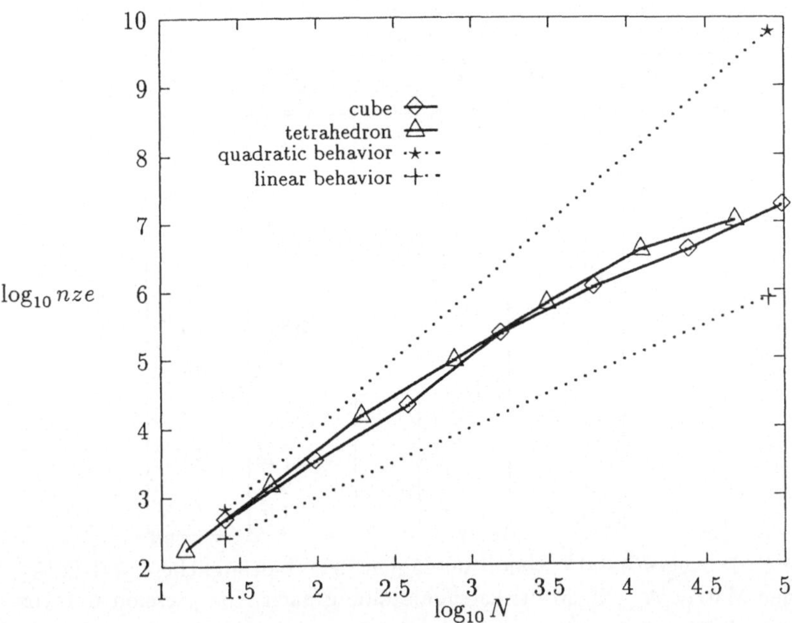

Abbildung 12.4: Anzahl nze der Nichtnullelemente, der transformierten Matrix $\widetilde{\mathbf{A}}_\psi^j$ nach der Kompression im doppellogarithmischen Maßstab. Gepunktete Linien entsprechen linearem und quadratischem Verhalten in N_j

Da unsere Matrizen unsymmetrisch sind, benutzten wir zur iterativen Lösung des diskreten und komprimierten Verfahrens das GMRES-Verfahren (cf. [SAAD],[WA]). Das GMRES-Verfahren hat sich bislang als ein recht effizientes und robustes Verfahren zur Lösung von Randintegralgleichungen erwiesen (siehe z.B. [VA],[KR],[LEVS]). Insbesondere sind die Systemmatrizen zur Doppelschichtpotentialgleichung außerordentlich gut konditioniert, da ein Operator der Ordnung Null zugrundeliegt. Für die Konvergenz des GMRES-Verfahrens ist die Kondition einer Matrix nicht alleine ausschlaggebend [SAAD], aber in unseren Fällen konvergierte das GMRES-Verfahren für die ursprünglichen Matrizen $\mathbf{A}_j$ recht gut. Durch die spezielle Multiskalentransformation $\mathbf{T}_j$ verschlechterten sich diese Eigenschaften etwas, wir mußten in diesem Fall ungefähr 3mal so viele Iterationsschritte für das komprimierte Verfahren durchführen. Dieser Nachteil wird durch die Zeitersparnis infolge der Kompression allerdings wieder mehr als wettgemacht.

Zur ungefähren Bestimmung der Konditionszahlen $\kappa(\mathbf{A}_j)$ und $\kappa(\tilde{\mathbf{A}}_{j,\psi})$ verwendeten wir LA-Pack-Routinen [LAPACK]. Die Anzahl der Iterationsschritte, die Konditionszahlen und die CPU-Zeiten t_{GE} für Gauß-Elimination und t_{GM} für die GMRES-Iteration auf einer DEC 3000 AXP 500 Workstation haben wir in Tabelle 12.11 dargestellt. Als

Konditionszahlen					
Gebiet	j	N_j	$\kappa(\mathbf{A}_j)$	c_b	$\kappa(\tilde{\mathbf{A}}_{j,\psi})$	$\dfrac{\kappa(\tilde{\mathbf{A}}_{j,\psi})}{\kappa(\mathbf{A}_\psi)}$
Würfel	2	98	2.1	1/2	42.5	20.4
				1.	15.2	7.2
				2.	66.1	31.5
	3	386	2.4	1/2	96.5	40.2
				1.	38.8	16.2
				2.	87.7	36.5
	4	1538	2.8	1/2	147.8	52.8
				1.	81.6	29.1
				2.	133.0	47.5

Tabelle 12.7: Abgeschätzte Konditionszahlen der ursprünglichen Matrix $\mathbf{A}_j$, sowie der Matrix $\tilde{\mathbf{A}}_{j,\psi}$ in Multiskalendarstellung nach Kompression mit verschiedenen Konstanten c_b.

Abbruchskriterium wählten wir eine Schranke von $ERR_e^j/100$.

Der Quotient $\frac{\kappa(\tilde{\mathbf{A}}_{j,\psi})}{\kappa(\mathbf{A}_j)}$ stellt ein gewisses Maß für die Kondition $\kappa(\mathbf{T}_j^*\mathbf{T}_j)$ dar, worin sich die Stabilitätseigenschaften der Multiskalentransformation widerspiegeln. Wir wählten für unsere Experimente noch verschiedene Konstanten c_b in der 2 Skalen-Beziehung (12.2.21), um die Kondition der Matrix $\tilde{\mathbf{A}}_{j,\psi}$ (siehe Tabelle 12.7 und 12.8) etwas zu verbessern. In den betrachteten Beispielen wuchs die Kondition der Transformation $\mathbf{T}_j$ immer noch etwas mit der Anzahl der Unbekannten N_j, doch dieses Verhalten scheint sich für große N_j zu stabilisieren. Dennoch bleibt das Konditionsverhalten von $\mathbf{T}_j$ zur Anwendung auf Operatoren der Ordnung Null verbesserungsbedürftig.

Um aber eine wirklich instabile Transformation unserer obigen gegenüberzustellen, haben wir die Transformation die zum Interpolationsprojektor gehört, und die dem Brandt-Lubrecht Verfahren zugrundeliegt, angewandt. Diese Transformation erhalten wir ganz einfach, wenn wir den 7-Punkte-Stern (12.2.18) durch die triviale Injektion ersetzen

$$\begin{pmatrix} 0 & 0 & 0 \\ 0 & 2 & 0 \\ 0 & 0 & 0 \end{pmatrix} \qquad\qquad (12.3.5)$$

Wir haben diese Transformation am Beispiel des Tetraeders getestet und Kondi-

Konditionszahlen					
Gebiet	j	N_j	$\kappa(\mathbf{A}_j)$	c_b	$\kappa(\tilde{\mathbf{A}}_{j,\psi})$	$\dfrac{\kappa(\tilde{\mathbf{A}}_{j,\psi})}{\kappa(\tilde{\mathbf{A}}_{\psi})}$
Tetraeder	2	50	2.0	1.	17.5	8.5
				2.	40.7	20.4
	3	194	2.3	1.	42.6	18.5
				2.	56.3	24.5
	4	770	5.3	1.	88.8	16.8
				2.	65.7	12.7
	5	3074	8.6	1.	149.7	17.4
				2.	118.2	13.7
L-Block	1	58	4.1	1.	23.5	5.7
	2	226	6.6	1.	50.0	7.6
	3	898	11.0	1.	95.0	8.8
	4	3586	18.6	1.	177.2	9.5

Tabelle 12.8: Abgeschätzte Konditionszahlen der ursprünglichen Steifigkeitsmatrix $\mathbf{A}^j$ und der Matrix $\tilde{\mathbf{A}}_\psi^j$ in Waveletdarstellung mit verschiedenen Konstanten c_b.

tionszahlen und Anzahl der Iterationsschritte des GMRES-Verfahrens in Tabelle 12.9 aufgeführt. Wie erwartet wächst die Kondition beträchtlich mit der Anzahl der Gleichungen.

Konditions Zahlen				
j	N_j	$\kappa(\mathbf{A}^j)$	c_b	$\kappa(\tilde{\mathbf{A}}^j_\psi)$	$it(\tilde{\mathbf{A}}^j_\psi)$
1	14	1.4	**1.**	12.7	5
			3/2	12.9	-
			2.	18.4	-
2	50	2.0	1.	163.	-
			3/2	121.	21
			2.	163.	-
3	194	2.3	1.	1620.	-
			3/2	1106.	39
			2.	1459.	-
4	770	5.3	1.	14814.	-
			3/2	9697.	97
			2.	12596.	-
5	3074	8.6	1.	126229.	-
			3/2	81720.	228
			2.	105497.	-

Tabelle 12.9: Abgeschätzte Konditionszahlen der Matrizen $\mathbf{A}_j$ und $\tilde{\mathbf{A}}_{j,\psi}$ wobei die Multiskalentransformation nach Brandt-Lubrecht vorgenommen wurde für das Tetraeder

Ein letztes Experiment demonstriert deutlich, wie wichtig das beschleunigte Abklingen der Matrixkoeffizienten infolge der Momentenbedingung für die Durchführbarkeit der Kompression ist und zeigt den Unterschied zwischen der ursprünglichen und der Multiskalendarstellung. Deshalb haben wir einen Effekt der Kompression angewandt auf die ursprüngliche Matrix mit dem der Multiskalendarstellung verglichen. Die Ergebnisse sind in in Tabelle 12.12 dargestellt.

12.4   Zusammenfassung unserer Beobachtungen

Obwohl das verwendete Verfahren und unsere numerischen Studien noch nicht die theoretischen Resultate umsetzten, erzielten wir eine deutliche Reduktion des Speicherbe-

						CPU-Zeiten			
j	N_j	$t_{GE}(\mathbf{A}^j)$	$\kappa(\mathbf{A}^j)$	$it(\mathbf{A}^j)$	$t_{GM}(\mathbf{A}^j)$	cpr	$\kappa(\tilde{\mathbf{A}}^j_\psi)$	$it(\tilde{\mathbf{A}}^j_\psi)$	$t_{GM}(\tilde{\mathbf{A}}^j_\psi)$
Würfel:									
3	386	1.1	2.4	6	0.2	7.0	38.9	14	**0.1**
4	1.538	37.2	2.8	8	3.9	10.3	133.0	16	**0.9**
5	6.146	1585.0	3.2	11	52.0	33.8	215.7	23	**6.0**
6	24.578	-	-	-	-	$152.8^{(1}$	-	29	**33.8**
7	98.306	-	-	-	-	$541.0^{(2}$	-	32	**178.0**
Tetraeder:									
3	194	0.3	2.3	7	0.06	3.9	31.1	13	**0.03**
4	770	6.8	5.3	8	0.9	6.2	63.4	15	**0.3**
5	3.074	227.6	8.6	10	17.3	14.3	118.2	19	**2.6**
6	12.290	-	-	-	-	$62.9^{(1}$	-	28	**19.9**
7	49.154	-	-	-	-	$224.4^{(2}$	-	31	**74.2**
L-Block:									
2	226	0.4	6.6	7	0.05	3.2	50.0	17	**0.06**
3	898	9.1	11.0	9	1.2	7.9	95.0	21	**0.5**
4	3.586	342.6	18.6	10	23.1	16.1	208.6	23	**3.9**

Tabelle 12.11: Anzahl der Iterationsschritte it zur Lösung der linearen Gleichung $\mathbf{A}^j\mathbf{u}^j = \mathbf{f}^j$ und $\tilde{\mathbf{A}}^j_\psi\tilde{\mathbf{u}}^j_\psi = (\mathbf{T}^j)^*\mathbf{f}^j$, mit GMRES; CPU-Zeiten t_{GM} in Sekunden auf einer DEC 3000 AXP 500 α Workstation. Konditionen κ der Matrizen. Zum Vergleich: CPU-Zeiten t_{GE} für Gauß-Elimination.

darfs und der Rechenzeit bei aktzeptabler Genauigkeit schon für relativ kleine Gleichungssysteme. Für ca. 800 Gleichungen konnten in etwa 85% der Matrixeinträge eingespart werden, das entspricht einer Kompressionsrate zwischen 6 und 7, und die Rechenzeit zur iterativen Lösung halbierte sich. Für $N_j \sim 3600$ erreichten wir schon Kompressionsraten von etwa 16, d.h. ca. 94% der Matrixkoeffizienten waren überflüssig. Dieses Verhältnis wurde mit zunehmender Zahl der Gleichungen natürlich immer günstiger. Im Fall von 98000 Gleichungen betrug die Kompressionsrate schon ca. 500.

Die erzielten Kompressionsraten waren verhältnismäßig unabhängig von der Geometrie des Polyeders. So war erstaunlicherweise die Kompression für den L-Block nicht

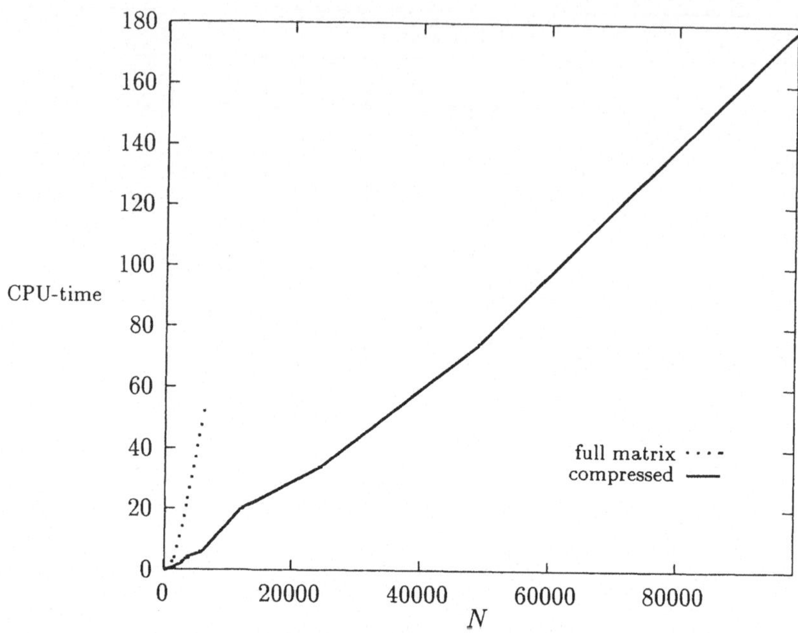

Abbildung 12.5: CPU-Zeit in Sekunden zur iterativen Lösung mit der unkomprimierten (gepunktet) und komprimierte Matrix

				Würfel; ursprüngliche Matrix				
j	N_j	N_j^2	th	nze	cpr	ERR_e^ψ	ERR	$MERR_x$
3	386	148.996	$3 \cdot 10^{-4}$	123.636	1.2	$1.0 \cdot 10^{-2}$	$1.4 \cdot 10^{-3}$	$5.7 \cdot 10^{-4}$
			$1 \cdot 10^{-3}$	94.832	1.6	$4.7 \cdot 10^{-2}$	$5.2 \cdot 10^{-2}$	$1.6 \cdot 10^{-2}$
			$3 \cdot 10^{-3}$	24.374	6.1	$2.4 \cdot 10^{-1}$	$2.4 \cdot 10^{-1}$	$2.5 \cdot 10^{-1}$
4	1538	$2.4 \cdot 10^6$	$3 \cdot 10^{-5}$	1.969.924	1.2	$3.5 \cdot 10^{-3}$	$1.9 \cdot 10^{-4}$	$1.6 \cdot 10^{-4}$
			$3 \cdot 10^{-4}$	1.334.912	1.8	$5.2 \cdot 10^{-2}$	$5.3 \cdot 10^{-2}$	$3.4 \cdot 10^{-2}$
			$1 \cdot 10^{-3}$	259.658	9.1	$2.9 \cdot 10^{-1}$	$2.9 \cdot 10^{-1}$	$3.3 \cdot 10^{-1}$

Tabelle 12.12: Anzahl nze nichtverschwindender Elemente, Kompressionsrate cpr, Fehler ERR_e^ψ, ERR und $MERR_x$ für die ursprüngliche Matrix $\mathbf{A}^j$.

wesentlich schlechter, als die des Tetraeders oder des Würfels. Der Operator hat die Ordnung Null, so daß eine Vorkonditionierung im Sinne der Kapitel 8.1 und Theorem 8.1.1 nicht erforderlich ist. Im Gegenteil wirkt sich hier das Verhalten nicht-orthogonaler Wavelets in einer schlechteren Kondition der Matrix $\mathbf{A}$ aus. Dieser Konditionsverlust rührt nur von der Multiskalentransformation $\mathbf{T}_j$ her, und hat nichts mit der Kompression zu tun, und er scheint sich mit höherem Level zu stabilisieren. Dies würde bedeuten, daß die zugrundeliegende Multiskalenbasis eine Riesz-Basis in L_2 sein könnte. Damit wäre sie aufgrund unserer Erkenntnisse ein geeigneter Kandidat zur Vorkonditionierung der Gleichung der Normalableitung des Doppelschichtpotentials, möglicherweise funktioniert die Vorkonditionierung sogar noch für die Einfachschichtpotentialgleichung. Wir haben für das komprimierte Verfahren praktisch immer in etwa dreimal soviele Iterationsschritte benötigt, wie für das ursprüngliche Gleichungssystem. Doch dieser Mehraufwand wurde durch die schwache Besetzungsstruktur jedesmal mehr als kompensiert.

Unser untersuchtes Verfahren besitzt aufgrund seiner Einfachheit gewisse Vorzüge. Unter dem Gesichtspunkt, die Momente bis zur Ordnung 2 zum Verschwinden zu bringen, ist der Aufwand zur Multiskalentransformation der realisierten Multiskalenzerlegung optimal, zu jedem ψ_k^l werden lediglich 3 Filterkoeffizienten benötigt. Diese Wahl ist für das zugrundeliegende Problem gerade ausreichend. Das implementierte Verfahren ist zudem für unstrukturierte Gitter problemlos anwendbar, es werden an das Gitter im wesentlichen die gleichen Anforderungen gestellt wie für die hierarchische Basis. Diesen Vorteilen stehen auch eine Reihe beträchtlicher Nachteile gegenüber, die von den in dieser Arbeit entwickelten Multiskalenbasen vermieden werden. An einigen Stellen, wie z.B: Ecken und Kanten, verliert man verschwindende Momente. Die zugehörige biorthogonale Basis ist nicht lokal, und ihre Regularität γ^* unbekannt. Die Kondition der Transformation $\mathbf{T}^j$ ist nicht ganz befriedigend.

Literaturverzeichnis

[ALP] Alpert, B.: Sparse representation of smooth linear operators, Preprint, PhD Thesis, Yale University, (1990).

[AL] Alpert, B.: A class of bases in L^2 for the sparse representation of integral operators *SIAM J. Math. Anal.* , **24**, (1993), S. 246–262.

[ABCR] Alpert B., Beylkin G., Coifman R., Rokhlin V.: Waveletlike bases for the fast solution of second-kind integral equations, *SIAM J. Sci. Statist. Comp.* , **14** , (1993), S. 159–184.

[ANJ] Andersson L., Hall N., Jawerth B., Peters G.: Wavelets on closed subsets of the real line, in *Recent Advances in Wavelet Analysis*, Schumaker & Webb (eds.) *Wavelet Analysis and its Applications*, Academic Press, Volume 3, S. 1–63.

[CLIFF] Anderson L., Jawerth B., Mitrea M.: The Cauchy singular integral operator and clifford wavelets. Preprint, MSRI reports, 1992.

[AU] Auscher P.: Wavelets with boundary conditions on an Interval, in *Wavelets a Tutorial in Theory and Applications*, Shumaker & Webb (eds.) *Wavelet Analysis and its Applications II*, Academic Press, Volume 2, (1992).

[AT] Atkinson K.E.: A survey of boundary integral equation methods for the numerical solution of Laplace's equation in three dimensions, in: *Numerical solution of integral equations* (ed. M.Golberg) Plenum Press, New York, 1990.

[ATC] Atkinson K.E., Chien D.: Piecewise polynomial collocation for boundary integral equations, eingereicht in *SIAM J. Sci. Stat. Comp.*.

[AW1] Arnold D.N., Wendland W.L.: On the asymptotic convergence of collocation methods, *Math. Comp.*, **41**, (1983), S. 349 – 381.

[AW2] Arnold D.N., Wendland W.L.: On the asymptotic convergence of spline collocation of strongly elliptic equations on curves, *Numer. Math.*, **47**, (1985), S. 317 – 341.

[AUB] Aubin, T.: Nonlinear Analysis on Manifolds. Monge-Ampère Equations, Springer Verlag, (1982).

[AUBI] Aubin T.: Approximation of Elliptic Boundary-Value Problems, Wiley, (1972).

[AWA] Wavelet analysis and the numerical solutions of partial differential equations, Progress Report, *Aware Inc.*, Cambridge, Mass., (1990).

[BELO] Bergh J., Löfström J.: Interpolation Spaces, An Introduction, Springer, (1976).

[BEY] Beylkin G., On the representation of operators in bases of compactly supported wavelets, *SIAM J. Numer. Anal.*, **6**, (1992),S. 1716–1740.

[BCR] Beylkin G., Coifman R., Rokhlin V.: Fast wavelet transforms and numerical algorithms I, *Comm. Pure and Appl. Math.*, **44**, (1991), S. 141–183.

[BCRR] Beylkin G., Coifman R., Rokhlin V.: Wavelets in numerical analysis, in *Wavelets and their Applications* (e. a. Ruskai, ed.), John and Bartlett, Boston, (1992), S. 181–210.

[BV] Bond D.M., Vavasis S.A.: Fast wavelet transforms for matrices arising from boundary element methods, Preprint, Cornell University,(1994).

[DBR] de Boor C., de Vore R. A.,Ron A.: On the construction of multivariate (pre–) wavelets, *Constructive Approximation*, **9**, (1993), S. 123–166.

[BY] Borneman V., Yserentant H.: A basic norm equivalence for the theory of multilevel methods, *Numer. Math.*, **64**, (1993), S. 455 – 476.

[BL] Brandt A., Lubrecht A.A.: Multilevel matrix multiplication and fast solution of integral equations, *J. Comp. Phys.*, **90**, (1991), S. 348 – 370.

[BLP] Bramble J.H., Leyk Z.,Pasciak J.E.: The analysis of multigrid algorithms for pseudo-differential operators of order minus one, Manuskript, (1992).

[BPV] Bramble J.H., Pasciak J.E.: New estimates for multilevel methods including the V-circle, *Math. Comp.*, **60**, (1993), S. 447 – 471.

[BP] Bramble J.H., Pasciak J.E.: The analysis of smoothers for multigrid algorithms, *Math. Comp.*, **58**, (1992), S. 467 – 488.

[BPW] Bramble J.H., Pasciak J.E., Wang J., Xu J.: Convergence estimates for multigrid algorithms without regularity assumptions, *Math. Comp.*, **57**, (1991), S. 23 – 45.

[BPX] Bramble J.H., Pasciak J.E., Xu J.: Parallel multilevel preconditioners, *Math. Comp.*, **55**, (1990), S. 1 – 22.

[BR] Braess D.: Finite Elemente, Springer Lehrbuch, (1992).

[CDP] Carnicer J.M., Dahmen W., Peña J.M.: Local decomposition of refinable spaces, Manuskript.

[CAS] Carstensen C., Stephan E.: Interface problems in elasto-viscosity interface problems, erscheint in *Inter. J. Numer. Meth. Eng.*.

[CDM] Cavaretta A.S., Dahmen W., Micchelli C.A.: Stationary Subdivision, *Memoirs of the American Math. Soc.*, Vol. 93, No. 453, (1991).

[CHP] Chazarain J. und Piriou A.: Introduction to the Theory of Linear Partial Differential Equations, North-Holland (1982).

[CT] Chen M., Teman R.: Nonlinear Galerkin method in the finite difference case and wavelet-like incremental unknowns, *Numer. Mat.*, **64**, (1993), S. 271–294.

[CHI] Ciesielski Z., Figiel T.: Spline spaces on compact C^∞-manifolds. PartI, *Studia Mathematica* 1–58 , Part II, ibd. 95–136, (1983).

[CQ] Chui C.K., Quak E.: Wavelets on a bounded interval, in *The Numerical Methods of Approximation Theory*, D. Braess and L. Schumaker (eds.), Birkhäuser, Basel, (1992).

[CHUI] Chui C.K.: *Wavelet Analysis and its Application I : An Introduction to Wavelets*, Academic Press, (1992).

[CHUI2] Chui C.K.: *Wavelet Analysis and its Application II : Wavelets a Tutorial in Theory and Applications*, Academic Press, (1992).

[CHUI3] Chui C.K.: *Wavelet Analysis and its Application III : Topics in the Theory and Applications of Wavelets* , Academic Press, (1993).

[CHUI3] Chui C.K.: *Wavelet Analysis and its Application V : Topics in the Theory and Applications of Wavelets* , Academic Press, (1995).

[CHWA] Chui C.K., Wang J.Z.: A cardinal spline approach to wavelets, *Proc. Amer. Math. Soc.*, **113**, (1991), S. 785–793.

[CSW] Chui C.K., Stöckler J., Ward J.D.: Compactly supported box spline wavelets, *Approx. Theory and Its Appl.* , **8**, (1992), S. 77–110.

[CIA] Ciarlet P.G., The Finite Element Method for Elliptic Problems, North Holland, (1978).

[CD] Cohen A. and Daubechies I., Non–Separable Bidimensional Wavelet Bases, Preprint AT & T Bell Laboratories, New Jersey, (1991).

[CDF] Cohen A., Daubechies I., Feauveau J.-C.: Biorthogonal bases of compactly supported wavelets, *Comm. Pure and Appl. Math.*, **45**, (1992), S. 485–560.

[CDV] Cohen A., Dauge M., Vial P.: Wavelets and the fast wavelet transforms on the interval, *Applied and Computational Harmonic Analysis*, **1**, (1993).

[CV] Cohen A., Schlenker J.M.: Compactly supported bidimensional wavelet bases with hexagonal symmetry, Preprint, AT&T Bell Laboratories, (1992), erscheint in *Constructive Approximation*.

[CM] Coifman R., Meyer Y.: *Au-delà des Opérateur Pseudo-Différentiels*, Astérisque, no. 57. Société Math. de France, (1978).

[COI] Coifman R.: Adapted multiresolution analysis, computation, signal processing and operator theory, Proceedings of the Internatioal Congress of Mathematicians, Kyoto, (1990), S. 879–887.

[CO] Costabel M.: Boundary integral operators on Lipschitz domains: elementary results, *SIAM J. Math. Anal.*, **19**, (1988), S. 613–626.

[CO1] Costabel M.: *Principles of boundary element methods*, Comp. Phys. Reports, **6**, (1987), S. 243-274.

[CPPS] Costabel M., Penzel F., Schneider R.: Error analysis of a boundary element collocation method for a screen problem in $\mathbb{R}^3$. *Math. Comp.* **58** (1992), 575–586.

[CK] Costabel M., Stephan E.: Coupling of finite and boundary element methods for elasto-plastic interface problems, *SIAM J. Numer. Anal.*, **27**, (1990), S. 1212–1226.

[CW] Costabel M., Wendland W.L.: *Strongly elliptic boundary integral equations*, J. reine angew. Mathematik, **372**, (1986), S. 34–63.

[CD] Costabel M., Dauge M.: *Equations Intégrales pour les Problémes aux Limites*, Manuskript.

[DV] Dahlberg B.E.J., Verchota G.: Galerkin methods for the boundary integral equations of elliptic equations in non-smooth domains, Proc. Conf. Boca Raton Fla., (1990), Providence, S. 39–60.

[DAH] Dahlke S.: Multiresolution analysis, Haar Bases and wavelets on Riemannian manifolds, in Chui (edts.) *Wavelet Analysis and its Applications*, Academic Press, (1995).

[DKU] Dahlke S., Kunoth A.: Biorthogonal wavelets and multigrid, *Notes on Numerical Fluid Mechanics* , **46**, Vieweg Verlag, (1994), S. 261–272.

[DO] Dahmen W.: Decomposition of refinable spaces and applications to operator equations, erscheint in Proceedings: Algorithms for Approximation 3, M.G. Cox, J.C. Mason (edts.), (1993).

[D] Dahmen W.: Some remarks on multiscale transformations, stability and biorthogonality, *Curves and Surfaces*, P.J. Laurent, A. LeMéhauté, L.L. Schumaker (eds.), Academic Press, (1994).

[DD] Dahmen W.: Stability of multiscale transformations, Manuskript, (1994).

[DDS] Dahmen W., De Vore R.A., Scherer K.: Multidimensional spline approximation, *SIAM J. Numer. Anal.*, **17**, (1980), S. 380–402.

[DK] Dahmen W., Kunoth A.: Multilevel preconditioning, *Numer. Math.*, **63**, (1992), S. 315–344.

[DM93] Dahmen W., Micchelli C.A.: Biorthogonal wavelet expansions, in Vorbereitung.

[DOS] Dahmen W., Oswald P., Shi X.Q.: C^1 conforming hierarchical bases, Journal of Computational and Applied Mathematics.

[DPS1] Dahmen W., Prössdorf S., Schneider R.: Wavelet approximation methods for pseudodifferential equations I: Stability and convergence, erscheint in *Math. Z.*.

[DPS2] Dahmen W., Prössdorf S., Schneider R.: Wavelet approximation methods for pseudodifferential equations II: Matrix compression and fast solution, *Advances in Computational Mathematics*, **1**, (1993), S. 259–335.

[DPS3] Dahmen W., Prössdorf S., Schneider R.: Multiscale methods for pseudo-differential equations, erscheint in: Schumaker & Webb (eds.) *Topics in the Theory and Applications of Wavelets*.

[DPS4] Dahmen W., Prössdorf S., Schneider R.: Wavelets zur schnellen Lösung von Randintegralgleichungen und angewandte harmonische Analysis, *ZAMM*, **74**, (1994), S. 505–507.

[DKPS] Dahmen W., Kleemann B., Prössdorf S., Schneider R.: A multiscale method for the double layer potential equation on a polyhedron, in *Advances in Computational Mathematics*, H.P. Dikshit, C.A. Micchelli, eds., World Scientific Publ., Singapur, (1994), S. 15–57.

[DPS6] Dahmen W., Prössdorf S., Schneider R.: Multiscale methods for pseudo-differential equations on manifolds, Preprint FB- Mathematik, Nr. , (1994), 40 Seiten erscheint in Chui (edts.) *Wavelet Analysis and its Applications*, **5**, (1995), Academic Press.

[DAUB] Daubechies I.: Orthonormal bases of compactly supported wavelets, *Comm. Pure and Appl. Math.*, **41**, (1988), S. 909–996.

[DAU] Daubechies I.: *Ten Lectures on Wavelets*, CBMS-NSF Regional Conference Series in Applied Mathematics, **61**, (1992).

[DAVID] David G.: *Wavelets and Singular Integrals on Curves and Surfaces*, Lecture Notes in Mathematics 1465, Springer Verlag, (1991).

[DAJO] David G., Journée J.-L.: A boundedness criterion for generalized Calderón-Zygmund operators, *Ann. of Math.* , **120**, (1984), S. 371–397.

[DIE] Dieudonné, J.: History of Functional Analysis, North-Holland, Amsterdam, (1981).

[DJP] DeVore R., Jawerth B., Popov V.: Compression of wavelet decompositions, Technical Report, Preprint, (1990).

[DP] DeVore R., Popov V.: Interpolation of Besov spaces, *Trans. Amer. Math. Soc.*, **305**, (1988), S. 397–414.

[DELU] DeVore R., Lucier B.J.: Wavelets, *Acta Numerica*, **1**, (1991), S. 1–56.

[LAPACK] Dongarra J., Duff I., Sorensen D., van der Vorst H.: Solving Linear Systems on Vector and Shared Memory Computers, The Society for Industrial and Applied Mathematics, University City Science Center, Philadelphia, (1991).

[DON] Donoho D.L.: Nonlinear solution of linear inverse problems by wavelet-vaguelette decomposition, Technical Report, Department of Statistics, Stanford University, (1992).

[EI] Eirola T.: Sobolev characterization of solutions of dilation equations *SIAM Journ. Math. Anal.*, **23**, (1992).

[EL] Elschner J.: The double layer potential operator over polyhedral domains II: Spline Galerkin methods, *Math. Meth. Appl. Sci.*, **45**, (1992), S. 23–37.

[EOZ] Enquist B., Osher S., Zhong S.: Fast wavelet based algorithm for linear evolution equations, ICASE Report, (1992).

[ESK] Eskin G.: Boundary Value Problems for Elliptic Pseudodifferential Equations, vol. 52, *Translation of Mathematical Monographs*,AMS Providence, Rhode Island, (1981).

[FA] Feauveau J.-C.: Nonorthogonal multiresolution analysis using wavelets, in *Wavelet Analysis and its Application II : Wavelets a Tutorial in Theory and Applications*, Academic Press, (1992), S. 153–178.

[FJ] Frazier M., Jawerth B.: Applications of the φ and wavelet transforms to the theory of function spaces, in Ruskai et al. *Wavelets and Their Applications*.

[GR] Greengard L., Rokhlin V.: A fast algorithm for particle simulation, *J. Comp. Phys.*, **73**, (1987), S. 325–348.

[GRE] Greengard L.: *The rapid evaluation of potential fields in particle systems.*, MIT Press, (1988).

[GM] Grossmann A., Morlet J.: Decomposition of Hardy functions into square integrable wavelets of constant shape, *SIAM J. Math. Anal.*, **15**, (1984), S. 723–736.

[GO] Griebel M., Oswald P.: On additive Schwarz preconditioners for sparse grid discretizations, *Numer. Math.*, **66**, (1994), S. 449–463.

[GU] Guo B.Q., Babuska I.: The h-p version of finite element methods, PartI: The basic approximation results, *Computational Mechanics*, **1**, S. 21–41, Part II: General results, ibd. 203–220, (1986).

[H] Haar A.: Zur Theorie der orthogonalen Funktionensysteme, *Math. Ann.*, **69**, (1910), S. 331–371.

[HAM] Hackbusch W.: *Multigrid Methods and Applications*, Springer Verlag, (1985).

[HAE] Hackbusch W.: *Theorie und Numerik elliptischer Differentialgleichungen*, Teubner Studienbücher Mathematik, Teubner Verlag Stuttgart, (1986).

[HAI] Hackbusch W.: *Integralgleichungen: Theorie und Numerik*, Teubner Studienbücher Mathematik, Teubner Verlag Stuttgart, (1989).

[HAG] Hackbusch W.: *Iterative Lösung großer schwach besetzter Gleichungssysteme*, Teubner Studienbücher Mathematik, Teubner Verlag Stuttgart, (1991).

[HAF1] Hackbusch W.: The frequency decomposition multigrid method. I. Application to anisotropic equations. *Numer. Math.*, **56**, (1989), S. 229 – 245.

[HAF2] Hackbusch W.: The frequency decomposition multigrid method. II. Convergence analysis based on the additive Schwarz method, *Numer. Math.*, **63**, (1992), S. 433 – 453.

[HANO] Hackbusch W., Nowak Z.P.: On the fast matrix multiplication in the boundary element method by panel clustering, *Numer. Math.*, **54**, (1989), S. 463–491.

[HAS] Hackbusch W.: The solution of large systems of BEM equations by the multi-grid and panel clustering technique, *Rend. Sem. Mat. Univers. Politecn. Torino*, (1991), S. 163–187.

[H1] Harten A., Yad-Shalom I.: Fast multiresolution algorithms for matrix-vector multiplication, ICASE Report No. 92-55, (1992).

[H2] Harten A.: Multiresolution representation of data, CAM Report 93-13, UCLA, (1993).

[H3] Harten A.: Multiresolution algorithms for the numerical solution of hyperbolic conservation laws, Courant Math. and Comp. Lab. Report, (1993).

[H4] Harten A.: Discrete multi-resolution analysis and generalized wavelets, Preprint University of California, Los Angeles (UCLA), (1992).

[HP] Hemker P.W., Plantevin F.: Wavelet bases adapted to inhomogeneous cases, erscheint in Kornwinder (eds.), Wavelets: An Elementary Treatment of Theory and Appl., (1993).

[HS] Hemker P.W., Schippers H.: Multiple grid methods for the solution of Fredholm integral equations of the second kind. *Math. Comp.*, **36**, (1981), S. 215–232.

[HiWi] Hietel D., Witzel J.: A multigrid method based on cell orientated discretization for convection-diffusion problems, Manuskript, (1995).

[HW] Hsiao G., Wendland W.: A finite element method for some integral equations of the first kind, *J. of Math. Anal. and Appl.*, **58**, (1977), S. 449–481.

[HKW] Hsiao G., Kopp P., Wendland W.: A Galerkin-collocation method for some integral equations of the first kind, *Computing*, **25**, S. 89–130.

[HI] Hildebrandt S., Wienholtz E.: Constructive proofs of representation theorems in seperable Hilbert spaces, *Comm. Pure and Appl. Math.* , **17**, (1964), S. 369–373.

[H] Hörmander L., Analysis of Linear Partial Differential Operators, Grundlehren Series, Springer Verlag, (1985).

[J] Jaffard S.: Wavelet methods for fast resolution of elliptic problems, *SIAM J. Numer. Anal.*, **29**, (1992), S. 965–987.

[JM] Jaffard S., Meyer Y.: Bases d'ondelettes dans des ouverts de $\mathbf{R}^n$, J. Math. Pures et Appl., **68**, (1989), S. 95–108.

[JAS] Jawerth B., Sweldens W.: An overview of waveletbased multiresolution analysis, *SIAM Reviews*, **36**, (1994), S. 377–413.

[JS] Johnen H., Scherer K.: On the K-functional and moduli of continuity and some applications, in: Constructive Theory of Functions of Several Variables, Lecture Notes in Math. No. 571, Springer, (1977), S. 119 - 140.

[JM] Jia R.Q., Micchelli C.A.: Using the refinement equation for the construction of pre-wavelets II: Powers of two, in *Curves and Surfaces*, P.J. Laurent, A. LeMéhauté, L.L. Schumaker, eds., Academic Press, New York, (1991), S. 209–246.

[JOHN] Johnson C.: Numerical Solution of Partial Differential Equations by the Finite Element Method, Cambridge University Press, Cambridge, (1987).

[JU] Junkherr J.: Effiziente Lösung von Gleichungssystemen, die aus der Diskretisierung von schwach singulären Integralgleichungen 1. Art herrühren, Doktorarbeit, Christian-Albrecht-Unviersität Kiel, (1994).

[KET] Keinert F.: Numerical stability of biorthogonal wavelet transforms, Preprint Iowa State University, (1994).

[KE] Keinert F.: Biorthogonal wavelets for fast matrix computations, Preprint Iowa State University, (1994).

[KSW] Kieser R., Schwab C., Wendland W.L.: Numerical evaluation of singular and finite-part surface integrals on curved surfaces using symbolic manipulations, *Computing*, **49**, (1992), S. 279–301.

[KR] Kleemann B., Rathsfeld A.: Nyström's method and iterative solvers for the solution of the double layer potential equation over polyhedral boundaries, IAAS-Berlin, Preprint No. 36, (1993).

[KW] Kleinman R.E., Wendland W.L.: On Neumann's method for the Exterior Neumann problem for the Helmholtz equation, *Journal of Math. Anal. and Appl.*, **1**, (1977), S. 170–202.

[KN] Kohn J., Nirenberg L.: On the algebra of pseudo-differential operators, *Comm. Pure Appl. Math.*, **18**, (1965), S. 269–305.

[KO] Konik M.: *Diplomarbeit THD*, in Vorbereitung.

[KR] Kress R.: Linear Integral Equations, Applic. Math. Sciences, vol 82., Springer Verlag, Berlin, (1989).

[K] H. Kumano-go, Pseudodifferential Operators, MIT Press, Boston, (1981).

[KW1] Kral J., Wendland W.L.: Some examples concerning applicability of the Fredholm-Radon method in potential theory, *Aplikace matematiky*, **31**, (1986), S. 293–308.

[KW2] Kral J., Wendland W.L.: On the applicability of the Fredholm–Radon method in potential theory and the panel method, in: Notes on Numerical Fluid Mechanics, vol. 21, Vieweg, (1988), S. 120–136.

[KU] Kunoth A.: Multilevel Preconditioning, Doktorarbeit, FU Berlin, (1994).

[KUL] Kunoth A.: Multilevel Preconditioning, Appending boundary conditions by Lagrange multipliers, Manuskript, (1994).

[KUP] Kupradze V.D.: Three Dimensional Problems in Elasticity and Thermoelasticity, North-Holland, (1979).

[LA] Ladyzhenskaya O.A.: The Mathematical Theory of Viscous Incompressible Flow, 2nd ed., Gordon and Breach, New York, (1969).

[LE] Leis R.: Initial Boundary Value Problems in Mathematical Physics, Teubner Verlag Stuttgart, 1986.

[LEVS] Levin P., Schneider R., Spassokjevic M.: Preconditioning of BEM matrices in elektrostatics, in Vorbereitung.

[LMR] Louis A.K.: Inverse und schlecht gestellte Probleme, Teubner Studienbücher Mathematik, Teubner Verlag Stuttgart, (1989).

[LMR] Louis A.K., Maaß P., Rieder A.: Wavelets, Teubner Studienbücher Mathematik, Teubner Verlag Stuttgart, (1994).

[LUS] Lubich C., Schneider R.: Time discretization of parabolic boundary integral equations, *Numerische Mathematik*, **63**, (1992), S. 455–491.

[MZ] Mazya V.G : Boundary integral equations, in: V.G.Mazya and S.M.Nikol'skiĭ (eds.), *Encyclopaedia of Math. Sciences*, vol. 27, Analysis IV , Springer-Verlag, Berlin, Heidelberg (1991).

[MEI] Meister, E.: Randwertprobleme der Funktionentheorie, Teubner Verlag Stuttgart, (1983).

[M] Meyer Y.: Wavelets: Algorithms and Applications, SIAM (1993).

[M1] Meyer Y.: Ondelettes et Opérateurs 1 : Ondelettes, Hermann, Paris, (1990).

[M2] Meyer Y.: Ondelettes et Opérateurs 2 : Opérateur de Caldéron-Zygmund, Hermann, Paris, (1990).

[M3] Coifman R., Meyer Y.: Ondelettes et Opérateurs 3, Hermann, Paris, (1990).

[MA] Mallat S.G.: Multiresolution approximation and wavelet orthonormal basis of $L_2(\mathbb{R})$, *Trans. Amer. Math. Soc.*, **315**, (1989), S. 69–87.

[MAY] Mayda, Elliot: *J. Comp. Phys.* (1994).

[MX] Micchelli C.A., Xu Y.: Using the refinement equation for the construction of wavelets on invariant sets, Preprint, April, (1994).

[MI] Michlin S.G.: Multidimensional singular integral equations, Pergamon Press Oxford, (1965).

[MU] Muskhelishvili N.I.: Singular Integral Equations, Noordhoff, Holland, (1953).

[NW] Nabors K., White J.: Multipole-accelerated capitance extraction algorithms for 3-D structures with multiple dielectrics, erscheint in *IEEE Trans. Circuits and Systems*.

[NKW] Nabors K., Korsmeyer T., White J.: Multipole-accelerated preconditioned iterative methods for three-dimensional potential integral equations of the first kind, Manuskript MIT.

[NA] Natterer F.: The Mathematics of Computerized Tomography. Teubner-Wiley, Stuttgart-New York, (1986).

[NE] Nedelec J.: Curved finite element methods for the solution of singular integral equations on surfaces in $\mathbb{R}^3$, *Comp. Meth. in Appl. Mech. and Eng.*, 8, (1976), S. 61–80.

[NEJ] Nedelec J., Johnson C.: On the coupling of boundary integral and finite element methods, *Math. Comp.*, 35, (1980), S. 1063–1079.

[NEC] Necas, J.: Les Methode Directes en Theorie de Equations Elliptic, Masson Paris, (1967).

[MP] Michlin S., Prößdorf S.: Singular Integral Operators, Springer Verlag, Berlin, Heidelberg, New York, Tokio, (1986).

[PS] Prössdorf S., Silbermann B.: Numerical Analysis for Integral and Related Operator Equations, Akademie Verlag and Birkhäuser Verlag, (1991).

[MO] Moritz H.: Advanced physical geodesy, Abacus Press, Tunbridge Wells Kent, (1980).

[O] Oswald P.: Multilevel Finite Element Approximation, Teubner Stuttgart, (1994).

[OS] Oswald P.: On function spaces related to finite element approximation theory, *Z. Anal. Anwendungen*, 9, (1990), S. 43–64.

[P] von Petersdorff T.: Boundary integral equation for mixed Dirichlet, Neumann and transmission problems, *Math. Meth. Appl. Sci.*, 11, (1989), S. 185–213.

[PS] von Petersdorff T., Schwab C.: Wavelet Approximation for first kind boundary integral equations on polygons, Techn. Note BN-1157, Institute for Physical Science and Technology, University of Maryland at College Park, (1994).

[PSS] von Petersdorff T., Schneider R., Schwab C.: Multi wavelet approximation for the double layer potential equation, THD FB Mathematik Preprint.

[PL] Plantevin F.: Une application de la transformée continue en ondelettes à la méchanique quantique et analyse multi-résolution adaptive, dissertation, Centre Physique Théoretique, Marseille, (1992).

[RA1] Rathsfeld A.: The invertibility of the double layer potential operator in the space of continuous functions defined on a polyhedron. The panel method, *Appl. Anal.*, 45, (1992), S. 135–177.

[RA2] Rathsfeld A.: On quadrature methods for the double layer potential equation over the boundary of a polyhedron, in Vorbereitung.

[RA3] Rathsfeld A.: A wavelet algorithm for the solution of the double layer potential equation over polygonal boundaries, Manuskript, (1994).

[RW] Rieder A., Wells O.R., Zhou X.: A wavelet approach to robust multilevel solvers for anisotropic elliptic problems. Manuskript, Comp. Math. Lab., Rice Univ. Houston, (1993).

[RS] Riemenschneider S., Shen Z.: Box Splines, Cardinal Series and Wavelets, in *Approximation Theory and Functional Analysis* (Chui ed.), (1990).

[RSL] Riemenschneider S., Shen Z.: Wavelets and pre-wavelets in low dimensions, Technical report, Preprint, (1991).

[RU] Rüde U.: Mathematical and Computational Techniques for Multilevel Adaptive Methods, Frontiers in Appl. Math., **13**, SIAM, Philadelphia, (1993).

[RUS] Ruskai M.B. et al. (eds.), Wavelets and Their Applications, Jones and Bartlett, Boston, (1992).

[RO] Rokhlin V.: Rapid solution of integral equations of classical potential theory, *J. Comp. Phys.*, **60**, (1985).

[SAAD] Saad Y., Schultz M.H.: GMRES: A generalized minimal residual algorithm for solving nonsymmetric linear systems, *SIAM J. Sci. Stat. Comput.*, **7**, No. 3, (1986), S. 856–869.

[SAT] Sauter S.: Der Aufwand der Panel-Clustering-Methode für Integralgleichungen, Preprint, Christian-Albrecht-Unviersität, Kiel, (1991).

[SAUT] Sauter S.: Über die effiziente Verwendung des Galerkin Verfahrens zur Lösung Fredholmscher Integralgleichungen, Doktorarbeit, Christian-Albrecht-Unviersität, Kiel, (1992).

[SCHA] Schatz A., Thomée V., Wendland W.: Mathematical Theory of Finite and Boundary Element Methods, DMV Seminar, Birkhäuser Verlag, Basel, Boston, Berlin, (1990).

[SE] Scherer K.: On optimal global error bounds obtained by scaled local error estimates, *Numer. Math.*, **36**, (1981), S. 151–176.

[SB] Schneider R.: Reduction of order for pseudodifferential operators on Lipschitz domains. *Commun. in Partial Differential Equations* **16** (1991), 1263–1286.

[SCH] Schneider R.: Stability of a spline collocation method for strongly elliptic multidimensional singular integral equations, *Numerische Mathematik* , **58** , (1991), S. 855–873.

[SFM] Schneider R.: Wavelets and frequency decomposition multilevel methods, in W. Hackbusch, G. Wittum (eds.) Adaptive Methods - Algorithm, Theory and Applications, in *Notes on Numerical Fluid Mechanics* , 46, Vieweg Verlag, (1994), S. 261–272.

[SAD] Schneider R.: Optimal convergence rates of adaptive algorithms for finite element multiscale methods, in M. Costabel et al (eds.), Boundary value problems and integral equations on nonsmooth domains, Marcel Dekker, 1994.

[SCI] Schippers H.: Multigrid methods for boundary integral equations, *Numer. Math.*, **46**, (1985), S. 351–363.

[SU] Schumaker L.L.: Spline Functions, Basic Theory, Wiley, New York, (1981).

[SL] Sloan I.: Error analysis of boundary integral methods, *Acta Numerica*, **1**, (1992), S. 287–339.

[SW] Schwab C.: Variable order composite quadrature of singular and nearly singular integrals, *Computing*, **53**, (1994), S.173–194.

[SH] Shubin M.A., Pseudodifferential Operators and Spectral Theory, Springer Verlag, (1985).

[ST] Stein E.: Singular Integrals and Differentiability Properties of Functions, Princeton University Press, Princeton, N.J., (1970).

[STE] Stephan E.P., Wendland W.L.: A hypersingular boundary integral method for two-dimensional screen and crack problems, *Arch. Rational Mech. Anal.*, **112**, (1990), S. 363–390.

[STR] Strang G.: Wavelets and dilation equations: A brief introduction, *SIAM Review*, **31**, (1989), S. 614–624.

[SS] Stroud Secrest: *Gaussian Quadrature Formulas* , Englewood Cliffs (1966).

[TAY] Taylor M.E.: Pseudodifferential operators, Princeton University Press, Princeton, N.J., (1981).

[TC] Tchamitchian Ph.: About wavelets and elliptic operators, in *Wavelets: time-frequency methods and phase space*, edts, Combes, I. and Grossmann, A. and Tchamitchian, Ph., Springer Verlag, New York, (1989), S. 263–268.

[TEM] Teman R.: Inertial manifolds and multigrid methods, *SIAM J. Math. Anal.*, **21**, (1990), S. 154–178.

[T] Triebel H.: Interpolation Theory, Function Spaces and Differential Operators, North-Holland, Amsterdam, (1978).

[VA] Vainikko G., Funktionalanalysis der Diskretisierungsmethoden, Teubner-Texte zur Mathematik, B.G. Teubner, Leipzig, (1976).

[VAN] Vainikko G.: Weakly Singular Integral Equations, Springer, Lecture Notes, (1993).

[VA] Vavasis S.A.: Preconditioning for boundary integral equations, *SIAM J. Matrix Anal. Appl.*, **13**, Vol. 3, (1992), S. 905 – 925.

[VI] Villemoes L.F.: Energy moments in time and frequency for two-scale difference equation solutions and wavelets, *SIAM Journ. Math. Anal.*, **23**, (1992).

[VER] Verchota G.: Layer potentials and regularity for the Dirichlet problem for Laplace's equation in Lipschitz domains, *J. Funct. Anal.*, **59**, (1984), S. 572–611.

[WA] Walker H.F.: Implementation of the GMRES method using Householder transformations, *SIAM J. Sci. Stat. Comput.*, **9**, No. 1, (1988), S. 152–163.

[WE1] Wendland W.L.: Behandlung von Randwertaufgaben im $\mathbf{R}^3$ mit Hilfe von Einfach- und Doppelschichtpotentialen, *Numer. Math.*, **11**, (1968), S. 380–404.

[WE2] Wendland W.L.: Boundary methods and their asymptotic convergence, in: P.Filipi (ed.), Lecture Notes of the CISM Summer-School on „Theoretical Acoustics and Numerical Techniques", International Centre for Mechanical Sciences, Udine, Notes Nb. 277, Springer-Verlag Wien, New York, (1983), S. 137–216.

[WE3] Wendland W.L.: On some mathematical aspects of boundary element methods for elliptic problems, in: Mathematics of Finite Elements and Applications V (J. Whiteman, ed.), Academic Press, London, (1985), S. 193–227.

[WE4] Wendland W.L.: Strongly elliptic boundary integral equations, in: The State of the Art in Numerical Analysis (A. Iserles, M. Powell, eds.), Clarendon Press, Oxford, (1987), S. 511–562.

[WE5] Wendland W.L., On asymptotic error analysis and underlying mathematical principles for boundary element methods, in: Boundary Element Techniques in Computer Aided Engineering (ed. C.A. Brebbia), NATO ASI Series E - 84 Martinus Nijhoff Publ., Dordrecht, Boston, Lancaster, (1984), S. 417–436.

[WI] Wickerhauser M.V.: Lectures on wavelet packet algorithms, Preprint, Dep. of Math., Washington University, St. Louis,MO, (1991).

[X]   Xu J.: Iterative methods by space decomposition and subspace correction, *SIAM Review*, **34**, (1992), S. 581–613.

[XU] Xu J.: Theory of multilevel methods , Report AM48, PennState Univ., (1989).

[Y]   Yserentant H.: On the multilevel splitting of finite element spaces, *Numer. Math.*, **49**, (1986), S. 379–412.

[YS] Yserentant H.: Old and new convergence proofs of multigrid methods, *Acta Numerica*, (1993), S. 285–326.

[Z]   Zenger C.: Sparse grids, in W. Hackbusch (ed.), Parallel Algorithm for PDE in Notes on Numerical Fluid Mechanics , Vieweg Verlag, (1991), S. 241–251.

[ZH] Zhang X.: Multilevel Schwarz methods, *Numerische Mathematik*, **63**, (1992), S. 521–539.

[ZB] Zienkiewic O.C., Kelly D.W., Gago J. und Babuska I.: Hierarchical finite element approaches, error estimates and adaptive refinement. in: Mathematics of Finite Elements and Applications V (J. Whiteman, ed.), Academic Press, London, (1982)

Index